国家自然科学基金支持项目

传统村镇聚落景观分析（第2版）

彭一刚　著

中国建筑工业出版社

图书在版编目（CIP）数据

传统村镇聚落景观分析 / 彭一刚著. — 2 版 . —北京：中国建筑工业出版社，2017.12（2024.9重印）
ISBN 978-7-112-21111-1

Ⅰ.①传… Ⅱ.①彭… Ⅲ.①乡村—景观—园林设计 Ⅳ.① TU986.2

中国版本图书馆CIP数据核字（2017）第202242号

　　本书以大量的照片和实测图介绍了传统村镇聚落的形成过程，阐明了由于地区的气候、地形环境、生活习俗、民族文化传统和宗教信仰的不同，导致了各地村镇聚落景观的不同。全书还表明：村镇聚落景观不仅具有朴素的自然美，而且还与当地人民群众的生活紧密相关。

　　本书可供广大建筑师、城乡规划师、风景园林师及建筑院校师生们学习参考。

责任编辑：吴宇江　刘颖超
责任校对：王宇枢　张　颖

传统村镇聚落景观分析（第2版）
彭一刚　著
＊
中国建筑工业出版社出版、发行（北京海淀三里河路9号）
各地新华书店、建筑书店经销
北京京点图文设计有限公司制版
北京中科印刷有限公司印刷
＊
开本：850×1168毫米　横1/16　印张：17¼　字数：495千字
2018年5月第二版　2024年9月第四次印刷
定价：60.00元
ISBN 978-7-112-21111-1
　　（30753）

再版前言

　　本书系国家自然科学基金支持项目"传统村镇聚落形态形成与当代生活空间创造"课题的内容之一。本书的第七章选用了天津大学聂兰生教授的论文"乡土建筑文化的延长与再生",该论文曾发表于1987年11月在泰国曼谷召开的海峡两岸建筑师学术交流会上,并获得了天津市建筑学会优秀论文一等奖。此外,我和天津大学聂兰生教授还分别指导研究生周恺、余茂林、杨颖、李燕云等为浙江富阳新沙岛"农家乐"民俗旅游村和湘西吉首地区德夯苗族村寨作了规划设计方案,这次也选择了部分图纸作为本书附录而一并发表。本书第1版于1994年6月在中国建筑工业出版社出版发行,此书第2版是应中国建筑工业出版社的要求而再版的。

彭一刚

2017 年 7 月

目　录

第一章　绪论

早在 20 世纪 30 年代，我国老一辈建筑学家刘敦桢先生即从事于民居建筑的研究，并著有《中国民居概说》一书。因限于当时条件，虽冠以"中国"两字，但实际论及的范围依然只限于少数地区。

与"官式"建筑不同，民居建筑散落于全国各地，其中相当大的一部分又处于穷乡僻壤，加之均由乡民自建，无任何文字记载可考，所以民居建筑的研究，首先是从"发掘"开始的。这就是说，研究者必须以其职业的慧眼去寻找民居中的佼佼者，或拍成照片，或测量绘制成图纸，再加上文字说明和分析，供从事设计工作的建筑师参考。至于研究，我以为主要着眼点是寻求其共同点，并加以分类归纳，从而概括出某一地区民居建筑的典型模式，如北京的四合院、云南的一颗印、福建的土楼、晋西北的窑洞等。就当时的情况看，这种分析归纳还是具有重要意义的，因为在这之前，民居建筑在人们的心目中还是一片空白，经过发掘研究，虽然还不够深入细致，但总算理出了一个头绪，使读者对各地民居有一个大致的了解。

新中国成立后，从事民居建筑研究的队伍有所扩大，虽然从全国范围的角度来论述民居建筑的巨著尚未出现，但地区性民居建筑研究的学术论文则不时地见诸各种学术刊物。由于研究范围缩小，而许多研究者又长期生活在某一地区，研究的深入程度自然会有所发展，在这些研究成果中比较引人注目的首推"浙江民居的研究"，它不仅比以往任

何民居建筑研究更为深入细致，尤其可贵的是它已突破了以往研究方法中那种"求同"的模式，不再着眼于分类归纳，以期总结出几种典型的布局形式，相反，却把注意力集中于"寻异"，即千方百计地发掘一些非模式化的实例，从而向人们揭示：民居建筑并非都是千篇一律的四合院，它可以随地形环境的变化，以及人们生活习俗的不同而呈现出丰富多彩的变化。毫无疑问，这样的研究成果必然会给建筑师以更多的启迪。

"浙江民居"的研究对于此后一段时期民居建筑研究的影响还是很大的，例如目前由中国建筑工业出版社出版的各地区多卷集的民居建筑专著，都或多或少地受到了它的影响，而力求使民居建筑的研究，能为当前的建筑创新提供有益的参考。

尽管自"浙江民居"研究之后，从研究方法上讲有不少新的发展，但总的来讲民居建筑的研究仍多着眼于单体建筑，而较少涉及群体组合及整体空间环境的分析。我们知道，中国传统建筑若从单体来看，虽然也有不少变化，但由于受到结构方法的限制，总的来说还是比较简单和程式化的。即使是富丽堂皇的帝王宫殿乃至庄严雄伟的宗教建筑，其单体建筑的平面都不外呈简单的矩形。民居建筑虽不像宫殿、寺院建筑那样拘泥于形制，但一般地讲其单体建筑的形式变化依然是有限的，所以仅着眼于单体建筑，总不免会使人感到千篇一律，没有多少生气与活力。

然而以众多的、尽管比较单调的单体建

东阳卢宅镇溪上小屋

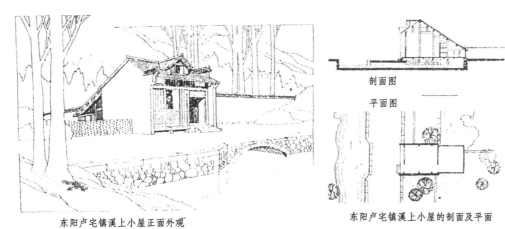

东阳卢宅镇溪上小屋正面外观

剖面图

平面图

东阳卢宅镇溪上小屋的剖面及平面

上图选自《浙江民居》

筑作为基本要素，却可以组合出极富变化的建筑群。这些建筑群可以按性质不同，而以其整体空间环境分别给人以不同的艺术感受，例如故宫那样庄严博大；布达拉宫那样宏伟神秘；江南园林那样富有诗情画意……至于民居建筑，由于受到种种条件限制，虽然比较简陋，不可能与前几类建筑相提并论，但由于它最接近于生活，又多出自乡民之手，加之与当地的气候及地形环境有机地结合，所以尽管是竹篱茅舍，却多充满生活气息，甚至也能像园林建筑那样而具有诗情画意一般的意境。当然这种意境之所寄，绝不是依靠单体建筑本身所能发生的，甚至也不能全靠建筑群体的组合，而必须联系到包括自然山川在内的整体空间环境。林黛玉为宝玉代庖的一首描绘稻香村的诗句："杏帘招客饮，在望有山庄，菱荇鹅儿水，桑榆燕子梁。一畦春韭熟，十里稻花香，盛世无饥馁，何须耕织忙"，极其形象地描绘出一幅秀丽妩媚的山村景象。当然，这些都不过是《红楼梦》作者曹雪芹笔下的虚构，但通过这首诗不是也能使我们产生对于许多现实山村的联想吗？从这首诗中，我们可以看出其中只有一句提到了"山庄"两字，但也未作任何具体描述，然而单凭对环境的渲染却使人陶醉于一片诗情画意的田园风光之中。所以从美学的角度来看民居建筑，若不着眼于整体空间环境，若不联系到人的生活情趣，那就等于舍本逐末，没有把握住问题的核心。

从群体与整个空间环境出发研究民居建筑，实际上就是把民居建筑放在村镇聚落的整个大环境中，并把它们当作一个整体而加以分析，并通过这种分析来确认它的景观价值。通过研究发现，传统村镇聚落和传统园林之间有不少共同之处——都注重于借助整体空间环境，换句话说，就是使建筑物尽量与自然环境巧妙地结合为一个有机整体，从而自成天然之趣，而不像官殿、寺庙建筑那样刻意追求轴线对称和整齐一律的人工美的价值观。

但传统村镇聚落与园林建筑毕竟不同，后者多出自文人、画家或匠师们的精心雕琢，而前者却是实实在在地自然生成的——由群众动手建造，并经年累月而逐步形成的。如果说这两者都包含有自然情趣，那么传统园林建筑是通过人工而再现自然，而村镇聚落则更为朴素地保留着更多的自然真迹。如果从艺术性方面看，园林或许高于村镇聚落，但要从自然美的方面看，前者则不免相形见绌。

那么村镇聚落的景观何以能激发人的美感呢？我想其根本原因不仅在于它包含有朴素的自然美，而且还在于它和人们的生活保持着最直接和紧密的联系。车尔尼雪夫斯基认为"美就是生活"，并认为凡是能再现人们生活或能使人联想到生活的东西都是美的。但是人是不能在真空中生活的，人要生活就得有一个能容纳人们生活的物质空间环境，犹如演员要表演就必须有一个舞台一样，村镇聚落如同一个巨大的生活舞台，人们生活的各种内容都要在这里一幕一幕地"上演"，

如果这个舞台——供人们生活的物质空间，能够发挥背景的作用而烘托出人们的生活，那么它必然会充满生活气息，并与人们的生活融合为一体，从而激发人的审美情趣。

村镇聚落既然和人们的生活保持最直接、最紧密的联系，而不同地区的人由于气候、地形环境、生活习俗、民族文化传统、宗教信仰等不同，也都在其村镇聚落和住房形式中有所反映，因而必将赋予它以浓郁的乡土气息。例如江南水乡、西北黄土高原上的窑洞、湘桂黔山区的苗寨等都因受一定自然条件和社会因素的影响而各具鲜明特色，这通常也能以其强烈的乡土气息而触发人的美感。

或许正是由于上述的原因，使得我们同行中的某些人对传统民居及村镇聚落赞叹不已，而同时又遭到另一部分同志尖锐指责。在后一部分同志看来，传统民居和村镇聚落都是旧中国封建社会遗留下来的落后一面的集中表现，对于它们的赞美实际上就是一种发思古幽情的怀旧情绪，死抱着破房危屋不放就是倒退，就是和现代化唱反调，这两种尖锐对立的态度究竟谁是谁非？我想恐怕不能简单地下一个结论。

传统的民居与村镇聚落是封建社会自给自足小农经济的产物，这确实是事实。随着这种经济形态的解体，农村生活的确发生了深刻的变化，面对着这种变化，旧的民居及村镇聚落形态因为不能适应于社会生活内容的发展而必将被否定，这几乎是一种必然的趋势。近几年的大量事实说明，由于农村经

济迅猛发展，农民已不满足于旧的居住条件，于是掀起了一个新建住房的热潮，这些新住房从一个方面看确实比旧民居优越得多，它不仅坚固耐久，而且能为人们提供良好的通风、采光和卫生条件。务实的农民，他们喜欢新房子而厌恶旧民居，面对这一现实，要是向他们讲什么文脉、传统，那实在是一种不识时务的说教，但是从另外一个方面看，新建的住房形式单调至极，特别是总体布局，大片的行列式排列，实无异于兵营，这种现象颇引起人们忧虑，如果全国的农村都按这一模式建房，那么还有什么建筑文化可言？！

前面所说的大趋势，也就是历史的必然，尽管人们为此忧心忡忡，但它终究还是不以人们的意志为转移，这种结论岂不使人悲观？按照这种结论，还要去研究传统民居和村镇聚落，岂不枉费心机？是的，至少在近期多数地区的情况大体上是这样的。至于从远期的情况看，似乎又不必过多地忧虑，事物总是不断变化发展的，当前出现建新房的趋势就是对于传统民居和村镇聚落形态的一种否定，这是合乎客观规律的一个飞跃，它确实有效地改善了农村的居住条件，并且符合当前农村的经济、农村技术发展水平，因而无须多加指责。至于形式单调、千篇一律虽是一个问题，但至少在当前还处于次要矛盾，而且解决这一矛盾的条件也不成熟。只有等到农村经济再有一个长足的发展，广大农民的文化素养及审美情趣也相应提高的时候，这个矛盾才日益突出，待矛盾进一步尖

锐化，必将导致对于住房和村镇聚落形态的
又一次否定，到那时，并且只有到那时，传
统民居和村镇聚落形态作为建筑文化遗产的
一个组成部分必将经过建筑师咀嚼、消化而
以崭新的面貌，不同程度地体现于村镇建设
之中。展望前景，我们认为对于传统民居和
村镇聚落形态的研究既不应当持消极无为的
态度，也不应当急功近利以求立竿见影。

　　与其他类型建筑不同，传统民居和村
镇聚落基本上出自乡民之手并非自然形成
的。如果说其他各类建筑在建造之前都经过
匠师们按一定程式而精心谋划，那么民居和
村落则属于没有建筑师的建筑，另外，其他
一些类型建筑如帝王官殿、名寺古刹等经常
可以通过碑文或其他文字记载以考证其建造
年月、历史背景以及立意构思。至于园林建
筑则更有文人雅士的诗文作为建造时取形、
取意的佐证。但一般民居和村落，除风水上
的零星指点外则一无所有。鉴于这一点，对
传统民居和村镇聚落来讲其研究方法也应不
同于其他各类建筑。例如古典园林，我们可
以通过实例分析来印证古代造园家的某些论
述，也可以倒过来从造园家提出的基本原则
来阐述其在实践中的运用，一般讲来都比较
容易就众多实例而进行理论概括。民居和聚
落则不然，它既不可能博引广证，又很难进
行理论概括（因为它本来就不是在某种理论
指导下建造的），因而比较可行的方法就是
把它切成许多片断而作具体分析，以期通过
这种分析而揭示出它和人们生活的内在联

选自《福建民居》

系以及究竟是怎样激发起人们的审美情趣
的。这种研究方法从形式上看很像亚历山大
（C·Alexan—der）所著的《模式语言》（A
Pattern Language）。这里虽没有浩瀚的文字论
述或深奥的理论，但仅凭从沙里淘金而搜集
到的资料，想来也多少能引起人们的兴趣而
不致使读者过分地失望吧！

第二章　自然因素对于传统村镇聚落形态的影响

村镇聚落形态都是在特定的自然地理条件以及人文历史发展的影响下逐渐形成的。村镇聚落的形态及其景观正是这种自然、地理和人文、历史特点的外在反映。村镇景观所呈现的丰富多彩的形式和风格很难用单一的原因作出令人信服的解释，而是地理、气候、社会、经济、文化等诸多因素综合作用的结果。正是这些错综复杂、千变万化的因素的影响，才产生了丰富多彩、各具特色的村镇聚落景观。

近年来国外流行着一种论点，即认为人类的居住形态，包括住房及聚落形态主要是由社会、历史、文化等因素决定的，我认为这种看法颇有进一步讨论的余地。总的说来，民居及村镇聚落形态不外由两个方面的因素所决定：其一是自然因素，其二是社会因素。然而这两方面因素孰主孰从，却不能笼统地一概而论，而必须作具体分析。就我看来，这个问题和人类文明发展的阶段有不可分割的联系。人类文明发展的程度愈高，自然因素影响所起的作用便愈小，社会因素所起的作用则愈大。反之，人类文明发展的程度愈低，自然因素影响所起的作用便愈大，社会因素

所起的作用则愈小。

我们通常所说的文明，就是指对于原始自然状态的改变。这种改变首先是按照人们的需要和愿望来进行的，其次，它还要受到一定经济、技术条件的制约。人类的文明程度愈高，意味着对于原始自然状态改变的能力愈强。当今时代，特别是一些发达国家，拥有极其雄厚的经济技术实力，凭借着强大的技术手段，可以按照人的意志劈山填海，建造起高楼大厦。然而在古代，人们虽然也能改造自然以适于自己的生活需要，但是这种改造，由于受到能力的限制却是非常有限的。

达尔文在他所著的《进化论》中，曾提出"物竞天择"的看法，并认为人类可以改造自然，而一般的动物却只能消极地适应于自然。其实，人类发展的历史表明，人类最初也是从一般动物中分离出来的，远古时代人类基本上也是以适应自然为主的，只是随着科学技术的进步才逐渐地增强了改造自然的能力。可是直到今天，尽管科学技术高度发展，但人类也不是万能的，在许多方面还必须屈从于自然条件的制约。

中国是一个文明古国，这表明在古代她还是一个先进的国家，曾经造就过灿烂的古代文化。不言而喻这种文化也表现在城市建设和建筑艺术所取得的伟大成就上。然而不幸的是由于封建社会一直延绵了几千年之久，科技进步十分缓慢，以致到了近代我们民族的固有文明停滞了下来，没有得到应有的高扬，与先进国家相比反而落后了一大步。这种差距在广大乡村表现得尤为突出，特别是一些交通闭塞的边远地区，至今还过着靠天吃饭的日子，这种情况表明他们应变的能力十分低下，基本上还是处于屈从于自然力量的支配之下。

我们所要讨论的传统民居和村镇聚落，就是在这样一个大的历史背景下产生的。它所反应的经济和文化基础就是封建社会自给自足的小农经济。正是因为经济技术条件十分有限，因而自然因素的影响就显得格外突出。

既然自然因素对民居及村镇聚落的影响十分显著，那么处于相同自然条件下的民居及村落其形态便包含有许多共同的特征；而处于不同自然条件下的民居及村落其形态则各异。按照这种分析，再考虑到我国是一个幅员辽阔的大国，在这广袤的国土上，因地理位置不同各地区的自然条件如气温、湿度、风向、地形、地质、地貌等方面的差别也是极为悬殊的，因而反映在民居建筑及村镇聚落的形态上，也必然带有明显的地域特征。以下拟按地理气候、地形地貌和地质材料等几个方面作具体分析。

○地形·气候

地理气候对于民居及村镇聚落景观的影响是显而易见的，特别是在气候特征比较显著的地区，这种影响尤为突出。这是因为自给自足的小农经济拥有的财富及技术手段十分有限，不可能像今天这样用现代化的科学手段来满足人们对通风、采光、避暑、御寒等起码的生活要求，因而就只好利用自然条件，尽力去适应当地的气候因素来建造住房，并形成相应的居住生活环境。当然，拿现在的标准来看，无论在功能、技术方面都不尽科学合理，但是就当时的条件而言，虽说不上尽善尽美，但至少还是合情合理的。

我国约有 960 万平方公里的陆地面积，辽阔的国土自南至北跨越的纬度竟达 50° 之多。从酷热的华南到严寒的东北、西北，从东南沿海到青藏高原，其气候条件变化极为悬殊。参考 1964 年编制的"全国建筑气候分区草案"，再结合实地调查分析，从草案划分的 7 个建筑气候区的主要气候特点及对应的村镇布局和民居形式中可以明显地看出，无论是村镇聚落或民居建筑形式，都与气候因素有密切和不可分割的联系。

地处纬度较高的华北、东北地区，冬季气温极低，严寒经常对生活构成最主要的威胁。为了御寒，常以火炕的形式取暖，这种取暖方式不可避免地要制约建筑物的平面布局形式。广泛流行于这两个地区的三开间四合院平面布局，不能说与火炕取暖方式没有联系。

由于冬季气温低，人们不得不借日照的热能来提高室内气温，所以对日照要求十分强烈，加之纬度愈高，冬季太阳的入射角度愈平缓，为争取更长的日照时间，并避免建筑物相互遮挡，因而建筑物之间必须保持较大的距离，这反映在总体布局上，与气温较高的华南地区相比，其密度则大大地降低。此外，为了防止冷风的侵袭，建筑物多只对向阳或内院的一侧开窗，其余三面则严加封闭，因而就整体风格看，便具有极其厚重、封闭的特征。

与上述情况相反，地处纬度较低的广东、广西、云南一带，其气候特点是：气温高、雨水多、湿度大，其日温差与四季间的温差变化均不显著，且经常处于静风状态。如果说华北、东北地区的主要矛盾是御寒，那么在这里则表现为遮阳、避雨、散热、通风和防潮。

与华北、东北不同，为了遮阳，建筑物须力求靠拢，以期借建筑物的遮阳作用而获得尽可能大的阴影区。例如同是四合院布局，东北的四合院院子最大，华北次之，华中又次之，而到华南，则仅为小小的天井。街道也大体如此，即北方的街道宽，南方的街道窄，这样，人们便可以免于烈日的暴晒。

避雨的要求也明显地反映在建筑和街道的形式上。就一般情况而言，多雨地区的建筑物不仅屋顶坡度大，而且出檐深远。当然，这些处理也兼能防止烈日暴晒，所以从功能上讲也是完全一致的。从街道景观方面看，

南方街道颇具特色的"骑楼"形式，也不外是出于防雨的要求。

通风是散热、防潮最有效的方法，这对于湿热、静风的地区，必须给予足够的重视。例如滇西南的干阑式建筑与桂北一带的民居，建筑物尽量敞开，并用未经油漆的木板当作墙面和围护结构，甚至连地板也特意留出缝隙，这样，四面透风的建筑，便可以获最好的通风效果。此外，挑廊、披檐、平台、敞间等有顶无墙的开敞式空间形式也被广泛使用，既可避雨、遮阳，又不妨碍通风，还可增加景观变化效果。更有一些建筑，其山墙上部不予封死，且上部屋面出檐深远，即使雨天同样能维持良好的通风条件。此外，坡度很陡的屋顶形式，不仅有利于排走雨水，且可使整个景观风貌具有轻盈、通透与秀丽的效果。这与北方民居敦实厚重的风格相比，实有天壤之别。

除单体建筑处理具有明显的地区特征外，其整体布局也明显不同于华北、东北地区。例如云南境内的干阑式建筑，为求得良好的通风效果，建筑物均呈独立的形式，四面临空，这样，从整体布局看，便呈散点的形式而稀疏地分布于较为开阔的地带。

台风、暴雨等气候现象也对村镇景观与建筑形式产生一定的影响。沿海的广东，虽属湿热地区，但时常有台风侵袭，因此便不宜采用轻盈的干阑式建筑形式，而是通过小院、天井与巷道组成完整的通风体系来解决散热和防潮问题。不仅如此，许多住宅中还设有冷巷，进一步加强通风、散热、采光效果，例如粤中一

带所采用的"梳式"村镇布局，村前为一半圆形的池塘，既可供排水、养鱼、灌溉、洗衣之用，又可净化、冷却空气，环绕池塘三面则种植树木、竹林，并以此形成屏障，以减弱台风的侵袭。绝大多数房屋朝东南或正南，与夏季主导风向平行，与纵深很长的"竹筒"和"单配剑"组成狭长的巷道，这样，有风时便可沿街道和屋面直接吸入室内。即使在炎热无风的情况下，由于天井和屋面上空的温度不断升高，整个村落笼罩着热空气，处于密集毗连的建筑物之间的阴影区、檐下或树荫中的冷空气不断上升，从而形成上下对流以调节小气候。因此，无论是有风或无风，整个村落均能保持良好的通风效果。

广东的潮汕地区，因人多地少，则采用"集居"的方式，当地人称"四点金"或"爬狮"，有的形成体量很大的土楼，其解决通风、散热的原则与粤中十分相似，同样是面对池塘，左右、背后则广种树木，以若干幢建筑组成院落，沿山丘布置而不占良田，从而形成具有地区特色的布局形式。

再如新疆，属典型的大陆性气候，不仅异常干燥，而且昼夜之间的温差变化极其悬殊。当地人常用"早穿棉袄午穿纱，围着火炉吃西瓜"的谚语来形容其日温差之大。根据这种气候特点，当地居民便采用土坯、泥墙等高蓄热量的材料作围护结构，这样，白天有良好的隔热效果并吸收大量的热量，到了夜间再慢慢释放出来，以减弱日温差对室内的影响。此外，由于夏季酷热，所以平面

布局力求紧凑，从而以最小的表面面积，争取围合最大的空间体量。与此同时，窗也开得既少又小，并且多采用高窗的形式以减弱地面阳光的反射。为减少辐射热的影响，建筑物均采用反射性能较好的浅色调。在群体空间组合时则尽力靠拢以缩小建筑物之间的间距，并由此而产生大片的阴影区，以期减弱烈日暴晒的影响。

不仅如此，在建筑物周围还大量种植树木，特别是借葡萄的藤蔓、攀缘覆盖于屋顶墙面之上，以防止由直射光所产生的辐射热的影响。另外，每当盛夏，人们还喜欢在屋顶和院内纳凉，加之雨水稀少，所以普遍采用平屋顶形式，并根据需要高低错落，灵活多变，特别是掩映于树影藤架之下，其整体环境气氛极富少数民族所独具的异乡风情。

地处西北高原陕、甘、宁地区，其气候颇与新疆接近，但这里则往往以窑洞的形式以适应于气候的特点，这是因为窑洞本身冬暖夏凉、夜暖昼凉，可以调节由于温差过大而带来的问题。

以高寒为主要气候特征的地区，比较典型的建筑形式首推藏族的平顶式民居和青海的"庄窝"。高寒地区的保温原则和干热地区的隔热原则基本相似，所不同的是一个热源在内，一个热源在外。因而为了保持室内温度，同样也必须采用蓄热量高的材料如泥土、土坯、石块等砌筑厚墙，用紧凑封闭的平面布局形式以利于保温。但有一点与干热地区不同，就是需要太阳的辐射热。所以群体组合

为争取良好通风而采用散点布局的西双版纳地区的干阑式民居建筑

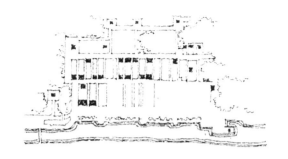

潮汕地区"梳式"布局的村落总平面示意

时要保持足够的日照间距,朝阳的一面应尽量敞开以获得更大的日照面积和更长的日照时间。藏族民居多背山向阳布置,并采用平屋顶形式,这样,必要时还可用作晒场。另外,建筑平面多呈"L"形,并按排在基地西、北两侧以利于避风。

青海的"庄窝"则是高寒气候条件与风沙共同作用的结果。"庄窝"是一种被又高又厚的土墙(庄墙)包围着的住宅建筑形式,其中有一个内院,屋顶用木构架承重,上复以厚重的黄土屋面,庄墙高出屋面可多达一米以上。除大门外庄墙上没有任何孔洞,这种奇特的封闭形式既有效地御寒防风(沙),又可保持内部的清洁和安静,从而为居住者创造了良好的室内外活动空间。至于外观,则以其独特的厚重封闭形式与皑皑雪山或绿树交相辉映,从而构成青藏高原所独有的村镇景观。

以上主要就几个大的建筑气候分区情况来说明不同气候特点对民居及村镇聚落所产生的影响,通过分析可以看出,处于同一气

新疆地区的民居建筑

候条件下的民居建筑及村镇聚落形态由于受到相同气候特点的影响往往在形式和风格上都带有某种共同的特征。但是这却不意味着每一个大的建筑气候区域内民居的风格和村镇聚落形态必然相互雷同或千篇一律。这是

因为气候只是影响其形式和风格的因素之一,除此之外,还有很多因素也都起着制约其形式与风格的作用。再说同一地区尽管有共同的气候特征,但这只是大体相同而已,且不说大的建筑气候分区,即使在一省之内其气

下沉式的窑洞民居

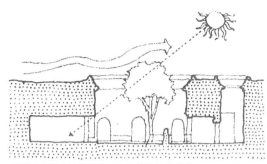

下沉式窑洞建筑既避风又有良好的日照条件

夏季窑洞气温变化曲线

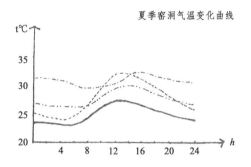

冬季窑洞气温变化曲线

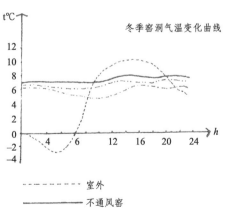

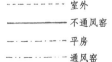

候也必然有许多差异。例如云南，其东、北部分，四季如春，气候十分宜人，但西南部分则异常闷热潮湿，加之一省之内有许多少数民族聚族而居，所以就是在一个省内，其民居及村镇聚落形态也都充满了变化。

再如福建，虽气候变化并不显著，但由于境内地形复杂，长期以来交通不便，各地区之间很少交往，加之历史上中原人多次南迁，各自带来不同的影响，因此全省各地民居建筑，多因地制宜，自成体系，各有其独特的形式与风格。从这里可以看出，即使气候条件相似，但民居及村镇聚落形态，却可以有多种多样的变化。

○地形·地貌

地形和地貌的变化，对于民居及村镇聚落形态的影响也是十分明显的。特别是在山区或丘陵地带，这种影响尤为突出。我们知道，中国传统的文化，一直是崇尚农业生产的，人口中的绝大部分都依附于土地而从事着农业生产劳动，过着"日出而作，日没而息"的生活。所以对农民来说，土地便成为他们最为宝贵的生产资料和财富。为此，山区人民，凡有可能都尽量把较为平坦的土地留给农田，而把住房修建在不适合于当作农田的坡地上。此外，由于建造住房又多由一家一户单独经营，劳动力十分匮乏，没有能力对自然地形作出较大的改变，所以只好顺应地形随高就低地修建住房。即使有少数比较富裕的大户人家，也多受到传统的"天人合一"的观念影响，对自然取尊重的态度，不愿大兴土木去改变现状，而是按风水先生的劝告去"择"基建屋。这样，不仅从单体建筑看其外观很富变化，特别是从整个村镇的景观看，则更是高低错落而层次分明。

在河网交织或湖滨江畔地区聚居建房，既可利用水路以方便交通，也可以水为资源而捕（养）鱼种稻以获得经济效益，还可借水景的衬托而给村镇景观平添自然情趣。

即使是平原地区，虽然没有显著的地形起伏变化，但局部的凹凸不平也是在所难免的，许多村镇聚落的布局对此均不以为然，并没有用人工的方法去填平补齐，这不仅节省了许多劳力，反而会极大地丰富村镇景观的变化。

虽然地形环境对于民居建筑的影响十分明显，但在以往的民居研究中却没有引起人们足够的重视。现代的审美意识与以往有许多不同，其中很重要的一点，就是改变以往那种比较注意事物的本身，而更多地把它放在整体环境中加以考察。这一点对于民居建筑的研究来讲特别重要，以往对于民居建筑的研究多着眼于单体建筑本身的形式变化，然而许多旧民居如果脱离了环境而孤立地看，确乎是一堆破房危屋，就算它本身的形式充满了变化，但是它的真正的美学上的价值还是难以充分估计的。有鉴于此，我们深深地感到必须从不同的环境背景入手，分别对处于不同地形、地貌下的村镇景观作分析比较，才能更加深刻地认识到地形环境对于村镇景观所产生的重要影响。

我国地域辽阔，自然环境极富变化，各种地形、地貌极其丰富多样。有山岳、丘陵、盆地、岛屿、沙漠，还有更多的平原和江河、湖泊。从长年积雪不化的北国风光到四季如春的热带丛林，大自然的风貌绮丽魅人。我们的祖先十分珍惜这优越秀丽自然风貌。无论从选址择基还是到大兴土木地动手修建，都极为慎重地考虑到与山形水势的结合，不仅极力利用有利的自然因素来创造更加适合于生活和生产的环境，而且还要使整个村镇和建筑等人工景观十分谐调地融合在大自然的环境之中，互相因借，互相衬托，从而创造出景观风貌丰富多样、地理特征又十分突出的自然村镇景观。

在我国960余万平方公里的陆地国土上，大约有2/3为山地，它遍及于西南、东北、东南、西北以及华东、中原等部分省区。由于地质构造不同，有的巍峨险峻；有的恢宏壮丽；有的秀丽挺拔，各呈不同的风姿，有相当多的民居和村镇聚落便散落地分布于其间。其中尤以湘、桂、黔、滇等省的民居建筑因与地形的巧妙结合而各呈特色与风姿。

广西三江一带的侗族山寨以及湘、黔各地苗族、土家族山寨多处谷地，四面青山如屏，并借以围合而形成巨大的自然空间环境，人们生活在这里安详、恬静，犹如世外桃源。为适应地形的起伏变化，这一地区的民居多采用纤细、轻巧的木结构，其组合十分自由灵活，可以在极为陡峻的山地上顺应地形的起伏而不拘一格地组合成各种形式的民居建筑。湘西苗族民居，虽然单体建筑形式大同小异，但一经与特定的地形、地貌相结合，便形成千姿百态的建筑群，从而极大地丰富了村镇聚落整体的景观变化。还有少数村寨耸立于高高的山顶之上，沿着蜿蜒起伏的山脊逶迤连绵，从而形成十分优美的天际轮廓线。每当人们从山下进寨，仰视这绚丽的景色，随着视点的移动，真可谓步移景异而摄取出千变万化的图景。

坐落于山腰的村寨，其组合形式也灵活多样，其中大多数均沿等高线而平行地排列，并以"之"字形的小路迂回盘环其间，既高

10

湘西苗族聚居的德夯村

低错落又层次分明。也有少数村寨采用与等高线相垂直的布局形式，以十分陡峻的梯道贯穿其中，两侧屋宇则依次跌落，层层上升，从而形成犹如"一线天"般的奇观妙景。

其他地区的山地民居也各有其特色。例如福建，一般多选择在坡度较缓的地段建造住房，一些大型住宅则往往依山势缓缓升高，其屋顶便随之而呈台阶状的跌落形式。如遇地形陡峻，则按其坡度变化先行修整为台地，然后在其上建造住房。闽西永定一带的土楼

建筑，因结构特点所限，一般多建造在台地上，并随地形不同而灵活布局，从而形成极富变化的景观效果。

浙皖一带的山地民居，多分布于临水的江畔河边，许多村镇均背山面水，既能利用水路交通的方便条件，又能在水边浣纱、汲水、洗衣、淘米，既方便生活，还可借山为背景来烘托村镇景观，以获得极为浓厚的生活气息。

位于山地的村镇，不仅在村镇的整体景观上各有特色，而且其内部景观变化也极其丰富

多彩。这是因为山地的地形变化十分复杂，各单体建筑为节省劳力，都尽力利用自然环境所提供的坡、岩、沟、坎、涧、谷等独特地形，或以支柱跨越其上，以造成轻巧、通透的效果，或就地筑台而使建筑物高低错落，加之平面排列参差不齐，道路曲折盘回，连通上下交通的石阶纵横交错，可以想象，其建筑体形与外部空间的变化该是何等的复杂！

地处山区的村镇景观的另一个特点就是从整体上看层次变化十分丰富。位于平面上的村镇，如果从外部看，摄入眼帘中的景象往往只限于其周边的外缘，其深层景观则为建筑物所遮挡。山地村镇则不然，由于地形起伏，后一层建筑往往高出于前一层建筑，由于层层重叠，所以从远处看，便可以分出许多重层次。

此外，山地村镇由于地形起伏还可以为人们提供极富变化的仰视、俯视效果。

与山相对应的便是水，它也是与人的生活息息相关的。在没有现代设施的农村，水的用途之广，实在是难以估计。大凡饮用、炊事、养鱼、养鸭、种藕、种菱、灌溉、洗衣、饮牛乃至交通等活动都离不开水。所以传统的村镇聚落，凡是有条件的都尽量靠近水源，乃至临水而居。正是由于这样的原因，许多村镇景观便与水结下不解之缘，并因水而富有诗情画意。"枯藤老树昏鸦，小桥流水人家"，所描绘的，正是这种情景。

湘西一带，有不少城镇和村寨就是沿河的一侧或两侧发展起来的。例如湘西凤凰，

依山而建的福建永定地区村落

其县城位于河的一侧，但还有一部分居民则聚居于河的对岸，并有石桥与之相连通。湘西吉首则沿峒河两岸布局，街道与建筑物均平行于河道的主要走向，自街道至河岸有许多窄巷相通。由于水流湍急，涨落无常，建筑物均大大地高出河面，某些吊脚楼则用极其细长的木柱支撑于河岸两侧，并悬挑于水面，空灵通透，参差错落，极富虚实对比与外轮廓线变化。每至码头则可经由台阶拾级而下，直逼水边。沿河两岸还有许多利用天然地形或台地形成的台子供人们淘米、洗衣，凡此种种均可构成很有特色的景观效果，并充满了生活气息。

其他地区如福建的崇安、安徽的屯溪以及浙江富春江两岸，均有不少村镇沿河而建，并借山青水秀的自然环境的衬托，而使村镇景色更加秀丽、妩媚。

江南水乡，则另有一番风情。江南地区地形平旷，本来是没有什么特色可言的，但是由于河道纵横，从而形成以水路为主的交通网络。以太湖为中心的苏南、浙北一带，有许多村镇坐落于河网交织的水乡，并以其优越的水网地理条件和悠久的传统建筑文化相结合，从而形成了另有一番情趣的水乡风貌。在这景色秀丽、水源丰富、江河湖荡遍如蛛网的地区，劳动人民充分利用这得天独厚的水网之利，数以千计的大小村镇密布其间，其类型之丰富，建造技艺之精湛，格局之巧妙，均为世人所称颂。这些村镇有的夹河而建，平面呈带形；有的位于河的交叉处，平面呈"丁"字、"十"字或辐射形；有的处于河的尽端，平面呈"U"形，有的甚至在岛上，四面环河。至于平面形状，则不拘一格而沿河道随弯就曲，沿河两岸的民居建筑高低错落，朴素淡雅，常以粉墙黛瓦相互对比衬托，给人以秀丽清新的感觉。此外，从整体布局看，还借骑楼、雨廊、店铺、茶楼、酒肆等组合以形成街道和窄巷，从而形成连续的空间序列。被河道分割的小块坊里之间则有小桥相连，桥的大小和形式各不相同，岸边则设置临水的石阶和码头，供淘米、洗衣和停靠舟船。这样的小镇，每逢集市，河下船只来往穿梭，镇上行人川流不息，甚是热闹，而每当阴雨连绵时便又浸沉于一片静穆之中，此情此景除江南外，别的地方实属少见。从这里也可以看出，村镇景观特色与地形、地貌之间，确实有着某种内在的、不可分割的联系。

与江南水乡形成鲜明对比的则是西北黄土高原中以窑洞为主要居住形态的民居及村落。西北黄土高原虽有山，却并不陡峻，此外，由

画家笔下的水乡小镇——柯桥　史荆鸿作

于气候干燥，水资源十分短缺，大部分地区很少有植被覆盖。更有一部分地区属沙漠地带，因而，除少数居民点集中于条件比较优越的绿洲外，大部分村落只能利用因地形起伏而形成的岩壁，并在其上开凿洞窑以作住房，从而借其独特的地形变化而形成不同的村镇景观。

还有一些地区采用洞、屋结合的形式，一方面利用有利地形条件挖掘洞窑，另一方面为补偿地形之不足，又部分地在地面上建造房屋，并使窑洞与地上建筑巧妙地结合，以形成群体及众多的空间院落。

即使处于平地，也可以用下沉的方法来组织窑洞，即先往地下开挖出一块矩形平面的土坑，然后再沿坑的四壁挖出洞窑，从而形成一个以土坑为内院的中心，四周窑洞均面对内院呈向心式的布局形式。

就窑洞本身而言，除洞口外并没有什么景观可言，但凡是经过人们修整过的地方，总不免会留下一些人工痕迹，但这与其他地区的民居建筑及村镇聚落形态，毕竟有很大的不同，它几乎完全融合于大自然的景象之

陕西某依山而建的窑洞建筑——学校

窑洞与平房相结合的民居建筑

陕西省某下沉式窑洞民居

中，而突出地呈现出一种粗犷豪放的气势。

　　沙漠地区绝少人烟，极少村落也务求临近水源，这种景象犹如诗句所描绘："大漠孤烟直，长河落日圆"。

　　从整体看，处于平原地区的村镇聚落，因地形而赋予它的景观特色是不甚显著的。但是农村毕竟不同于城市，尽管大范围内地形没有明显的变化，但局部范围内的小变化还是在所难免的。平原地区的村镇，为避免洪水泛滥，一般多建于地势较高的台地上，与一般农田相比，其地位则更突出。有的还在村的周围筑堤，以防范洪水侵袭，这样，便使村的范围感更加清晰明确。此外，村内及四周多种植树木,从平旷的田野中远远看去,于葱郁的树林中掩映着斑斑屋宇,生活气息甚浓。至于村内,往往是沟、坎纵横,许多民居建筑便因地制宜、随高就低与特定的地形条件相结合,从而构成一些非人工所能取得的景观变化。遇有低洼的地方,每每因雨水汇集而变为池塘,不仅可以用来养鱼养鸭,同时也可以丰富局部的景观变化。

濒临于海滨或岛上的渔村,为便于出海作业,多建村于岸边,又为防止潮汐的侵袭,多选择在能避风浪的海湾深处。这类村落多沿海湾布局,有的甚至还用河汊将海水引至村内。平面布局曲折蜿蜒,并与礁石、沙滩、海水等景色交相辉映,以构成渔村所特有的景观气氛。

以上分别从不同地形、地貌的角度来分析其对于民居及村镇聚落形态的影响。应当强调的是,即使在同一类地形之中,每一块基地也各有自己的特点,这种特点如果在今天,特别是在城市,完全会有可能通过人工方法予以填平补齐,或者给以彻底改造,而在当时的农村,由于独家独户的经营,无论从财力、人力方面看都不具备这种改造地形的能力,他们唯一所能做到的,就是向自然让步,这就是说要使自己拟建的房子尽量地"屈从"于各自地段的地形条件,然而地形是千变万化的,所以房子的式样也必然跟着地形而变化无穷。不言而喻,由这些变化无常的房子组合而成的村镇聚落不可能铸进同一种模式中去,于是就出现了多样化的村镇聚落景观。说"屈从"颇带有消极的意味,如

建筑师笔下的"中原小镇"　程远作

云南大理洱海之滨某村——建筑物沿沟壑而建

15

广东某渔村

福建晋江地区某民居——砖墙瓦顶建筑

果改用积极的语气则应当是"尊重"，即尊重地形、地貌。就当时的情况而言，这种尊重，实属无可奈何而并非自觉，但正是这种无能为力却收到非常积极的效果。对比今天，我们虽不算富裕，但对于改造自然的能力却有了长足的进步。然而很不幸，随着这种力量的增强，却把尊重环境的原则忘记得一干二净，那么得到的报应是什么呢？就是那单调得如同兵营一般的行列式！而且不分天南地北，也不分山区、丘陵与平原，最终，都统统地铸进了一种模式。

○地质·地方材料

建筑空间，包括室内空间与室外空间，都是人们凭借着一定物质材料并按一定结构方法从自然空间中围隔出来的，即是一种由人工而形成的空间。因而，作为围隔手段而使用的物质材料及结构方法必然对建筑的形式和风格产生这样或那样的影响。而村镇聚落又是由众多的单体建筑组合而形成的，所以整个村镇聚落的形态与景观，也将间接地受到建筑材料与结构方法的影响。

民居建筑其乡土特色十分鲜明，这当然是由多方面因素而形成的，但是在这些因素中，地方材料所起的作用尤为突出。这是因为材料往往决定着结构方法，而结构方法则往往直接地表现为建筑的形式——它的内部空间划分及外观。当然，任何一类建筑其形式与风格都要受到建筑材料以及与之相适应的结构方法的制约，为什么民居建筑尤为突出呢？这是因为遍布于各地的民居建筑不可能像其他建筑那样，不惜花费大量的人力、物力从遥远的外乡去购置并运送建筑材料，因此，就地和就近取材便成为民居建筑非遵循不可的原则。不仅如此，即使是就地取材，除砖、瓦等经过简单的加工制作外，其余大部材料均属未经加工的原始天然材料，而只是在建筑的现场临时加工，而每一个地区所能使用的原始天然材料如土、石、竹、木、草等，又必然受到当地地质构造和气候条件的影响，例如某些地区盛产木材，当地居民便多使用木材来建造住房；某些地方石料比较丰富，当地居民便多使用石料来砌筑墙体或拱券；某些地方土质特别优良，当地居民便尽量筑土为墙以作为民居建筑的结构。这样，久而久之人们便在长期的实践中总结经验，并逐步地形成一套与当地材料特性相适应的结构方法，而这种方法便大体上决定了建筑的内部空间划分和外部体形变化，乃至建筑的虚实关系、色彩、质感，从而使民居建筑以至村镇聚落景观都带有浓厚的乡土特色。

这种因地方材料而形成的地区特色在福建民居中表现得十分明显。例如福建东部的沿海地区如莆田、晋江、泉州一带，由于制砖技术较高，砖瓦的运用便相当普遍。特别是泉州地区还可以烧制不同深浅并带有花纹的优质砖，当地居民便利用这种砖拼砌成带有多种图案的墙面。又因为这一带盛产石料，许多建筑便利用大块石料作为基础、台阶、墙裙，以起到防潮作用。集美、晋江一带民居还用惠安出产的青石做腰线、窗套、墙裙、柱脚等以装饰建筑，这种青石质地纤细松软，便于雕刻，当地居民还充分利用这一有利条件来装饰建筑，从而为这一带民居建筑平添了不少光彩。当地所烧制的瓦，也颇具特色，尺寸较大、较扁平，且呈暗红色，与砖的颜色很接近，用这两种材料做屋顶、墙身，再配以石制的腰线、窗套、墙裙。

福建永定地区的土楼民居

广西桂北地区的木构民居

福建福安地区的木构民居

首先，在色彩上便很有特点，此外，由于外墙系砖结构，这既有利于防止台风侵袭，又使外观具有封闭、凝重的特点。

闽西、闽北多为山区，这里盛产木材，高大挺直的衫、松满山遍野，当地居民便因材致用，不仅用它做成各种形式的木构架，而且连门窗、栏杆乃至内外围护结构均全部使用木材。由于木材比较纤细轻巧，而且又可以做成榫卯而自由灵活地拼接，所以这些地区如连城、崇安、三明一带的民居建筑不仅在空间体形上千变万化，而且还具有通透轻巧的感觉。

闽中、闽南等地，采石用土比较方便，特别是土的质地十分优良，当地居民普遍用筑土为墙的方法作建筑物的内外围护结构，因而这些地区便出现了许多方形或圆形的土楼。这种形式的民居建筑可高达数层，体形较简单、规整，为考虑防御上的要求，门窗开口极小，给人的感觉很封闭。由于采用泥墙瓦顶，整个建筑分别呈黄、黑两色，在青

山绿树的衬托下，色彩既明快、和谐，又不乏对比和变化，特别是永定一带的土楼群，从整体看去更使人感到格外的清新。

以上是就一个省的情况来看地方材料对于民居及村镇聚落景观的影响，如果把范围扩大到全国，那么由于地质、气候条件的差异很大，可以提供的地方材料品种较多，那么这种影响将更为显著。另外，我们还可以看出，凡是使用同一种材料的民居建筑，尽管由于其他因素的影响，不同地区各有其特点，但它们之间总不免有许多共同之处。例如地处我国西南的湘、桂、黔一带，森林资

源比较丰富，在当地居住的侗族、苗族、土家族人民，便多用木材来建造房屋，特别是桂北的侗族民居，可能由于夏天比较闷热潮湿，为争取有良好的通风条件，建筑物内、外墙壁，均由木板制成，板与板之间还留有较大的缝隙，更有少数房间彻底敞开而不作任何围护，这样，便使建筑物的外观显得十分空灵而通透。湘西民居也多使用木板来作围护结构，外观虽然也相当轻巧空灵，但却不如桂北民居通透，其围合程度则颇接近于闽北崇安一带民居。从以上分析中可以看出，远离于福建的湘、桂、黔一带民居，虽然各有特点，但由于都以木材为主要建筑材料，所以相互之间，还是有不少共同之处。

滇西南西双版纳一带的傣族人民居住的干阑式建筑，其主要支撑结构多由竹子做成，故又称之为竹楼，这种建筑最初多为草顶，为不致漏雨，其坡度很陡，并呈歇山形式。与其他地区民居不同，这种民居多为独立式的建筑，四面临空，为防潮湿、虫害并有利于散热通风，其底层多架空。此外，于主体建筑之外还常常有披檐、敞廊，由此，其平面多呈"L"形。以上这些形式特征，当然与该地区潮湿闷热的气候条件有某种内在的联系，但若非使用竹、木为构架，也许就难以出现这些形式上的特征。

在分析气候因素对于民居的影响时，曾简单地提到过分布在西北黄土高原上的窑洞建筑，但是之所以选择窑洞形式作为栖息的处所的更为主要的原因恐怕还是由于地理、地质等原因。所谓西北黄土高原大体上包括甘肃、宁夏、山西、陕西以及豫西一带（当然这和地理概念还有出入），这里多系山谷，少有平原，交通不便，气候寒冷，建筑材料供应困难，特别是由于历代森林被毁，木材奇缺。但是这里的土质稳定性极好，可壁立15至20米，仍可长期保持稳定。在颗粒组成及含水量适度的情况下其强度不亚于低标号的黏土砖。加之当地气候干燥，地下水位很低，因此，采用拱形结构的黄土窑洞的产生与发展，则是理所当然的事。黄土窑洞不仅节省木材，而且冬暖夏凉，这不仅与当地的气候相适应，特别是在冬季还可以节省取暖所必需的且十分短缺的燃料。

新疆吐鲁番盆地的土质也有良好的粘结性，而且气候特别干燥，因而自古以来就流传着用土筑墙或做成拱券的形式来建造住房的传统，这可以从唐代留下的交河、高昌古城的遗址中得到证明。直到今天，当地居民也多采用土拱形式的结构来建造住房。这种住房或单层或带有地下室，上下均可住人，下层由于有一半处于地下，冬暖夏凉，特别是夏季，一家人

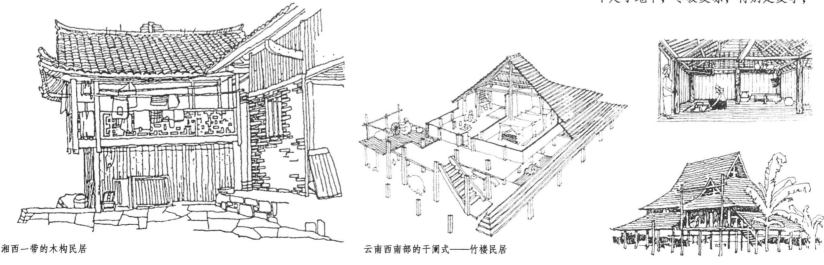

湘西一带的木构民居　　　　　　　　　　云南西南部的干阑式——竹楼民居

新疆吐鲁番地区的交河故城遗址

新疆吐鲁番地区的民居庭院

新疆喀什地区的民居庭院

便退避到这里，以度过炎热酷暑的夏天。这种民居的外观虽不同于陕北窑洞，但毕竟系用厚土所筑成，因而还是不可避免地带有生土建筑所特有的厚重、封闭的特点。

到了南疆的喀什，由于木材资源不十分紧张，一般民居便又采用木梁柱的结构形式，但为御寒避暑，其外墙依然由厚土筑成，且开窗既少又小，具有明显的地方特点。

再如，藏族的碉楼因所处地区的材料不同也有着很大的差别。在盛产石材的藏南谷地，墙壁一般都用石块砌筑，墙体厚重，有明显的收分，多数为两层以上的楼房，门窗开口很小，外形敦实、稳固、庄重。而藏东峡谷地区石材很少，于是便采用了土坯墙或筑版墙，其外形与风格与藏南的碉楼有着明显的不同。这里的建筑一般为两层，上层较底层后退一段距离，这样便可利用底层的屋顶当作露台。在居室朝南的一侧有一个很深的廊子，廊前设有木栏杆。藏东盛产木材，故内墙多用圆木或板材建造。由于上部多用木材，外观以虚为主，借此还可以与下部厚实的墙体形成强烈的对比。藏族碉楼的色彩处理也很有特色，这也是由使用地方材料所致，其中大多是材料本色：黄色的泥土、青或灰白色的石块，只是外露的木材部分漆成暗红色，从而与墙面形成强烈的色彩及明暗对比。

由于地方材料与结构形式不同而产生独特的村镇景观的例子还可以举出很多。例如贵州省镇宁县一带因盛产片石，竟然出现从屋顶到墙体，乃至门窗等都是用片石砌成的"石头寨"。

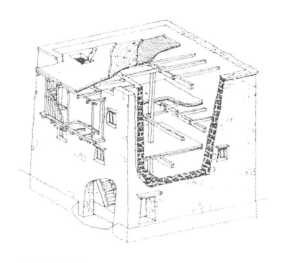

藏族的碉楼民居

湘西石构民居建筑

这极大地为村镇景观增添了光彩。

地方材料，特别是某些原始的天然材料，是封建式小农经济与生产力低下时代的产物。随着农村经济的发展，以往那种"靠山吃山，靠水吃水"的情况必然会逐步改变。特别是交通方便、经济发展较快的地区，人们已经不满足于以往那种旧式的民居建筑，加之木材日益短缺，其他一些地方性材料的性能不尽理想，特别是旧的结构形式既费工、又费料，不尽科学合理，因而地方性、较原始的天然材料，有被逐渐替代的趋势，而简易的钢筋混凝土梁板等预制构件的用量则日趋增多。即使是砖瓦，其规格也趋向于统一。这种情况表明农村建设已经跨进了一个新阶段，这从大的方向讲既是一种进步，也是一种发展的必然趋势。当然，随着地方性材料的被取代，以及新的结构方法的推广，随之而出现的必

然是民居建筑的形式和风格相互雷同、千篇一律。这不免会引起人们无限的忧虑：即最终可能会导致乡土文脉的丧失殆尽。然而客观事实就是这样的严峻，从总的趋势看，这种情况在短期不仅无法扭转，而且还可能进一步扩展到更多的地区，这是因为目前的农村经济发展水平只能提供与这种发展趋势相适应的财力和技术条件。但是从长远看却没有理由持悲观态度。我们认为只要农村经济再有一个长足的发展，情况就会逆转，到了那时，由于人们审美情趣的变化发展，再也不能容忍村镇面貌千篇一律，乡土文脉受到摧残。另外，从客观条件看，随着经济的发展，也有可能提供更加多样化并带有地方特色的建筑材料及制品，这样，人们将会在新的层次上重新创造出丰富多彩且各具地方特色的民居建筑，以及带有乡土文脉的村镇聚落景观与整体空间环境。

湘西吉首有一个苗村叫吉斗寨，也是因为当地出产既大又薄且平整的石板，因而整个村子的道路及家家户户的院子均由大片的石板铺地，

湘西苗村吉斗寨

第三章　社会因素对于传统村镇聚落形态的影响

除自然因素外，社会因素对于民居及村镇聚落形态的影响也是十分明显的。拉普普在他的《住屋形式与文化》一书中把文化对于住屋形式的影响看成是具有决定性意义的。我们认为影响是毋庸置疑的，但是否具有决定性意义，恐怕不能一概而论，还必须针对不同情况而作具体分析。一般地讲，生产力低下、经济和文化都比较落后的地区，自然因素对于民居及村镇聚落形态所起的制约作用往往是难以逾越的，而在经济和文化比较发达的地区，社会及文化因素所起的作用则更为显著。

住宅及村镇聚落作为物质空间形态，首先还是为了满足人们的物质功利要求的。原始人类最初所选择的居住形态恐怕还是把主要心力用在避风雨和御寒暑等起码的功利要求上，只是在经济和文化发展到一定阶段，他们才不再仅仅满足于起码的功利要求。到那时，并且只有到那时，人们才能提出超出物质功利之外的精神和文化方面的要求。拉普普认为"人自始就在象征符号上放下比功利的形式更多的心力"。他所说的"始"恐怕也是一定历史发展

阶段的始。此外，究竟在象征符号上抑或在功能形式上放下的心力多，恐怕也因地区、民族的发展水平而有所不同。甚至直到今天，也不能笼统地认为人们都把象征符号置于功利形式更为优先考虑的地位。

家庭是组成社会最基本的单位，它不能与社会隔绝或游离于社会之外。而社会所赖以维系的则不仅仅是物质功利的力量，它必然还要受到思想观念、政治制度、宗教信仰、宗法伦理、道德观念、血缘关系、生活习俗等多种非物质功利等因素的影响，从这个意义上讲，住屋——作为家庭生活所赖以进行的物质空间形态肯定会受到上述多种社会因素的影响。至于聚落，不论是"村"还是镇，它都远远超出一家一户的范围，而真正地跨进到"群居"的范畴，所以它本身就不折不扣地带有社会的属性。因而以上所列举的多种社会因素，必然更加明显地对其物质空间形态产生这样或那样的影响。

在封建社会中，农业生产占有特别重要的地位，旧中国就是以农立国的，士农工商的顺序排列，除封建士大夫阶层作为国家官

员而列在首位外，把农置于工商之前，也足以证明重农而轻工商的社会思想是确实存在的。农业生产离不开土地，所以占人口绝大部分的农民，便被紧紧地束缚在土地上。他们生活在这块土地上，繁衍后代，并世世代代地从事农业生产劳动。为了耕作方便，他们只能就近定居下来，所以村落便星罗棋布地分散在广袤的土地上。随着生产的发展，虽说是自给自足的小农经济，但总不免会有一些剩余的农产品可以进行交换，加之对生活用品和劳动生产工具的需求，它们也随着社会的发展而日趋多样，因而手工业和商业便从农业生产中逐渐地分离出来，于是就出现了集市贸易。原来以农业为主的"村"，如果兼有手工业生产、特别是商品交易的功能，那么就逐步地演变为"镇"。

从村的分布情况看，愈是土地肥沃的地方，农业经济发展的速度便愈快，农民愈富裕，结果是人丁兴旺，人口密度便随之而骤增，当然，村镇的规模及密集程度必然也相应地提高。凡是经济发达的地区，对于商品交换的需求也更迫切，这就意味着将有较多的农民从农业生产转化到手工业生产或干脆弃农而经商。而随着手工业和商业经济的发展则必然会促使一部分村落逐渐地集市化，特别是一些地处水陆交通要道的地点，便自然而然地成为商品集散的汇集处，于是就出现了所谓的"集"或"镇"如果从更大的范围来看，村和镇由于经济职能不完全相同，必然会构成一种网络结构，这种结构一经形成，将具有相对的稳定性，但也不是

一成不变的，它还将随着地区经济发展或萎缩而决定其兴衰。历史上曾经有许多富庶、繁荣、昌盛的村镇如今都一片冷落，这正说明经济是决定村镇发展的一个重要基因。

经济因素诚然是重要的，它可以为住宅及村镇建设提供可靠的物质基础，而没有这个基础，一切都只能是子虚乌有。但是民居及村镇聚落形态却不单是物质条件这一方面因素所能左右的，它必然还要反映人们精神和心灵方面所渴求的象征方面的要求。所以除经济和物质因素之外，文化方面的因素所起的作用也是不可低估的。虽然说从总的方面看经济条件和物质功能经常起着决定性的影响，但在某一特定时间、特定地区或其他特定条件下，文化方面的因素所起的影响和作用甚至会超过物质功利。

文化，作为观念形态的东西应当属于形而上的范畴，它一经形成便会渗透到人们生活的各个方面，并支配着人们的思想和行为。民居及村镇聚落作为人们日常生活的物质空间环境，则属于形而下的范畴，它一方面要适应人们对它提出的物质功能要求，同时也要满足人们对它提出的精神和心灵方面的要求，而精神和心灵对于个人来讲却不是孤立自在和绝对自由的，它必然要从属于整个社会的思想意识，并深深地打上社会的烙印。所以我们在研究民居及村镇聚落时，就不得不深入到文化领域的各个方面去探索它们对于人们的住屋形式，特别是聚落形态究竟起着什么样的影响和作用。

社会意识形态的基础是哲学，可是中国古代并没有专门的哲学著作。有关哲学论述也多散见于诸子百家的经史子集之中。其中对于我国传统文化影响最大的要算儒、道、佛三家。儒家的学说注重现实人生，对于自然现象并不十分关注，而潜心研究的却是人与人之间的关系准则，为后世的宗法、伦理、道德等观念的形成奠定了稳固的基础，历代的封建统治阶级均极力推崇儒家的思想，并用来安邦治国平天下。而黎民百姓也普遍地遵守道德行为的规范，并据此建立和谐的社会秩序和家庭关系，其影响之大可以说是遍布华夏而贯穿古今。

与儒家相比，道家的学说则更注重于对宇宙自然的生成及事物发展变化规律的认识。以老子为代表的道家学说集中地反映他的《道德经》中。老子对于开辟鸿蒙之前的混沌世界是这样描绘的："有物混成，先天地生。寂兮寥兮，独立而不改，周行而不殆。可以为天下母。吾不知其名，字之曰道，强为之名曰大"至于"道"又是什么呢？老子认为"道之为物，惟恍惟惚。恍兮惚兮，其中有象。恍兮惚兮，其中有物。窈兮冥兮，其中有精。其精甚真，其中有信。自古及今，其名不去，以阅众甫"。"道"虽然看不见也摸不到，但确确实实地是一种客观存在，这种观点颇接近于今天的唯物主义。从"道"的本源出发，还推导出："道生一，一生二，二生三，三生万物。万物负阴而抱阳，冲气以为和"，联想到老子关于有与无、祸与福、善与恶、刚与柔等论述，我们便可以看出在老

子的学说中所包含的朴素的对立统一的辩证思想。纵观老子的学说，可以认为它确实要比儒家带有更浓厚的哲学意味。

如果再往前追溯，起源于殷商的阴阳学说，从《周易》中发展出来的八卦学说，以及阴阳五行学说，尽管显得原始、粗糙、并带有神秘玄奥的色彩，但是贯穿于其中的那些周流不拘、互为依存和相生相克的思想，确实对于构成中国传统文化的各个领域，包括哲学、伦理学、美学、医学、兵法以至风水学等，都曾产生过极其深远的影响。

如果说儒家的思想其主要影响在于君臣父子、长幼尊卑等人与人之间的关系，那么道家的思想其主要影响则在于人与自然之间的关系。英国人李约瑟在谈到中国建筑的精神时说："再没有其他地方表现得像中国人那样体现他们伟大的设想——人不能离开自然的原则"如果所论属实，应当说这与道家思想不无关系。

人与人，人与自然这两重关系都是人们在选择住屋以及聚落形态时所不能回避的问题。人与人之间的关系，在长达几千年的封建社会中主要遵循的是以儒家思想为基础的宗法、伦理及道德观念；人与自然的关系在很大程度上则是受到风水观念的影响。除此之外还有其他因素如宗教信仰、血缘关系、生活习俗等也会对民居建筑及村镇聚落形态产生这样或那样的影响，下面拟分别作具体分析。

○宗法·伦理·道德观念

从周代开始就已经确立了宗法等级制度，历经儒家的不断调整完善并使之理论化，从而形成一种封建的伦理道德观念，统治着人们几千年之久，极其深刻地影响着人们生活的各个方面。大到整个城市的规模形制，小到一幢建筑的布局乃至装饰、色彩，无不受到这种观念的约束和支配而各呈一定的模式，所以总的说来，从城市到单体建筑都大同小异，缺少鲜明的特点和个性。

通过对《考工记·匠人》营国制度的研究，学者们认为早在西周初期，对各级城邑规模的控制就已经十分严格。当时规定王城居首，诸侯之城次之，卿大夫的采邑列第三位，三级城邑尊卑有序，大小有制，都必须和受封者的爵位权力相适应，而不允许肆意扩大而超越所限定的范围。此外，为体现王权至尊，按"择中"为贵的原则，宫城必须位于都城（即国）的中心，并穿过中心而形成一条贯通南北的轴线，再按敬天法祖的观念确立"左祖右社，面朝后市"的布局原则把宗庙、社稷分别置于中轴线的两侧，从而形成一种左右对称的格局。

进入封建社会后，以孔子为代表的儒家对西周时所形成的一套礼制推崇备至，孔子曾赞叹"郁郁乎文哉，吾从周"，这样，便经过儒家之手把西周时所形成的宗法等级的礼制继承下来并沿用了几千年之久。

关于住宅所沿用的四合院形制，过去有

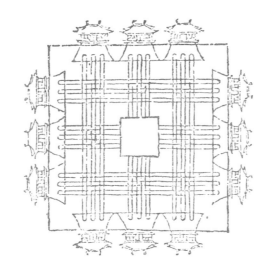

聂崇义《三礼图》王城图

（选自《考工记营国制度研究》）

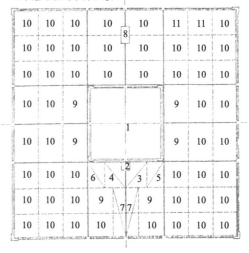

王城基本规划结构示意图

不少学者曾作过研究，但是多着眼于单体建筑本身，其实这种形制的形成除有它自身的原因外，还和整个城市的结构也有着不可分割的联系。按《考工记·匠人》所云："匠人营国，方九里，旁三门。国中九经九纬，经涂九轨，左祖右社，面朝后市，市朝一夫。"据此，城市的基本结构便已确定为秩序井然的网格式，除中央部分为宫城及祖、社、朝等公共建筑占据外，其四周则为供庶民居住的闾里。这样一种布局方法便从总体上为四合院住宅形制的形式提供了可靠的保证和依据。因为只有按四合院的形式来组合住宅的内外空间才能既保证住宅内部的私密性和安静，而且又能借建筑物及墙垣而界定出街巷空间，从而使整个城市秩序井然，条理分明。

当然，住宅之所以取四合院的形式主要还有其自身的原因，这受宗法礼制观念的影响则更为明显。儒家的"三纲五常"等伦理观念表现在社会方面有天、地、君、亲、师等尊卑顺序；表现在家庭内部则为长尊幼卑，男尊女卑，嫡尊庶卑。这种思想对住宅及院落基型也具有潜在的约定关系，而这种关系在四合院布局形式中最容易体现：这就是北屋为尊，两厢次之，倒座为宾。

当然，除宗法等级和尊卑等关系外，还受其他思想的影响，如墨子的"宫墙之高足以别男女之礼"。在封建社会中女子多深居简出，甚至长期禁闭于深宅大院之内，而不允许在市井中抛头露面。四合院布局形式也较容易做到这一点。首先，四合院属内向型布局，可以有效地和外界隔开，其次，按照向纵深延伸的原则串联成的四合院集群，愈是后部其私密性便愈强，大户人家的四合院可以有极多"进"的院落以确保其绝对的安静与私密性。

四合院布局还有一个特点便是能够适应于封建大家庭因人口的繁衍而引起的扩展住房的要求。例如一个四世同堂的大家族，往往可以按长子、次子、幼子等关系分出若干序列，每个序列各占据一串四合院，各序列之间则可以并置。这样，尽管家庭规模很大且人口众多，但仅从住房关系看则条理分明、一目了然，这对于维护等级分明的封建秩序所起的作用十分显著。

由于儒家思想流传甚广，宗法等级观念深入人心，所以基于这种观念而形成的四合院住房形式几乎遍布于全国各地。又因为村镇聚落基本上是由住宅所组成，所以这种布局形式对于村镇聚落的形态及景观的形成影响也极大。例如某些村镇的街、巷空间基本上就是借四合院住宅的外缘所界定的，特别是一些巷道，其侧界面异常封闭，这主要是由于内向布局的四合院住宅绝少对外开窗所致。此外，由于四合院住宅的平面均为方形或矩形，由此所限定的街巷大体上横平竖直，即使因地形限制而必须转折，也多取曲尺的形式，而很少出现斜向交叉的情况。

尽管住宅的基本模式均为内向布局的四合院，但农村与城市还有很多差别。这是因为农村生活更接近于自然，为方便耕作、饲

湘西民居（依附于主体建筑四周还有牛棚等附属建筑）

养家禽或从事副业生产，它必须突破四合院绝对内向的严格限制而部分地面向外部自然空间，所以除住宅的核心部分仍保留四合院形式外，其他附属房间连同披檐、廊子、墙垣，便可随功能需要或地形变化而灵活布置，这样，便可以极大地丰富村镇聚落的景观变化。正是因为这个道理，我们在研究民居时就不能只着眼于住宅本身，而必须注重于它的整体空间环境。

宗法等级观念对于都城的规模、布局和结构在《考工记·匠人》营国制度中都有明确的规定，这对于后世的影响极大，直到明、清的北京也大体上按照这种规划设计思想行事，并没有多少灵活的余地。可是一般中小城市则比较灵活，至于村镇其灵活性则更大。这是因为一般的村镇聚落多半是自发地形成

的，没有一定的章法可循。此外，在形成过程中为适应地形变化和耕作要求，从一开始便不间断地进行调节，而这种调节又很少受左邻右舍的严格限制，所以远比城市要松散、自由得多，所以绝大多数村镇聚落都能与地形及自然环境保持亲密和谐的关系，从而具有各不相同的特点和个性。当然，这并不意味着它根本不受宗法等级观念的影响。由于传统的村镇均聚族而居，所以宗族、血缘关系便不可避免成为维系人际关系的纽带，这反映在村镇聚落的形态上，常常是以宗祠为核心而形成一种节点状态的公共活动中心，凡祀祖、诉讼、喜庆等族中大事均在这里进行。这样，久而久之便成为村民心目中的政治、文化和精神中心。特别是一些历史久远的大村镇，这种节点往往不止一个，并且还可以

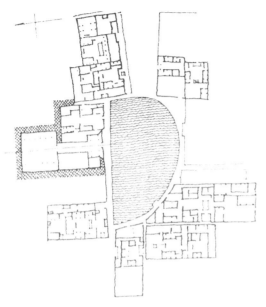

以宗祠为中心的皖南黟县宏村局部平面

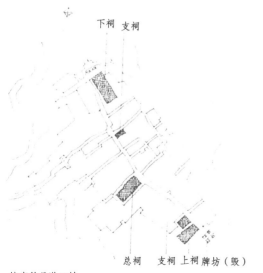

下祠　支祠

总祠　支祠 上祠牌坊（毁）

皖南歙县潜口村

分出层次，从而形成一种树状的结构。这样，表面上看来似乎松散的村镇，实际上却为一种潜在的宗族血缘关系而连接成为一个整体。例如浙江富阳县境内的龙门镇，系三国时孙权的后裔，目前大体上仍保留着明代的旧貌，镇内除有集中的宗祠以控制全镇外，还保留着若干个议事堂，每个议事堂均据有各自的领地，起着控制支族的功能和作用。再如皖南歙县的潜口村，村的中心部位有总祠，其外围还分别有上祠和下祠及另外两个支祠。村的布局虽自由灵活，但结构和层次却异常分明。

某些少数民族地区，虽受儒家的影响较小，但宗族观念依然存在，这在村镇聚落形态中也必然会有所反映，关于这一点将留待血缘关系一节中再作进一步讨论。

○血缘关系

血缘关系也是影响村镇聚落形态的重要因素之一。从考古的发掘中可以看出，早在原始社会，人类就以血缘关系为纽带形成一种聚族而居的村落雏形。例如从西安半坡遗址中可以看出，这种村落的中央有一个面朝东方的大房间，其周围共有46个小房间均面对着这个大房间而呈辐射状态。又如陕西临潼姜寨母系世族的村落遗址，可以分为5个组团，每个组团各有一个较大的建筑为核心，并呈向心状态的布局，每个较大建筑的周围又散落地分布着一些较小的建筑。从以上两个遗址中可以看出，这种村落雏形虽极简单粗糙，但却呈现出一种核与蔓的层次变化和向心关系，这实际上正是从血缘关系中所派生出来的长幼尊卑等观念的一种反映。

这种按血缘关系聚族而居的状态，历经奴隶社会与封建社会，还因生产力的发展而开始有私有财产，并随着财产的继承关系而得以巩固和发展，从而形成一种相当稳固的家族观念。一个家族栖息在一块土地上，世世代代地繁衍生长，为求得自身的安全与发展，还必须团结一致以抗御可能来自外族的侵袭。所以每一个家族都深切地体验到他们内部的关系是同生死、共命运，一荣俱荣，一损俱损。正是在这种思想的支配下，家族内部凝聚力日益增强，聚族而居的规模便随之而扩大，致使某些兴旺发达的大姓强宗拥有十分庞大的村落。从另外一方面看，农业生产毕竟要受到土地的制约，人口过分集中，

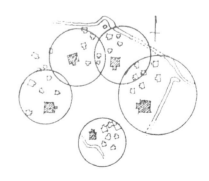

临潼姜寨母系氏族村落遗址

25

村落过分庞大也会给生产带来诸多不便，加之宗族内部也不可避免地会有这样或那样的矛盾，致使宗族聚落发展到一定规模便会走向分裂。还有天灾人祸也会导致大规模的迁徙。所以总的来讲聚族而居有其稳固的社会基础，但于稳定中也有其不稳定的因素。

此外，封建的伦理道德观念也极力维护这种聚族而居的传统。所谓"父母在，不远游"，"兄弟析姻亦不远，祖宗庐墓永以为依"等都潜移默化影响着人们的思想，使子孙后代永远依附于先祖列宗所遗留下来的这块土地上，使世族血缘关系得以维系和发展，以至永不衰落。

封建社会在我国一直延续了几千年之久，以血缘关系为纽带的家族观念至今在农村中还有广泛而深刻的影响。聚族而居依然是我国农村常见的一种聚落形式，许多村落迄今还是以世族的姓氏而命名，如孙家庄、李家楼、姚家湾等。随着经济、文化的发展，村与村之间的联姻、交往日趋频繁，从长远看聚族而居的传统将会逐步地消失，但其进程预计会是十分漫长的。

如果说家族是组成宗族的基本单位，那么以血缘关系为纽带而连接起来的众多家庭，都并非孤立自在地存在于宗族之中。相反，它们之间必然会借千丝万缕的亲缘关系而具有完善的组织和结构，而一个组织完善的村落空间，则理应反映出不同层次的宗族结构关系从而给人以井然有序的感觉。

特别是一些大的名门望族，虽然因同一血缘关系而共处于一体，但其内部却有亲疏之分。村落空间往往便因这种亲疏关系不同而自然地呈现某种地域上的区别，从而使本来浑然一体的村落空间在人们的观念中打上不同的印记，例如村东属"长房"、村西属"次房"等。

既然以血缘关系为基础而共处一体，其内部必然有长幼之分。按封建伦理道德观念，长者尊、幼者卑，这样又可以依长幼顺序不同而分化出若干层面——辈。族中的长老居于最上层，统领着全村，然后再分出若干支系，各率其晚辈后生，这样，从人际关系看不仅亲疏有别，而且谱系分明。这反映在村落形态上，也必然与之相对应。

通过实地调查发现，在传统村落中确实存在着按宗族及其下属各支系划分空间领域并组织生活空间的模式。例如皖南黟县西递村，规模宏大，其村落组织按血缘关系以祭祖尊先的场所——祠堂——为中心进行布局，将全村按亲缘关系划分为9个支系，各据一片领地，每一支系又分别以支祠作为副中心，分别布置于村落周围。总祠称敬爱堂，规模宏大，位于全村中心，属全村的祭祀、礼仪活动均在这里进行。属支系内部的议事活动，则分别在各支祠进行。安徽黟县境内的关麓村也有类似情况，该村属汪姓，共有兄弟8人，各领若干子孙分据一片住房，以形成若干组

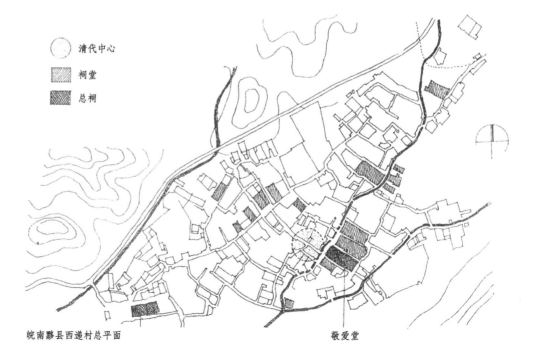

皖南黟县西递村总平面   敬爱堂

图例：
○ 清代中心
▨ 祠堂
▨ 总祠

以鼓楼为中心的广西侗族村寨

以鼓楼、戏台围合而成的广西侗村寨中心

团，各组团之间则有港道相通，既能分、又能合，从而形成一个统一的整体。

与汉族不同，少数民族地区由于受儒家思想影响较少，所处的是另外一种文化圈，加之宗教信仰、生活习俗也与汉族有所不同，所以其聚落形态也各有其特点。但尽管有这样或那样的差异，其宗族血缘关系依然十分牢固地把他们连接成一个整体。特别是与汉族及其他少数民族杂居的地区，为了防止可能来自外族的歧视或欺凌，其内部更加团结，宗族血缘关系所起的凝聚作用似乎更强而有力。由此，某些少数民族聚居的村寨，其独特的形态与景观构成都能与其宗族血缘关系找到内在的联系。例如分布于广西、贵州一带的侗族山寨，每一个

宗族，有时甚至每一个支族都拥有自己的宗祠。全寨举德高望重的长辈为族长，举凡族中大事均由族长主持在鼓楼中议论、定夺，并向全体村民昭示。所以鼓楼便成为人们心目中权力的象征和标志，它一般坐落于寨的中央部位，并因其体量高大、重檐叠雉、色彩鲜明和装饰华丽而十分突出，成为村镇景观的焦点与重心。在鼓楼的一侧通常配置有戏台、歌坪——广场，从而形成完整的公共活动中心。除进行祀祖、议事外，还可以在这里进行对歌、跳舞、看戏等娱乐活动。如果与外族发生纠纷或遭盗匪侵犯，其高大塔楼又可以兼作了望或指挥中心。

其他地区如云南大理一带的村落，则常以本主庙取代宗祠的地位而供村民祀奉，这种本主，并非祖先，而系一村或一方的保护神，因而其宗教信仰的色彩已远远超过宗族血缘关系。

○宗教信仰

我国不仅幅员辽阔，而且又是一个多民族的国家，据目前所知，大约有56个民族之多。这些民族由于长期共处在一起，通过经济和文化的交流，各民族之间确实存在着许多共同的文化和心理基因，由此，又可以统称为中华民族。但是由于各自所处的地理环境不同，在长期历史发展的过程中必然也会形成

自己独特的生产、生活方式、风俗习惯和宗教信仰。这些不同的生活方式、风俗习惯和宗教信仰无疑也会对村镇的分布以及聚落形态的形成产生不同程度的影响，从而分别赋予它们以不同的特色。

就宗教信仰而言，佛教自东汉时从印度传入中国后，其流传的地区最广、影响也最深远。但是由于佛教的教义基于四世轮回和因果报应，并认为现世间的一切都不过是幻影，而只有世外的佛国净土才是真实的存在，所以它必然离现实生活较远，所以一些古刹名寺多藏之于深山而与尘世相隔绝，虔诚的教徒不辞艰辛，甚至千里迢迢来这里朝圣。由于这样的原因，尽管佛教深入人心，对于人们心灵和精神生活影响很深，但是对于人们的物质生活环境——村镇聚落形态——其影响却并不显著。除少数佛教圣地如安徽的九华山和浙江的普陀山由于佛寺林立而与当地居民生活息息相关外，一般的村镇多不设寺院。

当然，佛教的派别很多，对教义的解释和祭祀方式也不尽统一，所以也有个别少数民族地区把佛寺建于村内，以方便教徒们的赕佛活动。例如云南西南的傣族，其居民均信奉小乘佛教，寨中男孩从八九岁起就开始进入寺院当一段时间的和尚，并以此为荣，以期在成年获得较高的社会地位。在这里群众性的布施活动极为频繁，每逢斋戒日都要举行盛大的赕佛活动，由于佛教与村民的关系密切，致使佛寺遍及于各村寨。这些佛寺，作为构成傣族村寨的要素之一，往往位于村

安徽青阳县九华街区现状图

云南勐海贺曼寨总平面

寨中较高的坡地上或村寨的主要入口处，有的甚至作为主要道路的景观。此外，按当地习俗约定，佛寺的对面和两侧均不能盖房子，村中住宅的楼面高度不得超过佛像座台的高度，加之佛寺的体量十分高大，因此在一片低矮的竹楼民居中佛寺建筑的形象格外突出，它不仅自然地成为人们精神崇拜和公共活动的中心，同时也极大地丰富了村寨的立体轮廓和景观变化，从而成为构成村寨群体最重

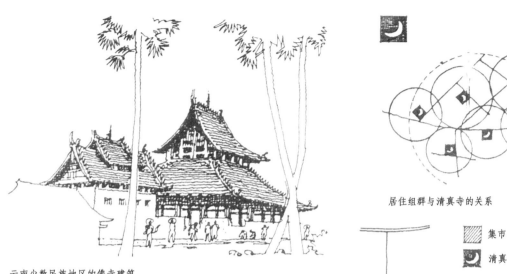

云南少数民族地区的佛寺建筑

居住组群与清真寺的关系

▨ 集市、广场

☾ 清真寺

甘肃临夏祁家庄平面

新疆吐鲁番境内的清真寺额敏塔

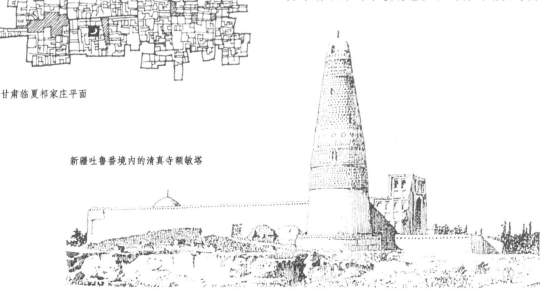

要的组成部分。

　　除佛教外，伊斯兰教在我国流行的地区也很广阔，特别是宁夏、甘肃、青海及新疆一带，其影响尤深。与佛教不同，伊斯兰教的礼拜活动十分频繁，通过这种活动除向教徒宣传教义外，还可以培养教徒之间互助互爱的精神，以增进团结。甘肃临夏回族自治州，是回民聚居的地方，当地教徒每天要5次去清真寺进行礼拜活动，为满足这种要求，村镇聚落必须以清真寺为中心进行布局。例如临夏附近的祁家庄，这里的清真寺与回民日常生活密切相关，举行宗教祭礼、仪礼、文化教育、社交活动、婚丧嫁娶，以至于宰牲等活动都在这里进行。所以不仅从宗教活动看清真寺是教徒们的精神中心，而且从日常生活看，它还是人们进行交往

的公共活动中心，所以它对于村镇聚落来讲绝非可有可无，而是不可缺少的核心。某些大的聚落仅有一个中心往往还不能满足频繁礼拜活动的要求，为此还可以按地域区划分别设东寺与西寺，乃至更多的寺院。

　　此外，在伊斯兰教内，由于对教义的解释不一，还可能分成不同的"教组"。各教组都建有自己的清真寺，教民的活动范围多限于教组之内，这样便形成了以组团为基本单位的社会结构和与之相对应的村镇聚落布局，临夏附近的祁家庄、八坊区王寺街便是这种布局的典型代表。

　　回教的清真寺内部空间开阔，外部体量也很高大，一般都带有塔楼，少数清真寺的中央部分还设置穹顶，色彩和装饰都很富丽，并带有浓厚的宗教特色。以这样的清真寺为

中心而形成的村镇聚落，不仅标志鲜明，可识别性强，而且也带宗教所特有的神秘气氛。特别是处于平旷的西北黄土高原，在环境的衬托下，其乡土特色格外强烈。

除佛教、伊斯兰教外，各少数民族还有自己的信仰和习俗，这也会对村镇聚落的形态和景观产生一定的影响。例如前面曾经提到的云南大理一带的白族人民，他们虽然也信仰佛教，并在苍山洱海之间建立了许多寺院和佛塔，但是白族人民还崇奉"本主"，把他当作一种保护神，以保佑一村或一方的吉祥和安宁。在云南大理、剑川、云龙等白族人民聚居的村落，几乎都建有本主庙并定期举行祭祀活动。所谓本主，一般都是当地历史上的杰出人物或为民除害的英雄。除此之外，本主神还能帮助人民战胜自然灾害，所以本主神又可以分为驱散云雾神和河神。

在崇奉本主神的同时还崇拜某些自然物。例如白族人民就把高山榕树看成是生命和吉祥的象征，称之为风水树，差不多每个村落都把这种树当作标志而加以崇拜和保护。这种高山榕树异常高大且枝叶繁茂，并带有硕大如伞的树冠，以这种树为主体，再配置本主庙、戏台及广场，便形成村民公共活动的中心。平时村民可以在树荫下纳凉、交往或从事集市贸易，每到节日还可以举行宗教庆典活动，就是村上死了人，送葬时也要绕树一周，并将纸幡插在树根上，借以对死者表示祝愿和哀思。云南大理附近有一个村叫周城，据说就是围绕着这种树而逐形成和发展

云南大理周城白族村镇以高山榕树为中心而形成的中心广场

起来的。这个村有一个供公共活动的广场，场内有2株十分高大的榕树，广场的东侧设有戏台，北部还有一口水井，平时村民们在这里汲水并进行各种社交活动，节日里则可集会祭祀或举行庆典仪礼。

湘西的苗族也有崇拜自然物的传统。苗家认为枫树是万物之源，所以把它视为图腾而加以崇拜。和云南的白族人民相似，湘西一带的苗家则喜欢在有高大枫树的地方建寨，并在树下设置祭坛，从而形成公共活动中心。村民们在这里进行交往活动，并默认是源于同一枫的子孙。

其他如云南彝族和哈尼族人民则相信万物有灵，除崇拜祖先外对天神、地神、龙神、

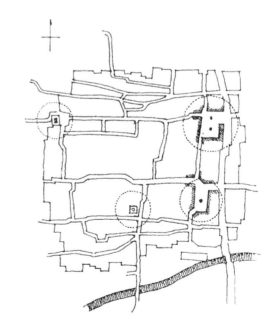

湘西苗族村口在枫树下设置的祭坛

寨神等都要定期祭祀，这实际上就是一种泛神论。例如哈尼族以龙树为保护神，各村寨乃至每户人家都种有龙树，每至宗教节日都要举行隆重祭祀活动，这种情况和白族人对待高山榕树，苗族人对待枫树的态度十分相似。

此外，相信巫术，遇事先行占卜其吉凶，或请巫师驱鬼祛凶等在我国相当大一部分地区都很流行，这既是一种信仰和习俗，同时也表明在文化落后、科学知识很不普及的农村，人们根本不能掌握自己的命运，所以只能依赖于天命或求助于神灵。此外，人们还普遍相信自己的住房和祖宗的坟墓的基地的选择将关系到一家人的吉凶祸福乃至子孙后代的兴旺或衰败，与此相关联的就出现了一种专为选择宅基的风水学，它对于民居和村镇聚落形态和景观效果影响至深。

○风水观念

选择宅基或坟地要看风水，在我国古代流传颇久，以往人们多把它斥之为迷信而不屑一顾，但近些年来经过一番研究之后才发现，隐藏在带有迷信色彩的外衣之内，却有不少东西值得深入研究。

当前国内外的一些建筑师都十分强调人、建筑、环境三者之间应保持和谐的关系，而看风水从某种意义上讲正是牵涉到对于环境的选择问题。人们总是要生活于某种环境之中，环境的好与坏就不免会对人的生活和行为产生积极或消极的影响。人们建造房屋以避风雨、寒暑，这就是一种用人工形成的小环境，它与人贴得最近，关系也最密切，可以说是人的第一环境圈，但是这个圈的范围实在太小了，人们感官触角和生活行为不可能局限在如此有限的范围之内，于是就要向外延伸，希望在第一环境圈之外再建立一个范围更大的第二环境圈，但是这个圈的形成绝非人力所能胜任，唯一可行的就是对自然环境作出选择。古代流行的风水学很可能就是为了满足这种要求应运而生的，所以看风水实际上就是一种"相地术"。然而由于当时人们对于自然的认识还处于十分蒙昧的状态，原始的自然崇拜，往往使人相信万物有灵，因而便给这种"相地术"披上了一件神秘的外衣。但是尽管立论很玄妙，可是实际效果却不难理解。近些年来，通过研究大多数学者都不怀疑按照风水学所选择的基地，无论从物质环境或景观角度方面看都与人们所希冀的理想环境不谋而合。至于风水学认为所选择的基地好坏可以关系到人的吉凶祸福乃至子孙后代的兴旺或衰落，这当然是无稽之谈，但是人和环境之间可以产生相互影响和作用的辩证关系，确乎也是一种不可否认的事实。所谓"物华天宝，人杰地灵"，则不外以直观外推的方法意识到人、物与其所处环境（天地）之间并行不悖的依存关系。

风水又称堪舆，堪表示高处，舆表示低处，

堪舆的意义即指地形的高低变化。关于风水的流传可以一直追溯到战国时代。据有关文献记载，战国末期时齐、燕一带的方士常以阴阳五行附会人事。至汉时则有许多著作把阴阳五行当作一种普遍的宇宙哲学用来解释自然现象和社会现象。"风水"也不例外地要附会于阴阳五行学说作为自己立论的依据。风水家认为人的姓氏分宫、商、角、徵、羽五行，即所谓五姓，在选择宅基葬地时必须考虑它们的方位、时日的阴阳五行属姓，从而使之与五姓相配合，如果合则得福禄，不合则遭祸殃。风水家所推崇的经典著作有2部，其一为《相冢书》；其二为《青囊经》，但由于对这些经典的解释不同又可以分出许多流派，并各有自己的家法和传承。据《风水祛惑》所云："风水之术，大抵不出于形势、方位两家。言形势者今谓之峦体，言方位者今谓之理气。唐宋时人，各有宗派授受，自立门户，不相通用"。至于所流传的地区，则主要集中在今闽、赣、浙、皖等地形多变的山岳和丘陵地带。

《风水辩》一书是这样解释风水的"所谓风者，取其山势之藏纳……不冲冒四面之风。所谓水者，取其地势之高燥，无使水近夫、亲肤而已，若水势屈曲而又环向之，又其第二意也"。据此，有人认为在风水学中"气"是最根本的东西而为人们所关注。郭扑在《葬书》中说："气乘风则散，界水则止"，怎样才能使它聚而不散，行之有止，便是风水中所要研究的中心问题。风水家为了寻觅一块吉地，首先必须对自然地形进行仔细地察看，

并对山、水等自然要素之间的相互关系进行认真地分析，以寻求生发气的凝聚点，再按负阴抱阳、刚柔相济原则进而考虑如何迎气、纳气、藏气等问题。这样，经过反复地察看与分析，一个比较理想的村落环境方能最终地被选定。

按风水要求，一个吉地大体上应具备这样一些外部特征：以山为依托，背山面水。所谓的背山，就是风水中所说的"龙脉"，它在吉地中占有突出重要的地位，是"气"的生成之源。在龙脉之前有一块平旷的地坪，称之为"明堂"这里就是村落拟建的基地。明堂之后常有一座较高的山称祖山，从这里分出支脉，向左右两侧延伸呈环抱的形势，从而把明堂包围在中央，由此就形成了一个以明堂为中心的内向的自然空间。从风水的观点看，这种因山势围合的空间便可以起到藏风纳气的作用。明堂之前则有河流或水面，这样便可使气行之而有止。明堂正对着的远方亦需有山为屏障，这种山称之为朝山。朝，就是对的意思。由外部进入明堂——村落所在的地方，称水口。作为沟通内外交通的要道的水口其左右应有山峦夹峙，这种山称龟山和蛇山，具有守卫的象征意义，这或许是出于安全感的要求。至于水口则忌宽而求窄，有"水口不通舟"之说。

从这样一些外部特征看，我们便不期而然地联想到陶渊明在《桃花源记》中的一段描写："林尽水源，便得一山，山有小口，仿佛若有光，便舍船从口入，初极狭，才通人，

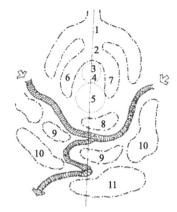

1. 龙脉
2. 乐山
3. 穴
4. 小明山
5. 大明堂
6. 右虎
7. 左龙
8. 近案
9. 砂
10. 罗成
11. 朝山

按风水要求以形成藏风聚气的空间

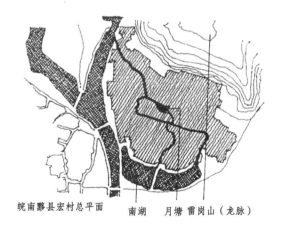

皖南黟县宏村总平面　　南湖　月塘 雷岗山（龙脉）

复行数十步，豁然开朗，土地平旷，屋舍俨然……"。如果认为这一段描写就是古人心目中理想的聚落环境，那么这和风水中的选择实在是相当接近。

所谓理想环境，不外从两个方面看，一是属于物质功利方面的范畴，如良好的空气、

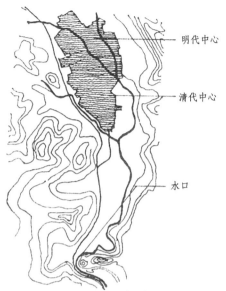

皖南黟县西递村总平面及环境示意图

阳光、朝向、绿化等条件、按风水的选择，几乎所有的村落都不外是背山面水、坐北朝南，因而都能基本上满足这方面的要求。另一方面则是属于心理、观念和象征意义方面的范畴，这则和传统文化、价值观念、宗教信仰、审美情趣等因素相联系。在这些方面，应当承认风水确实存在着相当多的封建迷信糟粕，但是就其尊重自然环境，以期使村落建筑与之取得和谐的联系，这无论从心理或审美的角度，都具有某种积极的意义。英国学者李约瑟先生所指出的，风水是"使生者与死者的处所与宇宙气息中的地气取得和合的艺术"，正是从积极的方面来看待风水的。

当然，讲风水也得有一个可供选择的自然条件，一般地讲，凡有山有水的地方，风水便广为流行。在明、清时代，风水可分为江西和福建两大流派，究其原因很可能与这两个省的境内多山所致。至于受风水观念影响的地区则更为广泛。例如皖南，特别是徽州地区，更是为风水的流行提供了特别有利的地理条件。地处徽州地区的黟县宏村和西递村，迄今尚基本保持昔日的旧貌。据说这两个村就是按照风水的原则而选定的，即使用今天的眼光看，也不失为理想的聚落环境。

○交往·习俗

凡聚落所在的地方，必然有交往活动。但是具体到交往的形式、规模和范围，则要依交往的性质和内容不同而有所区别。

古代的农村，虽属封建的自给自足的自然经济，但产品交换还是不可避免的。早在原始社会的末期，由于畜牧业与农业、农业与手工业有了分工，产品有了剩余，各部落之间为了互通有无，便开始有以物易物形式的产品交换。据传说神农氏时"日中为市、致天下之民、聚天下之货，交易而退，各得其所"，这就是原始的商业活动。以后，历经几千年，随着经济的发展，商业活动日臻频繁，于是就出现了一些繁华的城市。但是在农村，特别是穷乡僻壤，商品经济依然很不发达，以至迄今像"日中为市"那样的集市

贸易仍然是商品交易的主要形式。例如今天的部分农村，按经济发展水平不同，有的逢单日或双日为集市，也有逢五为集市，而在集市的日子，便要"聚天下之货"进行交易。与古代不同的是，由于货币的出现，再不需要以物易物了。随着集市的出现，便发生了大规模的交往活动。

某些经济富庶、交通方便的枢纽，已不满足于集市贸易，而力求使商品交易经常化、固定化，于是就出现了"街"。沿街设立商号，把各种商业活动集中在这里进行。而为商业活动提供方便，又开设了茶楼、酒肆、旅店，这样就更促进并扩大了人们的交往活动范围。一般来说，村，主要是以农业生产为主；集，除农业生产外还兼有手工业生产和定期的集市贸易活动；而镇，往往则以商业经济为主而兼有农业和手工业生产。就交往的规模和范围看，后者显然大于前者，这反映在村镇空间形态的结构上也有明显的区别：村，较松散，与自然结合得更紧密。镇，较集中，空间组织较紧凑，往往以街道空间为主干，并以街串巷把散落的民居建筑连接成为一个整体。在这里空间可以按交往的程度分出层次：公共性空间→半公共半私密性空间→私密性空间。在这样的聚落中，整体的结构性和秩序感已十分明显。

除因商品交易而产生的交往外，因风俗习惯而出现的公共交往活动也会对聚落形态和整体空间环境产生不同程度的影响，这些交往活动多半与传统节日相联系。那么我国古代究竟有哪些节日呢？从大的方面看可以

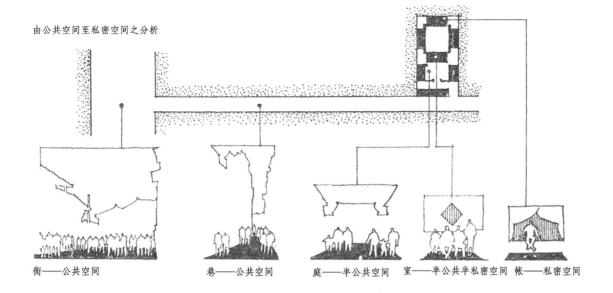

由公共空间至私密空间之分析

街——公共空间　　　巷——公共空间　　　庭——半公共空间　　室——半公共半私密空间　帐——私密空间

分为：农事节、祭祀节、纪念节和庆贺节等四大类。在以农业经济为根本的古代中国，为方便农业生产，按气候节令最早曾设立"四立"、"二分"、"二至"等节日谓之农事节。例如立春，被看成是一年之始，届时一方面要为春耕生产作准备，另外还要配合某些游艺性的活动。例如壮族四月初八的"牛王节"便与春耕生产有某些联系。此外，还有"鞭春牛节"等，这些活动多带有浓厚的地方色彩，伴随着节日活动，自然不免有许多交往的内容。后来，把一年又分为二十四个节令，由于过多频繁，便与平日无异了。但某些节日如冬至则依然隆重，有"冬至大似年"之说，这可能与一年辛苦劳动暂告结束，从此转入休息并享受劳动所获有某种联系，到了这一

天家家都要吃"冬至团"，亲友之间还要互赠食物。

祭祀节日主要内容有供献天帝，祭祀神灵，祭奠先祖亡灵，祈禳灾邪，驱恶避灾等。例如清明节就是一个祭祀先人的节日，但由于清明节又正值春回大地，所以在长期发展的过程中又加进了娱乐性的内容。特别在南方，娱乐活动更多，有"北人重祭，南人重戏"之说。据《东京梦华录》载："清明节，都市人出郊，四野如市，往往就芳树园圃之间，杯盘酬劝，抵暮而归"，这种郊游活动，后来称之为踏青，包含有城乡之间交往的性质。

祭灶也是一个流行颇广的节日，据说这一节日起源于对火的崇拜，但后来这一意义便逐渐地湮灭了，代之而起的是"送灶神"，

希望他"上天言好事，下地保平安"，具有趋吉避凶的含义。

寒食节、端午节都包含有纪念的性质。特别是端午节，堪称我国民间三大节日之一（春节、端午、中秋），它所纪念的是伟大诗人屈原。每逢农历五月初五，即屈原投江之时，人们便用竹管装着米投入江中，以志对诗人的纪念。后来，在这一天又增添了龙舟竞技活动，"竞渡事本招屈"（《武陵竞渡略》），源起于招魂祭奠，后来则逐步演变为文娱竞技性活动。

在传统节日中凡属喜庆性质的，多伴随有社交游乐的内容，特别在少数民族地区，这一类活动更是名目繁多、丰富多彩。如苗族的跳月节，每年正月十五月圆时青年男女都踊跃参加这种活动，在轻歌曼舞之中互相表达爱慕之情，借以作为爱情生活的媒介。云南大理一带的白族人民的"绕山林"、贵州剑河一带侗族人民的"赶歌会"等，也与跳月节类似，都是男女青年进行交往的喜庆节日。汉族人民因受儒家思想的影响较深，老成持重不长于歌舞，但每逢喜庆节日，也每每要举办斗牛、社戏、放风筝等活动，而这些活动都极大地促进了人们之间的交往。

村镇聚落不同于单体民居建筑，民居往往只限于一家人的生活容量，而聚落则必然会反映出人与人之间的交往活动。这就是说除有街道空间供进行商品交易外，某些交往活动频繁的地区还应辟有专门场所以适应于公共交往活动的要求。特别是少数民族地区，

贵州某苗寨的某集交易广场

云南大理喜村的井台空间

有不少聚落都设有这样的"结点"空间，并在其中设置戏台或歌坪，每逢节日进行各种形式的文娱竞技活动。这一方面可以扩大交往并丰富村民的文化生活内容，另外也会使村镇的物质空间环境由松散而走向结构化，从混沌而走向有序。当然，有一些公共交往性的文娱竞技活动并非在专门开辟的场所进行，它们或与宗祠相结合，或依附于寺庙或鼓楼，甚至只是一块空旷的场地，节日时人流如潮，待曲终人散，依然是一片空地。

除陆上场地外，某些活动如龙舟竞技，则只能在水面进行，这也会关系到村镇聚落的布局和景观。例如四川乐山的五通桥镇，夹河而形成的聚落，十分有利于水上活动，沿河两岸高大的榕树几蔽天日，高低错落的民居建筑逶迤于河岸两边，景观效果十分优美。此外，浙江一带流行的社戏也多在水面进行，即在临水的岸边设置戏台，观众乘坐在船中看戏，犹如水上广场，待散场后，依然是一片平静的水面。

在村镇聚落中还有一种规模较小的交往场所便是井台。井和人的生活息息相关，特别是妇女，汲水、淘米、洗衣、洗菜等活动都离不开井台，所以它也就成为村镇聚落不可缺少的组成部分。井台自然不会是因交往而设，但在缺乏交往机会的农村，特别是对

以井形成结点空间的贵阳郊区某苗寨总平面

妇女来讲，几乎成为谈天说地、摆家常和交换信息的重要场所。贵州花溪地区某石头寨，由130多户布依族居民所组成，村内有4个井台，分别形成4个节点空间，各自吸引着一片居民，他们既在这里汲水、洗衣，同时也进行交往活动，充满了生活气息。

以上分别从宗法等级制度、血缘关系、宗教信仰、风水观念、交往、民俗等各个方面来说明社会因素对于村镇聚落形态及景观构成的影响。就一般情况而言，与自然因素相比较，后者的变化很不明显，比较稳定。前者则随着经济的发展、社会制度的更迭、科学技术的进步以及人们知识文化水平的提高而不断发展和变化，这就是说它相对于自然因素来讲，并不十分稳定。但是具体到我国，情况又比较特殊，所以还要作具体分析。

我国长达几千年的封建社会，由于种种原因致使生产力的发展十分缓慢。政治制度虽有不少变革，但依然维持着封建的所有制，这就是说其经济基础尚未发生质的飞跃。因而反映这一经济基础的上层建筑，其中包括前面所提到的各种社会文化因素在内，虽有变化，但并不显著，所以不少学者认为这样一种"超稳定"的系统一直妨碍着我们的社会进步。

新中国成立后曾提出推倒三座大山（封建主义、帝国主义、官僚资本主义）的口号，在经济方面，继改革封建的土地所有制之后，在城市又进行了社会主义改造。在这之前由孙中山领导的资产阶级民主革命，虽然不彻

底，但也对旧的封建制度进行过有力的冲击。这一切对于中国的历史发展进程都发生过重要的影响。所以总的说来，中国的近百年是一个变化比较急剧的历史发展阶段，并且这些变化都极其深刻地影响到城乡人民的生活习惯以及传统的思想、观念。当然，这种影响极不平衡，城市，特别是沿海一带的大城市受影响最深，变化也最显著。农村则不甚明显，特别是交通闭塞的地区这种影响十分微弱。但不论其影响程度如何，其总的趋势不外是文化上的"相互趋近"，具体地讲，就是由于新的共同的文化的因素（包括物质文明和文化精神因素两方面）逐渐渗入，致使原来的文化传统和特色有所冲淡，而且随着时间的推移，这种趋势还会进一步发展。

近年来农村经济发展较快，随着电视机的普及，这种大众文化传播的速度和影响也将急剧地加快和加深，即使目前还比较落后的地区，若干年后也会发生比较明显的变化，这就预示着传统的乡土文化将面临新的挑战。从发展的观点看这并不是坏事，而是一种发展和进步。当然这种进步也会导致一个我们所担忧的问题——村镇聚落的物质空间环境会不会因失去其乡土文化的依托而流于千篇一律？

传统的生活习俗和乡土文化自然不会轻易地放弃阵地，然而终究敌不过外来文化持久的冲击，所以未来发展的趋势很可能要走一条"之"字形的曲折的路程：即首先对外来文化冲击持积极的态度而接纳之，继而使

之与本地的乡土文化相融合、渗透，最终在更高的层次上创造新的地区文化，这样，既不无端地割断历史文脉，又不故步自封，盲目排外而长期处于停滞状态。从古代历史看，佛教自印度传入中国就曾经历过这样一个曲折的过程。再从西方近现代建筑历史的发展过程看，也能隐约地看到这样一种曲折的过程：由对传统和地方文脉的彻底否定而转为尊重并继承。

总之，我们确信，尽管道路迂回曲折，乡土建筑文化最终必将以全新的面貌而再度降临！

第四章　从美学角度看传统村镇聚落形态中的景观问题

研究村镇聚落的景观构成及效果，就是从美的角度来分析村镇聚落的物质空间形态对于人的视觉所产生的影响及作用，因而它必然要涉及美学和心理学等方面的基本范畴。而在这两个学科领域内，不同学派所持的观点又不尽相同，有的甚至截然对立，所以要提出一个能为大家都接受的标准和尺度，是十分困难的。民居建筑，特别是村镇聚落形态，它究竟美不美？美在哪里？为什么美？看法很不一致。一部分建筑师，可能还包括某些画家和作家赞不绝口，认为它美极了，甚至富有诗情画意，以致不惜花大量时间和精力去研究、去测绘、去拍照，或者干脆把它收进自己的画面或作品中去，从而提高到艺术创作的高度。另一部分人则很冷淡，认为那不过是一些陈旧不堪、几乎濒临于倒塌的破房危屋，根本不能引起人们的美感。他们往往怀着疑虑的心情发问：对于这样一堆破烂，居然能够引起某些人的兴趣？至于祖祖辈辈住在其中的居民，其态度也不尽一致。年老的长辈由于常年生活在这样的环境中，他们的生活习惯、心理行为就是在这样的物质空间环境中铸就的，所以与这种环境十分吻合、默契。但是对于年轻的一代，则不以为然，他们当中的大多数比较向往新的生活模式。当然，由于受到城市的影响程度不同其向往的程度也有很大的差别。偏远的地区与世隔绝，基本上还生活在旧的模式之中。靠近城市的郊区，则向城市看齐，力求缩小与城市之间的差距。但是从发展的总趋势看，都不满足于旧的住房条件，如果有可能翻盖新房，便情不自禁地要学着城市的模式加以"革新"。此外，也还有经济和技术上的原因，例如要维持旧民居的形式就可能要使用较多的木材，而且做工也比较复杂，加之旧式民居的通风、采光条件较差，因而要维持传统的民居形式，往往会事倍功半。

至于审美观念，也在潜移默化地改变。由于他们世代生活在这种环境之中，身在庐山而不识庐山真面目，并不认为它是怎样的美，因而也并不眷恋这种传统的形式。加之城市生活水平总是要高于农村，向城市看齐、模仿城市的模式便被视之为当然的事。由于上述的种种原因，当地居民对于传统的民居以及村镇聚落形态，一般都持淡漠的态度。只是地处偏远地区，受外界影响较少，传统的观念根深蒂固，凡事一律按旧例对待，至今尚保留着世外桃源的旧貌。

从以上的分析看，不同的人，从不同的角度出发来看待传统的民居建筑和村镇聚落形态，便呈现出态度上的极大差别，而态度

画家笔下的江南水乡　　张坚如作

画家吴冠中作"春消息"

画家吴冠中作"湘西风光"

的差异实质上是不同价值观念的反映，它必然会深刻地影响人们的审美观念和情趣。

○美与善

对于传统民居及村镇聚落形态所持的不同态度，在很大程度上涉及美与善的关系问题。认为传统民居只不过是一些破房危屋，无非是说它已陈旧过时、不能提供有效的通风采光条件，不能为人们提供舒适的生活环境，所以从功利的角度看是有严重缺陷的，从这样的价值观念出发，可以认定它是不符合于人们建造房屋的目的的，而不合目的事物就谈不到善，而

不善便无从引起人们的美感。这样的看法究竟有没有道理和根据呢？有的，古代希腊著名哲学家苏格拉底的美学观点就是这样。他在谈到美的时候便经常把它和效用相联系，并认为凡是美的东西必定是有用的。他在衡量美的标准时就是看效用，有用便美，没有用便不美。阿斯木斯在评论到苏格拉底时曾说过这样一段话"……美离不开目的性，即不能离开事物在显得有价值时它所处的关系，不能离开事物对实

现人愿望要达到目的的适宜性，这就是说'美'和'善'两个概念是统一的。"

我国传统的美学观念受儒家思想影响很深，儒家思想比较重现实，它在对待美的问题上所持的态度也基本是这样，即把美和善相联系。据专家考证，汉字中的"美"就是从"善"字中演变出来的。由此可见，在古代美和善实在是一对难解难分的孪生兄弟。

关于这种论点我们还可以从民居建筑的

主人那里得到某种启示。民居的主人不同于建筑师或评论家，如果说后者是"局外人"的话，那么前者则是"局里人"，功利关系对于局外人可以说是无关痛痒，但是对于居住于其中的局里人却有切身利害关系。对于长期生活在这种环境中的人来说，他们首先关心的可能还不是美与丑的问题，而是功用和方便。为什么某些经济富裕地区的农民毫不吝惜地拆除旧民居而在盖新住房时模仿城市住宅的形式呢？究其原因恐怕也是认为新房子更能满足他们的生活要求。

当然，还有一些、甚至是更多的美学家却持截然不同的看法，他们竭力强调直觉在审美中的决定性作用，并认为美只涉及事物的形式，而不涉及内容。因此，他们反对把美和善相混淆。在他们看来只要计较功利得失，就会妨碍单纯的审美判断。例如康德曾说："一个审美判断，只要掺杂了丝毫的利害计较，就会是偏私的，而不是单纯的审美判断。人们必须对于对象的存在持冷淡的态度，才能在审美趣味中做裁判人"。他还说"审美趣味是一种不凭任何利害计较而单凭快感或不快感来对一个对象或一个形象显现方式进行判断的能力，这样一种快感的对象就是美的"。这就是说美不同于善，它不涉及欲望和概念，它的基础是感情而不是理智。

另一位美学家克罗齐则强调直觉，他认为艺术不是功利活动。他曾说："艺术既然是直觉，而直觉按照它的原意理解为'观照'的认识，艺术就不能是一种功利的活动，因

为功利的活动总是倾向于求得快感而避免痛感……快感本身不就是艺术，例如饮水止渴的快感"。总之，持这种观点的美学家，都极力强调美只在形式，不涉及概念、目的和利害计较，他们把形式美看成是一种纯粹的美，因为它丝毫不涉及内容和意义。

在前文中曾提到的一部分建筑师、画家、作家，他们之所以推崇传统民居建筑，赞美它，并为之陶醉，可能因为他们是局外人，与民居建筑没有直接的功利牵连，所以看问题比较超脱，只着眼于民居建筑的形式，而并不十分关注它是否破旧，是否有良好的通风、采光条件，是否便于人们的生活起居。那么，传统民居建筑以及它的整体空间环境——村镇聚落形态单就其形式看究竟有哪些特点？它何以能够引起某些人的美感？对这个问题还有待于进一步地分析。

○形式美

关于形式美，它曾经是西方古典美学研究的重要课题之一，许多美学家都有过精辟的论述，有的还说得十分生动、形象、具体。例如在古希腊伟大哲学家亚里士多德的美学思想中就十分强调和谐和有机统一的概念。他认为：形式上的有机统一整体其实就是内容上内在发展规律的反映。他曾说："美不美，艺术作品与现实事物，分别就在于美的东西

和艺术作品里，原来零散的因素结合成为一体"。他在《诗学》中还举例说明有机整体的概念："一个整体就是有头有尾有中部的东西。头本身不是必然地要从另一件东西来，而在它后却有一件东西自然地跟着它来。尾自然地跟着另一件东西来的，由于因果关系或习惯的承续关系，尾之后就不再有什么东西。中部是跟着一件东西来的，后面还有东西要跟着它来。所以一个结构好的情节不能随意开头或收尾，必须按照这里所说的原则"。他的这一段论述看起来平淡无奇，但却成为构成形式美的基本原则和出发点，它不仅对诗歌、文学、音乐、绘画、雕刻有着极其深刻的影响，而且对于建筑艺术的发展也具有深刻的指导意义。几千年来，尽管人们的认识不断地深化发展，表述方法也不尽相同，但就形式美的基本条件而言，其看法却基本一致，即认为一种事物或对象要达到形式美必须具备这样的条件：即多样统一，或寓杂多于整一之中。说得具体一点就是在统一中表现出多样与变化，在变化中表现出和谐与秩序。

那么怎样用这种标准和尺度来衡量民居建筑及其群体组合呢？要回答这个问题首先必须分析民居建筑究竟是否属于艺术创造的范畴。历史上的杰出建筑都是经过建筑大师之手而被精心创造出来的，而在创造过程中都力求按照一定的构图法则而使之达到高度的有机统一。一般的建筑即使从形式美的要求看还不够尽善尽美，但只要经过建筑师之手，都或多或少地要考虑形式处理上的统一

和谐问题。民居建筑则不然，它基本上是属于"没有建筑师的建筑"，特别是它的群体组合——村镇聚落形态，在绝大多数情况下都是自发形成的，偶然性的东西随处可见，根本没有什么完整统一的规划可言，那么怎么能够和艺术作品相提并论而用同一条标准尺度来衡量呢？如果从这个角度来看确实不能。

然而传统民居建筑及其群体组合是否都流于千篇一律或杂乱无章呢？诚然，其中有一些确实比较单调而缺乏变化，也有一些显得凌乱而缺少秩序感。但是毕竟还有相当多的民居建筑及其群体组合既统一和谐，又不乏变化，从而能激发起人们的美感，甚至具有诗情画意一般的意境。人们不禁要问：它们既然没有经过匠师们的精心安排，怎么能够取得这样的效果呢？这难道是出于偶然性的

巧合吗？当然，偶然性的因素是在所难免的，但不能说都是出于偶然。通过认真分析将会发现，于偶然之中还有其必然的道理。

如前所述，形式美需要同时满足两方面的条件：其一为统一和谐；其二为多样变化。传统民居建筑及其群体组合——村镇聚落形态，一般都能同时满足这两方面的条件，现在分别加以分析论述。

先说变化的方面。遍布于各地的村镇，如果你有机会走访的话，不妨稍加注意，看看究竟有没有两幢房子其形式完全相同，几乎没有。这是因为这些住房属于村民自建，很少受其他条件约束。张家的人口多房子便大一点，李家的人口少便小一点；张家很富，房子便讲究些，李家较穷，便简陋些；张家喂养了家禽，便需要盖几处鸡笼、鸭窝，李家

寓变化于统一之中的苏南小镇　　吴冠中作

富有诗情画意的浙江富阳龙门镇

既统一和谐又富有变化的福建某村落

养猪，则需要建造猪圈；如果某家有大牲畜，那么还要在附近盖上牛棚或马厩。此外，还要搭上一些披厦作为厨房或存放粮食、柴草、饲料，如果还兼营副业（如养蚕、缫丝、纺织、竹编等），那么附加的设施就更加多种多样了。就算以农业为主，也还需要有打谷场、冲米、磨麦以及存放大小农具的地方。除此之外还要有供汲水、淘米、洗菜、洗衣等活动的井台。有了这么多的要素要把它们加以排列组合，其或然率之多是可以想象的。特别是中国的农村，私有观念十分牢固，凡具备条件务必使其应有尽有、独家使用。另外还极力采用各种手段加以围隔，从而形成许多空间院落，这些院落有大有小，形状各异，其封闭与开敞的程度也很不相同。这些附属的组合要素

常随机应变、因地制宜而不拘一格，对于构成整体空间环境和村镇景观所起的作用十分显著。

民居建筑还有一个特点，它不像城市那样大体上是一次建成的。今年张家有条件张家盖新房，明年李家有条件李家盖，这样，在建房时左邻右舍便为他提供了相当具体明确的边界条件，如果睦邻关系好便可以利用这些条件，如果关系不好或条件不利则可让开或躲避。至于房子的排列则没有一定之规，他们既无意于向左邻右舍看齐，而且从技术上讲也难以做到横平竖直。这样，乍看起来似乎歪歪斜斜，但细细琢磨却趣味盎然并充满生机。如果地基有起伏变化，如局部的隆起或沟壑，也不肯花费

很多劳力去填平补齐，而以建筑去迁就地形，索性让它随高就低，于是在体形及轮廓线上便不期而然地呈现出参差错落的变化。

以上说的是村落。镇上的房子虽然要密集、整齐一些，但也千变万化不拘一格。例如一条小街，尽管屋宇相连，但也因主人的所好和财力而不尽一律。例如有的开间大，有的开间小，有的高，有的低，有的十分开敞，有的则比较封闭，特别富有情趣的是常随地形变化而曲折蜿蜒。这种情况或许是出于偶然，但比按人工意志拉成直线则更富有情趣。

下面再看一看统一协调的方面。前面分析了多样变化的一面，但是这种多样变化会不会导致杂乱无章呢？一般地讲是不会的。这是因

充满生活情趣的广西侗族民居建筑

富有生活情趣的湘西民居院落空间

为还有许多更为基本的方面完全处于某种统一原则的有力控制之下。这里所谓基本的方面首先是民居建筑的平面布局。我国虽然幅员辽阔，而且又是一个多民族的国家，但是就文化而言还有不少共同的东西为各地人民所普遍遵循。例如四合院式的住宅就是被普遍接受的一种住屋形制之一。从严寒的东北到酷热的华南、西南，从东海之滨直到西北高原，绝大部分地区几乎都毫无例外地采用四合院的布局形式。当然，由于地区气候特征和风土习俗不同，尽管都取四合院的布局形式，但每一个地区却又保留着各自的特点。例如北京的四合院和云南的一颗印，虽均取四合院的布局形式，但前者院子较大，空间较舒展，后者的院子小，空间较集中、紧凑。至于东北地区，由于院子更大，

建筑之间的关系就更为开阔了。即使是同一地区如云南昆明的一颗印与大理的三环一照壁四合院，其差别也十分显著。但是有幸的是尽管地区之间的差别很大，但具体到某一地区，其形式则十分接近。又由于民居建筑的主体部分均取大体相同的四合院布局形式，因而从整体来看，就确保了相互之间的谐调和统一。

除平面布局外，同一地区所采用的结构方法和地方建筑材料也基本相同，这不仅使建筑物的体形和外观保持着统一和谐的风格，甚至连色彩、质感乃至细部处理都十分接近。例如北京的四合院民居多由青砖青瓦所做成，入口大门偏于东南角，重点的地方以砖雕作装饰，建筑物一般取硬山形式，屋脊处理也几乎呈同一形式。这样，从大的方面看必然会取得统一

建筑师笔下的小镇街景　洪欣作

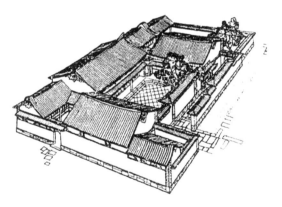

大理三环一照壁四合院民居建筑

的效果。云南的一颗印民居则采用筑土墙、青瓦顶，大门居中，其山墙处理较简单，并呈偏脊的形式，所以无论从形式到色彩、质感都相当和谐。福建晋江地区的民居建筑也很有特色，

借重复出现的马头墙以求得统一和谐的皖南某村镇

它虽然也用青瓦做屋顶，但瓦的尺度较大，而且又比较扁平，特别是墙身，由于采用当地制作的红砖，色彩十分鲜明，并且装饰很纤细，并有不同色彩，其屋脊呈两端跷的曲线形式，如把这样的民居建筑插入其他地区，它必然会破坏整体的统一，但在当地，由于均采用这种形式，即使比较花哨，但也能借这些相同的要素以求得群体的统一。

这种借相同或近似的要素而求得整体统一的例子在民居建筑中可以说是屡见不鲜。例如马头山墙，它的形象在民居建筑中很突出，不同地区其形式也有很多变化，但同一地区则大同小异，如皖南民居、江西民居、福建民居、湖南民居都很喜欢运用这种要素，一则可以防火，二则也可起丰富建筑外轮廓线的作用。由于每一个地区都各有其特点，所以具体到某一地区则可借此以求得整体风格的统一。

会不会出现少数建筑越轨而破坏整体风格的统一呢？如果说有，那也是发生在近现代的事。在古代，由于交通不便，各地区之间很少有交往活动，加之守旧的思想十分牢固，长年累月形成的习惯势力很难冲破，所以很少有人敢于标新立异，这样，在长期历史发展的积淀中便形成了一种不可动摇的模式，而正是它才保证了群体组合——村镇聚落景观的和谐统一性。

除建筑物之间的相互协调外，传统民居建筑及村镇聚落还有一个特点，即与自然环境的和谐相处，这对于求得整体统一也具有十分重要的意义。为什么民居及村镇聚落会与自然环

与自然环境融为一体的浙江民居（选自《浙江民居》）

境保持统一和谐的自然关系呢？这可以从主观和客观两方面作分析。就客观条件而言，个体农民所拥有的财力、物力、人力都十分有限，不可能对自然环境施行较大规模的改造，他们所能做的，仅是选择，即按照自己的愿望来寻觅一块适合于建房的基地，而一经选定之后，便转而尊重既定的自然环境，具体地讲就是让建筑物来适应地形。例如在一块坡地上建房，他们很少采用挖方填土的方法来平整基地，而多半是利用地形起伏或者用支撑的方法把建筑物局部地架空，或者就地取材以少量的天然石块拦土筑台，并使建筑物化整为零，分散地坐落在有高有低的台子上，这样既可节省大量劳力，同时又可使建筑物与基地及自然环境巧妙地相结合，从而取得统一和谐的关系。例如浙江、福建一带的民居建筑和村落，或依山傍水，

43

依山就势建造的福建某民居建筑（选自《福建民居》）

或散落地建造于山坡或谷地，都极善于随地形变化而随高就低、曲折蜿蜒，从而使建筑物完全与自然环境融合为一体。此外，民居建筑惯常使用的天然材料如土、石、木材等无论在色彩和质感上都极易与自然环境取得协调的关系。

属于主观方面的原因主要是传统观念在广大群众中产生的影响根深蒂固。由于受传统文化的影响，中国人自古以来就有一种"敬天"的思想，儒家的"天命说"、墨翟的"小国寡民"思想所宣扬的都是天命不可违，而只能顺从的消极无为的思想。由于受到这种思想的影响，人定胜天的意识相当淡漠，从

历史上看像筑长城、开运河这种大规模改造自然的工程可以说是绝无仅有的。此外，在《黄帝内经》、《淮南子》等著作中则极力强调天人之间的和谐关系，特别是董仲舒的《天人感应说》，把古代流行的阴阳五行学说与儒家思想相结合，自成体系，对后世的影响颇为深远。《淮南子·泰族训》中有这样一段话："天地所包、阴阳所呕，雨露所濡，生化万物，瑶碧玉珠，翡翠玳瑁，文采明朗，润泽若濡。摩而不玩，久而不渝。奚仲不能旅，鲁班不能造，此之为大巧。"极力讴歌大自然的和谐之美，并强调这种美仍由客观规律所

形成，而非人工之所能巧夺的。董仲舒则认为"天者,群物之祖也,故遍复仓函而无所殊"，把天看成是无所不包，无所不能的宇宙主宰，并认为天是有意志的，"君权神授"，不光是芸芸众生，就是封建最高统治者的黄帝也不能违天命，而必须按照天的意志行事。董仲舒的《天人感应说》，首先肯定天必然是和谐的，而人也应当与之相适应。董仲舒的天人感应说虽然是唯心主义的，并且也没有什么科学依据，但是这种把人看作是小宇宙、把天看作是大宇宙，大小宇宙之间应当保持和谐的思想，在西方美学史中也有类似的看法。例如新柏拉图学派和17世纪英国的夏夫兹博等都有过类似的论述。夏夫兹博认为：人是小宇宙，天是大宇宙，小宇宙是大宇宙的反映。大宇宙的和谐是"第一性美"，而人在自然界和内心世界所见到的美则是"第一性美"的影子，人的"内在节拍"是认识和欣赏形状、声音和颜色等外在美的条件。这是一种典型的天人感应说，和董仲舒的思想不谋而合。

李泽厚等同志在评价董仲舒的"天人感应说"时认为："明确提出了天与人'以类合之'、同类相动'类之相应而起'的原则观点。这种观点，似乎也可以被认为是我国古代思想家对于主体感情同外界事物的同形同构关系的某些朴素的观察和猜测，它同审美和艺术创造有密切关系，并且影响了后世的诗论和绘画"。李泽厚是从美学欣赏和创作角度来评价"天人感应说"的，其实，这种学说的影响范围远远超出美学范畴，而深入到社会

生活的各个方面，后世的敬天迷信思想、风水观念等与这种学说恐怕都不无联系。

中国人的传统观念和心理素质，由于受到儒、道、佛三家思想的影响，其主导的方面应当说是消极无为的。鉴于此鲁迅先生曾在他的杂文中劝青年不读或少读中国书，其用意在于鼓励青年积极进取的精神。如果用辩证的观点看，即使在消极的东西中也可能包含有某种积极的因素，由于对自然持尊重的态度，或者是出于无能为力，对它的索取比较少，招致的报复则比较小，这不仅有利于维持生态平衡，同时也为生活在这块土地上的人保留一个较为和谐的生态环境。近百年来，随着工业化进程的迅速发展，对于自然环境的威胁日益加剧，这

种情况应当引起我们的关注。我们是否可以从传统村镇聚落的布局原则中获得某些教益呢？这个问题值得思考。

从目前的情况看，凡处于偏远地区，由于受工业化、集约化的影响较少，村镇聚落一般都能保持传统的旧貌，并与自然环境共处于统一和谐的关系之中，景观也多富有变化。这种情况表明，传统的村镇虽然没有经过精心的规划，但就是在发展的过程中，自觉或不自觉地顺应自然条件而不断地调节与自然环境之间的关系，却也能求得统一和谐的效果。这里所说的"自觉"或"不自觉"多半是体现了人们传统的意识和观念——即尊重自然而不违"天命"。

充满生活情趣的浙江民居庭院

顺应地形建造的福建某村落（选自《福建民居》）

○美与生活

在前一节中，主要是从形式美的角度来分析村镇聚落何以能同时具备统一和谐、多样变化这两方面的条件。但是传统民居及村镇聚落所激发起人们美感的并不限于形式美本身，它还能以其丰富的内涵和意蕴而引起人们情感上的共鸣，这就是说它还可能具有某种艺术性。

人们不禁要问：传统民居及村镇聚落不同于艺术创作，它在很大程度上是自发形成的，并没有人把它当作一种艺术创作来对待，而在它的形成过程中有意识地赋予它以艺术感染

力，那么它何以能够具有只有艺术作品所独具的功能呢？我想，传统民居及村镇聚落之所以能具备某种艺术性，其主要原因就在于它和人们生活的联系。我们走进一个山村，映入我们眼帘的视觉形象，当然只是建筑屋宇及其所依托的自然环境，这种物质空间环境从一方面看它可以以其具体的形象而激发起人们的美感，但是超越于这种形象之外，它还可以使人联想到居住在这种环境中的人以及他们的各种生活

45

形态。曾经流行着一种文艺理论，即认为文艺作品应当真实地描写典型环境中的典型人物，从这里可以看出人物与环境两者之间不可分割的联系。就文艺作品看，人物是主角，而环境犹如角色活动的舞台，起着烘托、陪衬人物的作用，所以必须与人物特定的气质性格相一致，所以这种环境就不同于一般的环境，而必须具备艺术上的典型性，换句话说，这样的环境就超出了它的物质性，而具有能够激发人们感情的艺术性。当然，现实生活中的人，不同于艺术作品中的角色，现实中的村镇物质空间环境也不同于艺术作品中的典型环境，但是前者却是后者的原形，杰出的艺术家善于从原形中发掘美的因素，而拙劣的艺术家则视而不见、听而不闻。对于民居及村镇聚落的欣赏来讲也是这样，善于把它和人的生活相联系的人便可以看出它的美并为之动情，不善于把它和人们生活相联系的人，所见到的便只限于它的具体的物质空间形态，这当然只能看出（形式）美，而不能感受到它的内涵和意蕴。鲁迅在《祝福》中只不过轻描淡写地带出了鲁镇，但人们却在想象中见出了处于隆冬岁末时节江南水乡小镇暗淡的情景，这里便富有了诗情画意一般的意境。曹雪芹笔下的大观园也不只是形式上的富丽堂皇和景色上的秀丽宜人，而只有当与特定的人物活动情节相联系，便有可能把具体的物质空间环境升华到诗情画意的艺术境界，如芦雪庭，如果不与即景联诗和割腥啖膻等生活情节相联系，仍不过是一所简陋的茅草屋，但一经与之相联系，却充满了内涵和意蕴。

朱光潜先生在他的《西方美学史》中，曾把车尔尼雪夫斯基对美的定义概括为3个命题：（1）"美是生活"。（2）"任何事物，凡是我们在那里看得见依照我们理解应当如此生活的，那就是美的"。（3）任何东西，凡是显示出生活或使我们想起生活的，那就是美的。我想，没有哪一种东西能够像传统民居那样与人的生活保持着如此密切和直接的联系了。所以只要我们身临其境，便依稀地联想起男耕女织，日出而作、日落而息，乃至。"菱荇鹅儿水，桑榆燕子梁。一畦青韭熟，十里稻花香"等充满生活情调的画面。

充满生活情趣的皖南黟县宏村

诗意盎然的某《江南小镇》　吴冠中作

或许有人会问：城市贫民窟不也与人们的生活相联系，它为什么不能激发人的美感呢？诚然，它确实也与人的生活相联系，但却是扭曲了人的生活，而并非像车尔尼雪夫斯基所的"依照我们理解，应当如此地生活"，所以它不仅看不出美，反而显得丑。从这里倒也给我们一些有益的启示：并非所有的民居都一样地美，都一样的富有诗情画意，这里还存在着一个是否典型的问题。只有按照它们的暗示能使人联想到生活的程度，才或多或少地获得美的价值，所以对于民居及村镇聚落的欣赏，首先还必须作出正确的选择。

○自在与自为

在前一节中不仅肯定了传统民居能使人产生美感，同时还认为它可以具有某种艺术性，关于前一点毋庸置疑，关于后一点虽然从现实中看也确实如此，但如果以严格的理论为规范来要求却并非无懈可击。这是因为任何艺术创作都不免要掺入作者主观想象的成分，然而传统民居包括它的群体组合确乎是没有建筑师的建筑，那么它的艺术性又是谁赋予它的呢？

黑格尔曾经给美下过这样的定义："美就是理念的感性显现"，而理念又是人的心灵的产物，从这一前提出发，似乎离开了主体的人——作者，美就无从产生。我们当然不能

说民居建筑没有作者，但是民居建筑的作者没有把民居当作艺术创作来对待也确实是事实，说到这里，问题似乎比较明确了，这就是：一个自发形成的东西究竟能不能具有艺术性。

朱光潜先生在他的《西方美学史》中曾提到："黑格尔还提到像寂静的月夜，雄伟的海洋那一类'感发心情和契合心情'的自然美，只淡淡地解释一下说：'这里的意蕴并不属于对象本身，而是在于所唤醒的心情'……"这就是说，某些自然美虽然自身并没有什么内涵和意蕴，但却也能感化人的心情并给人以美的享受，既然纯粹的自然现象都能做到这一点，那么民居建筑，尽管没有凝聚多少心灵的创造，但毕竟由人建造起来的，似乎更有理由做到这一点。当然，就美的层次而言，与其他一些经由匠师之手的建筑类型相比，不免有高低上下之分。

黑格尔在谈到自然美与艺术美的关系时说："我们可以肯定地说，艺术美高于自然美。因为艺术美是由心灵产生和再生的，心灵和它的产品比自然和它的现象高多少艺术美也就比自然美高多少"。在黑格尔看来自然美不是出于人的意志，缺少意图性或目的性，由于自然是自生的，所以它的美是有限的、不完全的和有缺陷的。相反，心灵——精神的作用显现得愈多，单纯物质的作用就愈少，换句话说就是从自在逐渐提高到自为的阶段，于是艺术美的程度便随之而增高。如果以传统民居及其群体组合与传统园林建筑相比，很明显，前者出于村民自建，自在的成分居多，

后者出于文人画家精心地推敲、谋划，自为的成分居多，如果用黑格尔的尺度来衡量，毫无疑问后者比前者在艺术美的程度上将处于更高的层次。

黑格尔从他唯心主义的哲学观点出发，总不免要贬低现实而抬高心灵（理念）的作用。可是另外一位美学家，俄国的车尔尼雪夫斯基则持与之完全相反的观点，他不认为无意图性、无意识性的东西会妨碍美，他曾说："这种倾向的无意图性、无意识性，毫不妨碍它的现实性，正如蜜蜂之毫无几何倾向的意识性……，毫不妨碍蜂房的正六角形的建筑"。关于艺术和现实孰优孰劣的问题，车尔尼雪夫斯基毫无保留地肯定现实高于艺术。他曾说："彼得堡没有一个雕像在面孔轮廓的美上不是远逊于许多活人的面孔的"。他的这种尊重现实的思想与毛泽东《在延安文艺座谈会上的讲话》中的某些观点颇有相似之处。毛泽东在论述文学艺术的源泉时强调："人民生活中本来存在着文学艺术原料的矿藏，这是自然形态的东西，是粗糙的东西，但也是最生动、最丰富、最基本的东西，在这一点上说，它使一切文学艺术相形见绌……"。由此可见，那些未经或稍经加工过的自然形态的东西，虽然比较粗糙，但却可以是最生动、最丰富的。传统民居正是属于这一类，它虽然比不上宫殿建筑那样严谨、庄严、富丽堂皇，也比不上园林建筑那样秀丽、典雅、玲珑，但就直接反映生活的丰富多彩性来讲，都是前两者所望尘莫及的。

○活力与秩序

活力与秩序都是艺术作品所不可缺少的。秩序是达到统一的基本条件，它偏重于形式美的范畴，活力有助于激发人的情感，它有助于获得表现力和艺术性。对于一件艺术作品来讲，它们应当是共处于一体的，然而在实践中如果不善于处理这两者的关系，也常常会顾此而失彼。

就艺术风格的形成与发展看，风格的草创阶段往往是富有生气和活力的，但是由于不成熟，所以显得粗糙而缺乏秩序感，此后的发展过程经由人们不断地琢磨，精雕细刻，将逐步由粗糙而变得精细、严谨，在这个过程中秩序感日益加强，直至成为繁琐的教条所束缚以致削弱内容的表现，至此，生气和活力便可能丧失殆尽，艺术品便失去了艺术性，仅仅剩下徒具形式的躯壳。

黑格尔在论及各门艺术发展过程（美学三卷5页、朱光潜译）时指出："每一门艺术都有它在艺术上达到完满发展的繁荣期，此前有一个准备期，此后有一个衰落期，因为艺术作品是精神产品，像自然界产品那样不可能一步达到完美，而要经过开始、进展、完成和终结，要经过抽苗、开花和枯谢"。黑格尔认为："艺术在开始阶段——也就是它的准备期——总是偏向于牵强和笨重，在次要方面不厌其详，而越过这个阶段就进入'严峻的风格'，这时一切偶然的东西都远远抛开，其特点是母题很简单，所表现的目的和旨趣

不多，所以在体形、结构、筋肉和运动方面也没有多少细节上的变化"。继严峻风格之后，达到艺术的成熟期——"理想的风格"，黑格尔在描述理想风格时写道："我们可以把理想风格称之为寓高度的生动于优美静穆的雄伟之中的风格……一切都是有意义和富有表情的，一切都是活泼和富有效率的"。过了成熟期之后，实际就开始走向衰落期——"愉快的风格"。用黑格尔的话来讲"……从秀美朝外在的方面再进一步，就会转变为愉快或取悦于人的风格"。为了迎合欣赏者的趣味，"在建筑、雕刻里，这种愉快的风格使简单而雄伟的体积消失了，到处出现的是单独的小型

造像、装饰、珍宝，腮帮上的小酒窝如此等等"。黑格尔十分具体地描述了艺术风格辩证发展的过程。从他的这一段精辟的论述中可以看出，过分地人工雕琢虽然可以使形式本身摆脱掉任何一点偶然性，以至建立起高度的秩序感，但是作为艺术的灵魂——生气和活力，都有可能在不知不觉中被湮灭了。

在中国的传统建筑中，与民居建筑与寺院、宫殿建筑相比，后者的人工雕琢多，程式化的程度高，然而尽管秩序井然，却大同小异千篇一律。它们的艺术感染力主要在于庄严、雄伟和富丽堂皇，至于个性则并不鲜明。而民居建筑，特别是村镇聚落，由于在很大

充满活力的福建永定地区某山村

程度上是自发形成的，所以从形式方面看偶然性的因素几乎是不可避免的，这就意味着它还不可能纳入到严格的秩序中去，当然更谈不上严谨。就这一点看它还处于一种比较原始的自然状态，如果我们也把它奉为建筑艺术百花中的一朵，严格地讲，也只能归之于"准艺术"的一类。但正是因为它没有或者较少地经过人工的雕琢，尚未嵌进程式化的俗套之中，所以尽管比较粗糙，但却千变万化、个性鲜明、充满活力和生意盎然。

当代美国建筑师文丘里在他的著作《建筑的矛盾性和复杂性》一书中曾指出："……我喜欢乱哄哄的生气而超过显而易见的统一"，这句话实际上是对现代建筑的批判。在他看来现代建筑由于陷入一套刻板的模式中去，几乎都是千篇一律的方盒子，论统一和秩序都有过之而无不及，但是却冷冰冰而缺

乏人情味，他宁可抛弃旧的一套而换取富有活力的新东西，即使是乱哄哄也在所不惜。他的话虽然只有一句，却标志着审美观念的一种变革和更新。目前，这种思潮的影响日益扩大，在其影响下相继出现了形形色色的后现代建筑，这类建筑论统一和秩序确实不尽完美，但是它们的作者则不以为然，他们所醉心追求的却是生气和活力。

我国传统民居建筑及村镇聚落所处的发展阶段显然还相当低，但是从某些方面看却合乎当前建筑审美情趣变化发展的潮流。退一步讲，传统民居建筑及其群体组合——村镇聚落，即使还达不到艺术创造的高度，但其中确实存在着丰富的建筑艺术创造的原料和矿藏，我们应当下一番功夫去发掘整理，我们深信，它必然会为创造具有中国特色的新建筑风格提供有益的借鉴和启迪。

生活情趣浓郁，诗意盎然的江南水乡——"河边小街"
王榕平　摄

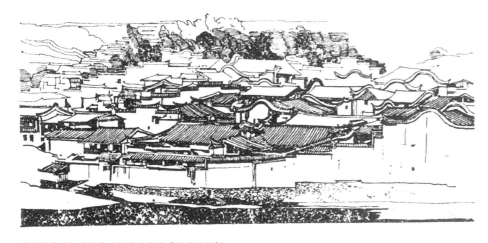

参差错落的福建某坡地村落（选自《福建民居》）

49

第五章　传统村镇聚落形态的形成

村镇聚落不同于城市，它的形成往往要经历一段比较漫长的、自发演变的过程，这个过程既无明确的起点，也没有明确的终结，所以它一直处于发展变化的过程之中。城市则不同，虽然在它开始的阶段也带有某种自发性，但一经跨进"城市"这个范畴，便多少要受到某种形制的制约。且不说唐代的长安、宋代的汴梁，元、明、清的北京都城，她们都不可避免地要受到礼制和封建秩序的严格制约从而在格局上必须遵循某种模式，即使是一般的县城，其形态也都明显地带有某种形制约束的印迹。此外，它的范域也十分明确——用厚实的城墙作为限定手段，从而使之内外分明，这就意味着城市的发展是有一个相对明确的终结。

村和镇，特别是村，它的发展过程则带有明显的自发性。除了少数因天灾、人祸而重建或易地而建的村落外，一般的村落都是世代相传而延绵至今的，并且还要继续传承下去。当然，也有这样的情况：即发展到一定规模，由于受到土地或其他自然因素的限制，不得不另外寻觅一块基地扩建新的村落，从而使原来的村落一分为二。这种情况表明，村落的发展虽然没有明确的范域限制，但它也有达到饱和的限度，超越了这个限度，如果再继续发展便会招至种种不利的后果。这样，即使是同一血缘的大家族，也不得不被分割开来，从而形成所谓的大张庄和小张庄；上虞村和下虞村等。

村落自身的发展过程也很像是细胞分裂。在封建社会中虽然流行着四世同堂的大家族，但是在这样的家族中也不可避免会发生各种各样的矛盾和冲突，一旦矛盾激化，便会冲破封建关系的禁锢而导致大家族的解体。再说人口按几何级数增长，也不可能把越来越多的子孙后代圈在一处，所以伴随着分家与再分家等活动，势必要不断地扩建新房，并使原来的村落规模逐步地扩大，至于最终将会发展成为什么样子，恐怕很难有一个明确设想与目标。正是基于这种分析，所以认为它必然带有很强的自发性。至于近期发展，当然也不会全然是盲目的，总不免要考虑到地形、占地、联系、生产等各种现实的利害关系，但总的来说这些方面的考虑是比较简单而直观的。加之住宅的形制已早有先例，内向格局在许多地区已成定局，所以人们主要着眼的还是住宅自身的完整性。至于住宅之外，也包括住宅与住宅之间的空间关系，则有很多灵活调节的余地。特别是由于人们并不十分关注户外空间，因而它的边界、形态多出于偶然而呈不规则的形式。加之为争取最大限度地利用宅基地，常常会使建筑物十分逼近，这样，便形成了许多曲折、狭长、不规则的街巷和户外空间。此外，村落的周界也参差不齐，并与自然地形相互穿插、渗透、交融，人们可以从任何地方进入村内，而没有明确的进口或出口。凡此种种，虽然在很大程度上出于偶然，但却可以形成极其丰富多样的景观变化。由于这种变化自然而不拘一格，有时甚至会胜过人工的刻意追求。另外，这种情况也启迪我们：对于村镇景观的研究，其着眼点不应当放在人们的主观意图，而应着重在对于客观现状的分析。

既然在很大程度上出于偶然，那么是否会是杂乱无章的一团呢？一般地讲是不会的。这是因为从组合的关系上讲，它还要受到功能机制的制约。一户人家的住宅，如果不是在荒郊旷野，它就必然要与左邻右舍保持一定的关系，这种关系既要便利自己，又不能妨碍别人。这就是说为了保持私密性，应当隔绝的地方必然隔绝；又为了与外界或相互之间保持必要的联系，需要连通的地方必须连通，这些分隔与联系的要求，便不期而然地要左右各住宅之间的组合关系，这样，就必然会赋予村落群体组合某种潜在的结构性和秩序感，尽管这种秩序感并非一目了然或显而易见。

然而，随着村落规模的扩大，交通联系的关系日趋复杂，蜿蜒曲折和错综复杂的巷道将不能满足要求，这时便会使交通联系的路径分出主次，其中最简单、普遍的一种形式就是沿一条主要街道空间的两侧安排住宅，再每隔一定距离留出巷道，各家各户既可设门直接通往街道，也可通过巷道与街保持间接的连通关系，还可以经由某些过渡性的小空间与巷道间接相连通。这样，交通联系的空间便形成一种主次分明的树状结构。与此相对应，空间的公共性与私密程度也层次分明并且有良好的过渡关系。这样的村落，其结构性、秩序和层次关系便更加明确清晰了。

虽然说是街道，但由于没有足够的商品交换活动，实际上是有街无市。不过尽管如此，既然有了一条贯穿全村的街道，那么它的两端便自然地成为全村的主要出入口。又因为有了出入口，便可以把全村分为村头、村中、村周等几个部分。位于村中的建筑，无论面对街或巷，建筑物都不能获得充分展开的机会，所以从景观的意义上讲都受到一定的局限，位于村周的建筑被看的条件虽然好一些，但多为建筑物的后院，另外，被看的机会相对地讲也少一些。只有位于村头的建筑最引人注目，并且在很多情况下所展现的又是轮廓线最富变化的侧面，所以给人留下的印象最深刻，甚至可以成为全村的标志。

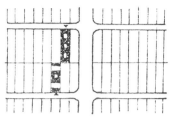

村镇布局颇相似于树状结构（根据"中国传统四合院民居及其街坊"一文插图复制，原作者尚廓）

云南大理某村村口

巷道的一端通往街道，另一端通往村边，或经此通往田畴。巷的地位虽然不及街道，但也因与村外相通而成为进出村的次要出入口，所以从景观意义上看也有一定价值。至于村周，虽然从单体看比较单调，但是从整体看也会出现丰富的层次和外轮线变化。特别是平原地区的村落，往往从很远的地方看就一目了然。对于这样的村落只要有一两幢比较高大突出的建筑物，就会有力地打破外轮廓线的单调感。这里我们不妨以中国传统的村落与欧洲的村落相比较：中国的村落给人留下的印象主要是水平方向的稳定感，它与大地的关系极为紧密而和谐，但缺点是比较单调、缺少重点。西欧的村落则不然，由于有宗教信仰的传统，几乎每一个较大的村落都拥有自己的教堂，而教堂建筑不仅体量高大突出，并且还带有高耸的钟楼和尖塔，所以远远看去便和地平线构成强烈的对比。就这一点看其景观效果确实要强烈得多。我国传统村镇即使有体量比较高大的公共性建筑如祠堂、庙宇，但也不甚突出。唯独云南西双版纳一带傣族村落所用的佛寺建筑，其体量异常高大突出，堪与欧洲村落相媲美。

至于村内景观，不外在于街、巷所形成的狭长封闭的空间。与城市不同，这些空间往往比较曲折蜿蜒，有的巷道其高宽比异常悬殊，加之两侧多为不开窗的实墙，所以显得特别封闭，经由这里通往住宅内院，便可借对比而显得豁然开朗。

除街巷外某些较大的村落可能还有比较开阔的场地，它既可以在村内，例如与街道相连接而形成结点形态的公共活动空间，也可能在村周。一般地讲，位于村内的场地多因建筑物的围合、界定而呈封闭形式的空间，而位于村周的场地则较开敞而没有明确的界定关系。

此外，还有与水井相联系的井台空间，这也是人们相互交往的公共活动空间，它比较均匀地分布于村内，也可借此而形成若干小的节点空间。

○平地村镇（参看图版 2～4）

村镇聚落的形态和它的规模有直接的联系，规模越大其结构便愈复杂。前面所讨论的以一条街道贯穿于全村的组合形式仅适合于规模较小的村镇。如果村镇的规模过大，街道势必会随之而拉得过长，这对于交往和联系都是不利的。面对这种情况，比较普遍的一种选择就是采用两条相互交叉的"十"字街的形式作为全村（镇）的基本构架，并使住宅建筑分别依附于其两侧。由于有了两条街道，不仅方便了交通，还可以借它们来连接更多的巷道及住宅建筑。此外，这种组合形式还可以使平面变得更加紧凑，从而节省土地的使用。

这种组合形式颇近似于一般县城的格局，但由于规模比县城小，而且商业交易活动远不及县城活跃，其他机能又比较单一，所以只能说是城市的缩影或雏形。然而尽管不能与县城相提并论，但毕竟比一般的村落大，所以总不免会有一些商品交易活动，那么这些活动放在什么地方比较合适呢？毫无疑问，应当放在两条街道的十字交叉处，因

为这里通常位于村镇的中心部位，交通联系最方便，所以凡是采用这种格局形式的村镇聚落，都必然会在这里形成一个公共活动的中心。特别是集镇，它的商业活动要比一般以农业生产为主的村落频繁，其中心部位的十字街更是人们聚集的焦点。不过尽管如此，它还是不能和县城相比，因为在县城中往往要在这里设置体量高大的鼓楼，并以此作为控制全城的制高点，而村镇则没有这种必要，在组合形式上也远比县城自由，即并不十分强调严整或对称。此外，县城的平面一般都比较方正，两条街大体等长，村镇则不然，一般沿南北向的街道比较短，沿东西向的街道则比较长，这样从整体组合方面看较有利于争取更多的南北向住房。从平面形状看一般的村镇并不追求严整方正，相反却比较自由松散。采用这种格局形式的村镇一般也有4个主要的进出口，但并不像县城那样拘于形制而一律对待，都设有高大的城楼，而视对外交通联系情况区别对待：主要入口比较突出，通往田畴的街口便悄悄地消失于自然环境之中。

"十"字的格局形式其结构虽然清晰明确，但其景观变化却比较单调，特别是和一般县城的模式大同小异，因而往往因为流于千篇一律而失去村镇聚落所特有的自然朴素的特点。

比"十"字街组合形式更为复杂的是网络式的格局形式，其特点是主要街道可以有几经几纬，但却不像城市那样整齐的排列而呈棋盘的形式。相反，各街道本身既可以随

带有尖塔的云南西双版纳曼厅佛寺　　于冰摄

弯就势地曲折，而街与街之间也无须保持相互平行或垂直的关系，这样，两条街道相交处便可呈任意角度，甚至还可以有适当的错位，不言而喻，其景观将富有更多的变化。

与城市不同，村镇聚落的布局之所以呈现出某些不甚严整的关系，正是由于它形成过程的自发性所致，这些特征虽然不免有某种程度的凌乱感，但却极富变化，且具有浓郁的生活气息，特别是南方的一些较大规模的集镇，由于商品经济比较发达，为方便交往，多力求紧凑，所以便不期而然地形成网络形式的格局。

某江南水乡村镇带有披檐的某沿河小街　关肇业作

○水乡村镇（参看图版 5～6）

村镇聚落形态，与特定的地形、地貌也有十分密切的联系。在河网交织的江南水乡，许多村镇均临河而建，它的形态基本上取决于河道的走向、形状和宽窄变化，从而形成各具特色的情趣和景观效果。

如果说村的形成主要是以农业生产为基础，那么镇的形成便更多地取决于手工业和商品经济的发展，而这两者都需要有方便的交通运输条件。在现代交通工具尚未普及之前，水路运输不仅价格低廉，而且运量也远比陆路运输量大，因而凡是有条件利用水路运输的地区，往往便在河道汇集的地方形成集镇。

沿河道的集镇一般多呈带状布局的形式，

由于河道通常都比较自由曲折，所以这种带状形式的集镇也多随弯就曲地分布于河道的一侧或两侧。位于河道一侧的集镇，由于规模比较小，多呈前街后河的布局形式。后河可以方便地通过水路运输货物，前街则设置店面以进行商业交易活动。较大规模的集镇常常是建在夹河的两岸，这样就形成了以河道为主体的带状空间。由于河道本身只能行船，如果使店铺面对河道，势必还要留出一条地带用作商业街，从而形成街河合一的空间形式，这种街视商业经济的繁荣程度，可以设于河道的一侧，也可以设于河道的两侧。对于一般的集镇，商业主要集中于河岸的一侧，另一侧则以住宅为主，这样，就把居住与商业两种功能分别置于河道的两侧。住宅区比较宁静，商业区则比较喧闹。经济繁荣的集镇，沿河两岸均可为商业街。至于街的形式则可有多种变化。例如江浙地区多雨，沿街的店面常常带有披檐以起到避雨的作用。某些两层楼的建筑还可将底层向内收进而留出空廊，其形式犹如华南地区所流行的骑楼。另外，建筑物可紧临或逼近河岸，也可以后退出一段距离。逼近河岸的街道与水的关系十分紧密，临街的河岸每隔一定距离还设有码头供舟船停靠，这些设施都很富有水乡村镇的独特情趣。

位于河道交叉处的集镇不仅与水的关系更加密切，而且其格局也更为复杂，这些集镇一般规模都比较大，在多数情况下均被交织的河道分割成为若干小块，这些小块有的以商业为主，有的以居住为主，或相互掺杂。即使以商业为主的地段也未必都把街道安排在临河的一侧，有时沿河岸向纵深延伸，或与河道相互垂直、交叉。由于河道纵横交织，屈曲回环，也往往使建筑物的群体组合变得十分复杂。此外，为沟通各小块之间的联系还必须设置若干桥梁，于是就构成了陆路交通与水路交通两套网络，加之水位涨落无常，停靠船舶的码头必须用多级石阶来调节，从而使沿河地段变得高低错落，总之，这样的集镇景观内容很丰富，既有一般村镇所具有的街和巷，又有临水的街道和水巷，还有各种形式的桥梁和码头，这些组合要素不仅各自有独特的景观效果，特别是把它们组合在一起，其景观变化就更为丰富了。

○山地村镇（参看图版 7～10）

在多山的地区，有许多村镇便坐落于地形起伏的山坡之上。这种村镇的布局大体上可以分为两种情况：一种是主要走向与等高线相平行，另一种是与等高线保持相互垂直的关系。选择哪一种布局形式，往往与争取良好的朝向有密切的关系。无论从风水观念或是从争取良好的自然条件考虑，位于山地的村镇都应当坐落于山的阳坡，这样将可以获得避风向阳的良好环境。从高程方面看多位于山麓，以利于对外的交通联系，但为避免洪水侵蚀，地势又不能太低。

村镇布局凡平行于等高线者，其走向则取决于山势的起伏变化，其主要街道多为弯曲的带状空间，曲率大体与等高线一致，巷道则与等高线相垂直。主要街道由于和等高线相平行，一般没有显著的高程变化。巷道由于和等高线相垂直，高程变化较显著，并经常和排水沟结合在一起，这样的村镇由于依山而建，并随着山势变化而层层升高，因而从整体看便具有丰富的层次变化。我们通常用“栉比鳞次”来形容建筑物的密集和村落的规模庞大，但位于平地上的村镇，除非从高处看是不会有这种感觉的；而位于山坡上的村镇却可以呈现出这种景观效果。另外，由于民居建筑本身的层数、形状、方位都比较自由、灵活，因而每一层次本身又高低错落而具有丰富的外轮廓线变化，如果再把若干重层次叠合在一起，可以想象其变化是何

吴冠中作

沿等高线布局的广西桂北某侗族村落
上图呈外凸的形式
下图呈内凹的形式

若干步台阶,这就使得街道空间具有明显的节奏感。沿街两侧的建筑则呈跌落的形式并与地面起伏呼应,建筑物的外轮廓线也呈阶梯形式的变化。由于自然地形的坡度时而陡峻,时而平缓,建筑物又基本上依地形变化而随高就低,凡陡峻的地方每一幢(开间)建筑物都必须有明显的跌落变化,而平缓的段落,其跌落变化则不甚明显,甚至每隔三、五幢(开间)建筑才会出现微小的跌落变化,加之地形的起伏变化,可以想象,这种街景立面的外轮廓线必然富有鲜明的韵律节奏感。

与平地街道不同,由于有高程变化,其街景画面的构图必然有仰视和俯视的区别。由低处走向高处时,所摄取的是仰视效果,进入画面中更多的是建筑物檐下部分,这在整个建筑物中是变化比较丰富的一个部分。从高处走向低处所摄取的则是俯视的效果,这时映入眼帘的则是层层跌落的屋顶,由于视点位置比较高,还可以透过街道空间的窄缝而及于远处,从而获得丰富的层次变化。

采用这种布局的村镇,为排除雨水的方便,一般多选择在山的脊背处,这将会使村镇处于十分突出的地位,其整体景观效果也很有特色,这样的村镇其平面一般也呈带状,从正面(纵向)看,虽然不能充分展开,但由于层层跌落,层次变化极为丰富。从侧面(横向)看,则一览无遗,特别是因随着山势的变化而起伏错落的外轮廓线,将更加引人注目,并向人们展现出村镇的全貌。

等的丰富。

这样的村镇因山势不同又可以分为两种情况:其一是呈外凸的弯曲形式;其二是呈内凹的弯曲形式。前者多位于山脊,后者则位于山坳。外凸的弯曲形式具有离心、发散的感觉,内凹的弯曲形式则具有向心、内聚的感觉。就通风、采光的条件看,前者较优越,但从心理和感受的角度看,后者则可因借助于山势作为屏障而具有更多的安全感。

位于山坡的村落不仅从被看的方面来讲具有独特的景观效果,而且还可以提供比较独特的视点来观赏周围环境。特别是在坡度较陡的情况下,处于高一层次的建筑往往可以透过窗户越过低一层次的屋顶而眺望远方景色,就这一点看,采用外凸弯曲形式的布局,其视野则更加开阔。

与等高线相垂直布局的村镇,在景观上也有其特色。凡是采用这种布局的村镇,其主要街道必然会有很大的高程变化,这就意味着必须设置台阶,而台阶的设置又会妨碍人们进入店铺,因而只能每隔一段距离设置

55

○背山临水村镇（参看图版11～13）

背山临水，也是非常适合人们聚居的地方，凡是有山有水的地区，人们都乐于选择背山临水的地段来建造自己的村镇，这样，既可以利用山作为屏障以避寒风侵袭，又可方便地利用水的自然资源以作舟船交通之用等。

和在山坡上建造村镇一样，应当把基地选择在山的阳坡之麓，但为求得临水，村镇则应逼近于水岸之滨。这样的村镇一般也呈带形的布局，但其形状一方面取决于山势，但更多地还是取决于水岸的走向，或平直，或转折或屈曲，其形式变化多样，没有一定的程式。这样的村镇视其规模和性质，可以仅在临水的一侧建造住房，也可在临水和靠山的两侧都建造住房，从而形成一条大体与水岸平行的街道。

既然临水，则必须要考虑到水面的涨落变化。为避免汛期遭到淹没，建筑物必须比正常水位高出一段距离。解决这一矛盾的方法大体有两种：一种是利用天然石料筑台基，使建筑物坐落于其上；另一种是用木柱把建筑物高高地支撑起来，使之与水面保持一定的距离，或者使两种方法交替使用。一般地讲，在岸边坡度平缓，水位变化不大的地区，以筑台的方法较为有利，而在岸边陡峻、水位变化较大的地区则以木柱支撑的方法更为有效而简便。

虽然说是逼近于水岸，但有时也会在建筑物与岸之间保持一段小小的距离，借这段距离人们便可以通过台阶拾级而下至岸边，这样，便在建筑物与河岸之间留出一条狭长的地带，其宽窄无定，取决于水位的涨落，水位愈高则愈窄，实际上也起着调节水位变化以防止洪水淹没村镇的保护作用。

无论是采用筑台、支撑还是留出一条缓冲地带的方法来防止洪水侵袭，都各有其景观特点。例如采用筑台的形式，它虽然比较厚实，但由于地形的变化必然是高低错落，而每当有错落变化时则必须设置台阶以方便于交通联系，这种台阶有的穿过巷道直逼岸边，并用来

湘西某临水民居建筑

作为停靠舟船的码头，有的则供妇女们洗衣洗菜。还有一些台阶顺山势而屈曲盘回，仅供村镇内部的交通联系，加之建筑物本身也高低错落，建筑物与台阶之间又有强烈的虚实对比关

背山临水的村镇——"双廊码头"　顾奇伟作

56

湘西某背山临水村镇

系，这样，就极大地丰富了村镇沿河岸一侧的景观变化。与筑台不同，采用以木柱支撑的方法则显得轻巧、空灵。这里不仅有强烈的虚实对比，而且由于使建筑物悬挑于水面之上，更使人感到亲切宁静。加之木柱间距不等，长短不一，有的甚至歪歪斜斜，乍看起来似乎凌乱，但却也别有一番自然情趣。留出一条缓冲地带，实际也是山麓的延续，一般也呈斜坡的状态，但随坡度由陡峻而平缓，或巨石参差，或浅滩平沙，均各有其景观特色。

还应当强调的是，这样的村镇其整体景观效果也十分动人，特别是从沿河的一侧看，既有远山作为衬托和背景，又有参差错落的屋宇横呈于山麓，而这些远山近景又倒影于水中，可以想象其层次变化将是何等的丰富！

背山临水的村镇，还因特定的地形条件不同而呈不同的组合形式。前面分析的是比较常见的一种类型，即整个村镇均背靠山麓并沿水滨而一字展开。但也有一些村镇虽然背靠山麓，却只是部分地临水。这种情况通常发生在水面转折或河的弯道处，这种类型的村镇一部分逼近水岸，另一部便脱离水面而留下一块滩地。还有一些村镇，它的一侧临水，另一侧则沿着山麓向纵深方向延伸，从而形成"L"形的布局形式，这种类型的村镇多位于山麓坡度比较平缓，或在山与水之间有一片开阔地的地方。这两种类型的村落，由于仅是局部地临水，与水的关系远不如前一种密切，然而由于在岸边留有一片比较开阔的滩地，妇女们可以在这里浣纱洗衣，渔民们可以在这里捕鱼晒网，牧童们可以在这里放牧牛羊、家禽，从而也可以使人感受到浓郁的生活气息。

○背山临田畴村镇 （参看图版14）

背山而临田畴的村落也是最常见的一种类型。它的组合形式和背山临水的村镇颇为接近，即都是沿山的阳坡之麓建村，所不同的是其另一侧为田畴，它可以一直延伸到村的边缘。这种类型的村落一般均以农业生产为主，其组合形式可以是沿着一条街道的两侧排列住房，但这种街仅起着通道的作用，这就是说有街而无市。此外，还可以沿着山麓的走向稀疏散落地安排住房而并不形成任何形式的街或巷。这两种布局形式相比，前一种似俨然，后一种则比较自然，更富有田园风味。

田畴虽然比较平旷，但位于山麓的村落实际处于由山地向田园之间过渡的地段，总不免有起伏错落的变化，而农舍多顺应地形而随高就低，加之建筑物的朝向又不尽一致，从总体看既曲折又高低错落，颇具有一种自然美。

特别值得强调的是：这种类型的村落由于所处的环境紧密地贴近于田畴，而临近村落的周围又多为菜圃，某些村落还兼有水塘穿插其间，水塘中又可喂养鹅鸭一类的水禽。这样，一年四季随着节令的更迭，各种农作物交替成长，春华秋实，不免会呈现出一种农家乐式的田园风光。在古代，曾有不少文人雅士特别向往这样的生活情趣，并借诗文来抒发自己的情怀。例如东晋时代的陶渊明就曾在他的《归去来兮辞》、《饮酒》以及《桃花源记》等诗文中作过精彩的描绘。在《桃花源记》中他是这样描写的："……林尽水源，便得一山。山有小口，仿佛若有光。便舍船从口入。初极狭，才通人。复行数十步，豁然开朗。土地平旷，屋舍俨然，有良田美池桑竹之属。阡陌交通，鸡犬相闻。其中往来种作，男女衣著悉如外人，黄发垂髫，并怡然自乐"。读了这一段文章，展现在我们面前的正是一幅充满诗情画意的农家乐式的图画。又如《红楼梦》中借黛玉之口对稻香村的描绘："杏帘招客饮，在望有山庄。菱荇鹅儿水，桑榆燕子梁。一畦春韭熟，十里稻花香。盛世无饥馁，何须耕织忙"。不仅勾画出山村的田

福建永定某背山临田畴村落

园风光之美，而且还使人们浸沉到浓郁的农家生活气息之中。

○散点布局的村镇 (参看图版15)

还有一些地区其村镇所采用的则是散点式的布局形式，例如云南西南部西双版纳一带的傣族人民的村寨，就是十分典型的例子。这个地区处于亚热带，不仅气温高、潮湿多雨，而且经常处于静风状态。加之村寨又多选择在地形比较低洼的谷地，通风问题便成为主要矛盾。为了满足通风要求，傣族民居所采用的干阑式建筑（又称为竹楼）均呈独立的形式，并四面临空。这种形式的单体建筑不适合于相互拼接，

因而反映在群体组合上便自然地成为散点形式的布局，这种布局形式不论常年风向怎样变化，均可获得良好的自然通风条件。

由于建筑物呈独立的形式，而且每户人家都力求用透空的篱笆围成小院，那么怎样才能把这些单体建筑组合成为群体呢？最常见的一种形式就是采用棋盘式的布局，即道路经纬交织把基地划分成为许多方块，每户人家各占一块，这样，各户人家均可自由出入，而取得方便的联系。

虽说是按经纬划分成棋盘式的网格，但毕竟是自发形成的，因而并不像城市那样严整。各条道路不仅宽窄不一、互不平行，而且常随地形而转折弯曲。这种布局形不成任何街或巷那种形式的带状空间，只是借道路的宽窄来区分主次。这样的村寨一般没有商业活动，其主

要公共建筑为佛寺，多位于风景优美和地势较高的显要地区，其附近有比较开阔的广场，供村民举行宗教祭祀或其他公共活动。

也有一些村寨，其整体布局比较松散，其主要道路呈环形或网络状态，各单体建筑分列于道路两侧，致使村寨拉得很长。若采用这种布局，其佛寺建筑多位于村寨的中部，以方便于村民的公共活动。

采用散点布局的村寨，其景观也具有明显的特色。虽然从整体看没有明显的疏密对比和变化，但由于各单体建筑的屋顶坡度很陡，形式变化多样，底层呈架空的形式，四周又以比较通透的篱笆围成小院，所以不仅不会产生兵营式那种单调的感觉，相反，其屋顶轮廓线高低错落而极富节奏感。此外，还因建筑物比较通透而富有丰富的层次变化。加之，佛寺建筑不仅体量异常高大，并且常常带有尖顶或尖塔，从整体看，既主从分明又重点突出。

从环境方面看，由于地处亚热带，温湿多雨，非常适合植物生长。一般村寨又多种植果木，某些村寨的自然环境十分优美，绿树成荫，几乎使村寨融合于葱葱郁郁的丛林之中。特别是椰子、槟榔等树木高耸入云，低矮的建筑物掩映于其下，十分鲜明地呈现出一派亚热带的独特风光。

除云南部分地区外，广东省的某些地区也多采用类似于散点布局的形式来形成村落，这大概也是由于亚热带气候特点对于通风的严格要求所致。其中比较典型的布局形式特点是：

村子坐北朝南，村前临河或设有半月形的水塘，建筑物呈独立形式，并带有狭长而规则的院子，各户整齐地排成一列或二、三列，此外，为了防卫要求，在村的左、右两角或村后设有高耸的碉楼。村后及左右两侧则遍植树木，从而使村落环抱于绿荫之中。这种布局形式主要是为了接纳来自前方并经由水面的南风，建筑物互不遮挡、阻隔，以利于对流。这种布局形式由于比较程式化，景观变化看似单调而千篇一律。

其他地区，特别是山地，由于地形陡峻崎岖，也每每采用散点式的布局形式以避免建筑物相互牵扯。各建筑物之间则以盘回的台阶作为交通联系。这种布局形式的村落虽不免凌乱但却因随着地形的起伏而错落有致。

○渔村（参看图版16）

渔民聚居的村镇必然是临于江河湖海之滨。为了减弱风浪或潮汐涨落等因素的影响，渔村多选择在江河的河叉或海湾处，而为了下水作业的方便，渔民的住房则多建于水边，有的甚至支撑于水中。这种住房其临陆地的一侧可搭跳板与岸相通，临水的一侧则可停靠渔船。由于住房建造于水边或水中，凡在气候比较温暖的地区多选用竹木等材料作为结构骨架，然后再复以其他材料作为围护结构，其造型十分轻巧，与云南少数民族的竹楼颇为相似。

由于紧临于河叉、海湾，其总体布局便

广东潮汕地区某渔村

常随海（河）岸线的变化而曲折蜿蜒，并且在多数情况下呈向内凹的带状布局形式。建筑物左右毗邻，背靠海（河）岸面向水面，每户人家均可由自己的住房直接登船出港，以方便水上作业。

也有某些地区的渔村与岸边保持一定的距离，这主要是水位涨落无定，为避免涨潮时遭到淹没而必须留出一段缓冲地带。这样的渔村其临水的一面经常保留有一片滩地，可供晒网或补织渔网之用。

渔村的景观特色，主要在于其临水。特别是一些中小规模依水而建的渔村，水陆交错环绕，岸边曲折蜿蜒，加之渔船往返如穿梭，便自然地呈现出渔村所特有的情景。

○窑洞村镇（参看图版17～18）

地处西北黄土高原的窑洞村落，则另有一番风情。西北地区干旱少雨，土质又富有黏性，为窑洞民居提供了十分有利的自然条件。窑洞民居大体上可以分为三种类型：一种称之为明庄子，即靠着壁崖开凿窑洞。为争取有利的日照条件，多选择在壁崖朝阳的一面。西北地区少雨，用水也是日常生活所必须考虑的问题。为方便于用水，这种形式的村落多选择在背山临水的河谷地带。窑洞多呈毗邻的形式，即在同一等高线的部位一连开凿出一列窑洞，这样的窑洞可以随着高程的变化而呈多层的形式。

画家笔下的某窑洞村落　刘文西作

然开朗的感觉。下沉式院落的空间感也十分强烈。某些院落不仅设有照壁，而且种植果木花卉，加之还用砖石等材料装饰窑洞洞口，从而使局部的小环境变得幽静宜人。

较大规模的村镇多取窑洞与地面建筑相结合的形式，窑洞多用作居住，而作为商业交往的街道则为地面建筑，地面建筑与窑洞之间常以院落作为过渡。

每层之间由于处于同一等高线的部位，水平联系十分方便，各层之间则只有通过台阶来作竖向联系。另外一种类型称之为暗庄子，即在平地上先开凿成下沉式的院落，然后再沿着院子的侧壁开凿供人居住的窑洞。人们首先自地面通过台阶下至院落，然后再进入窑洞。这种类型的窑洞多处于地形比较平坦的地区，或借略有起伏的丘陵地带依地形变化而巧妙地形成下沉式或半下沉式的院落。另一种类型即为半明半暗式的庄子，它多分布于谷地，其特点是：一部分为壁崖式的窑洞，而于窑洞之前又建造一部分住房，并借围墙而形成院落，冬天为了御寒居于窑洞，夏天为了通风则住进房屋。

窑洞式的村落几乎完全融合于自然环境之中。虽然从局部或窑洞本身看并不具有多少景观价值，但是从整体环境看却充满乡土气息，特别是壁崖式的窑洞村落，随着山势起伏而层层叠叠，颇能给人一种粗犷的气势。下沉式窑洞的村落其景观意义不在于从地面上看，而在于由地面下到院落、再经由院落进到窑洞而形成的空间序列。处于地面，人的视野十分开阔，步入台阶视野将极度收束，再进到院落便有豁

第六章　传统村镇聚落的景观分析

在前一章中，分别就不同地区、不同地形、不同性质、不同规模的村镇形态的形成以及布局、景观特点作了一般性的概括和分析。但是应当看到自然村镇不同于城市以及其他类型的建筑群，其形成过程均带有很大程度的自发性，这样，就必然会导致其形态发展的多样、多变、偶发和不稳定性。这一特点将意味着要对它进行严格而科学的分类，那是十分困难的。然而不同地区、不同地形、不同性质和不同规模的村镇毕竟还各有其特点，所以又不能不加区别而笼统地来论述它们的布局形式和景观特点。正是基于上述的原因，才分门别类地作了一般性的概述，但是这种概述毕竟还不够系统、全面、深入，为此，还有必要使这种分析更加具体而深入。那么，从哪里入手呢？这也是一个颇费踌躇的问题。一种考虑是按老例列出一个方面的问题如平面布局、整体地形、空间组织、立面处理等分别加以论述，但这种八股文的模式不仅千篇一律而且也不能把握住所要分析对象（自然村镇）的特点，本来是无意识形成的某些形象，通过描绘论述似乎是出于经过深思熟虑的精心设计，但这样做不免牵强附会、有

违事实，并且还会把读者引至云里雾中。另一种考虑是按形式美的法则如统一、对比、节奏、尺度等范畴来对村镇景观加以探讨，这从逻辑方面看似乎也顺理成章，但也很难避免前一种考虑中所出现的问题。有鉴于此，我们认为可能还是把村镇拆散成为多种要素如街、巷、广场等分别地加以分析、比较，将更有利于把问题讲清楚。当然，这样做看起来似乎缺乏概括性和理论深度，但是却比较切合研究对象的特点。这是因为本来就是"没有建筑师的建筑"一定要把它强行纳入到某种理论体系或范畴中去，这只能导致逻辑上的颠倒和混乱。

下面拟分别就组成村镇物质空间环境的各种要素所产生的景观作用作具体分析。

○街（参看图版 19 ～ 32）

在人们的概念中，通常把街和市联系在一起，即认为凡是街都必须有商业活动。但是在自然村镇中的街可以有商业活动，也可以没有商业活动，或者仅有少许的商业活动。后两者就是前文中已经提到过的有街而无市。那么，这样的街它的职能是什么呢？它又是怎样形成的呢？没有商业活动的街通常只能起交通和交往的作用，它也是在村镇发展的过程中逐渐形成的。一些小的村落仅三五户或十几户人家，稀疏散落地分布于地头田边，不可能也不必要去形成什么街道。但是随着聚落规模的扩大，住户密集程度的提高，村民之间的交通联系便成了问题。解决这个问题最简单的方法就是沿着一条交通路线的两侧盖房子，于是不期而然地就形成了所谓的"街"。由于村镇发展需要一个过程，所以街的形成也不是一开始就臻于完善的，加之建造过程的自发性，自然村镇的街并不像城市的街那样——建筑物沿着所谓的"红线"肩并肩整整齐齐地排列于两侧，从而形成了一条狭长、封闭的带状空间。与此相反，处于发展过程中的村镇中的街，从空间的限定方面看，往往给人以七零八落和不完整的感觉。例如某些街道，仅一侧的建筑比较整齐而密集，从而形成屏障并起着界定空间的作用，与其相对的另一侧，建筑物则稀疏散落，几乎起不到界定空间的作用，这样的街如果用城市的眼光来衡量，可以认为是残缺不全或由纯偶然的因素主宰一切，但是作为村镇的街，既不以商业活动为主，就无须多加指摘。相反，正是由于这些偶然因素，反而会使人产生一种朴实自然的亲切感。例如一些街道，其中某些段落由于两侧建筑物的夹峙，

空间异常封闭，抬头仰望几乎只剩下了一线天，但是过了这一段却出乎意料地出现了一个很大的缺口，人们来到这里不仅顿觉豁然开朗，而且极度收束的视野往往可以及于更大范围的自然环境中去，这种开与合的强烈对比，在城市街道中往往是很难发现的。

还有一些街道，其中的某些段仅用低矮的院墙来限定空间，院墙之后为住宅的庭院，院内种植花木，每当行人路过这里，气氛将随之转换，从而使人倍感亲切。还有一些街临于河的一侧，于河的对岸又熙熙攘攘排列着一些民居建筑，远山近水交相辉映，三五人家点缀其中，其自然情趣尤为浓郁。

某些商业活动比较频繁的集镇，其街道则比较完整，这种街道由于对空间的限定比较明确，其范域也随之而异常明确。至于给人的感受，则因街道的宽度与其两侧界面的高度之间的比例关系不同，出现有的比较开阔，有的十分封闭。街道的高宽比常因地区不同而相差悬殊，这可能与气候和传统习俗不同而有某种联系。一般地讲，比较寒冷干燥的地区如东北、华北、西北等地区其街道都比较宽，而炎热多雨的地区如华南、西南以及闽、浙、皖、赣、湘等地区其街道则比较窄。这是因为寒冷地区对日照的要求比较迫切，加宽街道有利于争取更多的日照条件。相反，炎热多雨的地区则要求荫庇，把街道的宽度压缩到最小限度将有助于使街道经常处于阴影之中。加之建筑出檐深远，街道上空只剩下了"一线天"，即便在雨天，人们也

可以得到很好的庇护。

寒冷地区的街道虽然比较宽敞，但是由于冬季气温太低，建筑物必须有很好的围护，具体地讲，即使是店堂部分也必须关闭得很严实，只有通过门才能进到内部。在大面积玻璃橱窗尚未流行之前，通常只能用木隔扇加以围隔，这就是说用以限定街道的侧界面比较实，内、外空间泾渭分明。炎热地区的街道虽然相当窄，但底层的店堂部分则十分开敞而通透，某些地区即使到了冬季其店面也全然取开敞的形式，这样既可招揽顾客，又能使室内外空间相互渗透而连成一片，特别是使街道空间一直延伸到店堂之内。对比之下，这种街道将会使顾客与店主保持更加亲和的关系。特别是一些茶楼、酒肆以及小吃店铺，顾客熙熙攘攘，饭菜香味扑鼻，加上堂倌高声呼号，便不禁使人联想起鲁迅作品《孔乙己》和《在酒楼上》中所描绘的许多充满生活情趣的情景。

还有一些地区，街道两侧均为两层楼的建筑，由于上层建筑向外悬挑，再加上出檐又比较深远，致使街道空间下部宽而上部窄，这样就更加增强了街道空间的封闭性。更有少数街道其底层向内收缩并留出一条通廊（即通常所称的骑楼），人们必须穿过通廊才能从街道进入商店，这种街道的底层其空间层次变化也极为丰富，尽管从整体看街道空间异常封闭，但由于底层界面比较通透，并不使人感到压抑。

街道空间的底层界面往往也很有特色，一般均用条石和卵石铺砌而成。中央部分通

高宽比悬殊的福建漳州某街景

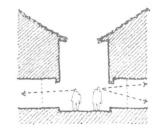

底层通透的街道空间

常使用比较严整的条石，两边则以卵石镶嵌成不同形式的图案，这样便更加强调了街道空间的导向性。不仅如此，某些传统村镇如

浙江富阳的龙门镇，其地面铺砌图案十分精美，借助它还能向人们暗示出空间场所的主从关系及关联性——愈是重要的地段其图案组成越精细，而比较次要的地段其图案组织则较简陋，某些结点空间或转折处，通过地面镶嵌的图案都分别得到适当的强调和处理，从而起着引导与暗示的作用。

虽然说某些集镇中以商业为主的街道空间比较完整，但仍然不能与城市中的街道相提并论。例如城市中的街道，一般其两侧建筑都比较整齐地排列于街道的前沿，从而使得界定的空间保持高度的完整性。而集镇中的街道却因建造过程的自发性，不可能做到整齐一律，相反，其两侧建筑往往参差不齐，从而使街道空间忽宽忽窄，或者出现某些小的转折。

笔直的街道显然有利于交通。现代城市中的街道为适应繁忙的交通要求几乎都呈一条直线的形式，但是这种街道景观变化却相当单调。为了克服这一缺点，建筑师只能在单体建筑上做文章，尽管不遗余力地改变各单体建筑的立面形式，但依然收效甚微。人们处于这样的街道中往往会有一种茫然的失落感，不能确定自己所在之处的坐标。针对这一点，当代某些建筑师在城市规划理论中十分强调街道景观的可识别性，即通过空间处理，在某些关键部位有意识地设置某些标志性很强的图像，并借以增强其可识别性。

为此，他们又回过头去研究历史，希望从中世纪遗留下来的城镇中寻求启发。我国的村镇聚落由于受传统文化的影响，与欧洲的城镇有很多不同之处，例如在欧洲，即使是很小的城镇，几乎都拥有广场、喷泉、钟塔等标志性很强的设施，我国传统的村镇却没有这些东西。然而尽管如此，似乎也并不使人感到单调，究其原因，可能正是由于它的街道空间忽宽忽窄并时而具有某些小的转折所致。从日常的经验中可以体验到，空间的宽窄变化给人感观和心理上留下的印象远比立面变化来得深刻。至于空间的转折，则会强迫人们改变自己的行进路线和方向，这些都具有很强的标志性，因而通过上述的空间变化必然会大大地提高街道空间的可识别性。当然，这些变化必须适度，如果过于曲折则适得其反，甚至会使人扑朔迷离。好在我国传统集镇一般规模都比较小，不会因为变化过多或过分曲折而使人失去判断的能力。

还有一些村镇由于受到特定地形的影响，其街道空间呈弯曲或折线的形式，这种情况在城市中是极为罕见的，但是在自然村镇中却屡见不鲜。与直线形式的街道空间相比较，弯曲或折线形式的街道空间也有其景观特点。我们知道，直线形式的街道空间只有一个消失点，按透视原理近处的店面大，随着距离的变化远处的店面急剧地变小，致使建筑物的立面得不到充分的展现。弯曲或折线形式的街道空间，其两个侧界面在画面中所占地位则有很大差别：其中一个侧界面急剧消失，而另一个侧界

街道与结点空间的分析（浙江富阳龙门镇）

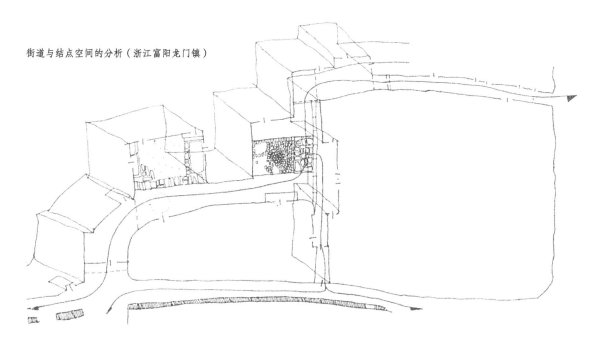

福建大麻某呈弯曲形式的街道空间

线也十分优美。这种山墙多与街道空间呈垂直的关系，但也有少数与街道平行，然而不论属于哪一种情况，在弯曲或折线形式的街道空间中都可以获得更加充分的展现。

还有一些街道，不仅从平面上看蜿蜒曲折而且还有高程变化，这样就必须设置台阶。这种街道只适合于步行，并且走起来也比较吃力，所以从功能方面看确实没有多少可取之处。但是从景观方面看，由于街道空间又增加了一维变化，所以景观效果极富特色。处于这样的街道空间既可以摄取仰视的画面构图，又可以摄取俯视的画面构图。如果是在连续运动的过程中来观赏街景，视点忽而

升高，忽而降低，间或又走一段平地，可以想象，必然会强烈地感受到一种节律变化。

两条街道相交，通常形成"十"字街的形式，这在城市中往往是最繁华热闹的地方。例如西北地区的一些城市，通常把这些地方称之为"大十字"。还有一些城市由于在十字街的四个街口各设一个牌楼，故称之为"四牌楼"。某些大的城市还特意拓宽这里的街道，并在十字交叉的中央设置鼓楼，从而使之得到充分的强调。由于上述的情况，因而每当人们提到"大十字"、"四牌楼"或"鼓楼"等名称时，通常都意味着城市的中心或最繁华热闹的地方。

面则得以充分地展现。如果说直线形式的街道空间大体上保持着对称形式的画面构图，那么弯曲形式的街道空间所呈现的则是不对称的画面构图。此外，直线形式的街道空间其特点是一览无余而弯曲或折线形式的街道空间则随着视点的移动而逐一展现于人的眼前，两相比较，前者较袒露，而后者则较含蓄。

我国南方地区的某些村镇，或处于地形起伏的山地，或临于河滨，常随地形变化而使街道空间呈弯曲或折线形式，两侧的建筑不仅高低错落而且常借助于马头山墙以起防火作用，这种山墙不仅装饰富丽而且外轮廓

湘西沿猛洞河滨王村的街景

64

城市中的这些模式，也或多或少地影响到村镇。特别是某些商业比较发达的大的集镇，由于商业活动多集中于两条街道相交的地方，这里不仅热闹非常，而且还可能设有体量高大的建筑，从而使景观变化格外突出。这种建筑颇类似于城市中的鼓楼，唯体量、尺度均小于前者。此外，其四周几乎与其他建筑紧紧相连，而为方便交通，底层常取透空的形式，人们可以自由穿越其中，实际上就是一种过街楼。这种建筑由于坐落于十字街的中心，所以无论从哪一条街道看都十分引人注目，并成为街道空间的底景。

以上情况虽然在城市中屡见不鲜，但是在

福建崇安城村街景——街道交汇处为过街楼

集镇中几乎是绝无仅有。这是因为一般的集镇多是在自发的情况下逐渐形成的，各条街道本身就不一定很平直，两条街道的相交则更难以严格地保持相互垂直的关系。在多数情况下，难免有一些错位，这就是说街道所汇集的地方并非是"十"字相交，而往往呈风车的形状——各条街道经过这里都有适当的错位和转折。这两种相交的形式各有其景观特点：十字相交的形式可以使人的视线一直贯穿到底，错位相交则不然，由于街道发生了转折，借此可以阻隔人的视线，并为视线提供一个屏障或底景，两相比较，后者常使人感到曲折、含蓄，前者则使人感到一览无余和深远。就城市而言十字相交有助于显示出一定的气魄，就集镇而言错位相交则饶有情趣。

除以上两种相交形式外，还有"丁"字、"人"字相交等形式。在村镇中，"丁"字相交也不意味着两条街道保持严格的垂直关系，这就是说可以有某些变形，这些变形虽然有损于几何的完整性，但却可以使街道空间更富有变化、情趣和个性。"人"字相交通常是使三条街道交汇于一点，人们常把这种街道称之为"裤子街"。由于相交的角度可以任意变化，加之街道本身又多呈弯曲的形式，这样便极大地丰富了街道空间的景观变化。

无论是错位相交或"丁"字、"人"字相交处，乃至街道转折的地方，都是人流比较集中的地方，人们不仅在这里从事商业交易，同时也进行其他各种社会交往或宗教、礼仪

活动，为适应这些活动的要求，便可能设置与这些活动有关的公共或宗教性建筑。这些建筑无论在体形或尺度方面都与一般民居建筑有显著的差别，加之其地位又十分显要，因而便自然地成为街道的底景，对于街道空间的景观变化起着十分重要的作用。

在前文中曾经提到近现代城市规划理论中所特别强调的可识别性的原则，这条原则虽然可以通过空间的变化得以体现，但是在条件允许的情况下借助于建筑物独特的体形或轮廓线变化将会得到更加充分的体现。由于东西方文化传统不同，像欧洲中世纪城市中那些标志性极强的钟塔建筑，在我国传统村镇中当然是不会有的，但是借助于某些体形高大突出的建筑物作为街道空间的底景以起到丰富景观变化的作用来看还不是绝无仅有的。例如云南大理附近的三文笔白族村寨，虽然规模有限，街道组成也比较简单，但是在"丁"字形街道的交汇处，则设有一幢当地人称之为"魁阁"的建筑，它不仅体量高大突出，而且色彩、装饰也极其丰富，从而成为人们视线所捕捉的目标。位于大理之东、洱海之滨的另一个白族村落，也在其街道转折的部位设置了一个两层的阁楼建筑，从而成为街道空间的底景，对于丰富街道空间的景观变化起着重要的作用。

我们虽然一再强调自然村镇形成的自发性，但是并不是说所有的东西都是出于偶然，前面提到的两个例子，看起来就不属于偶然，而似乎是经过人们有意识的安排。当然，还

云南大理三文笔村街景——"丁"字交汇处为魁阁

有更多的例子可以表明，虽然并非出于有意识的考虑，但在客观上却可以起到底景或对景的作用。

对景、借景等手法在中国古典园林中可以说比比皆是，但是在其他地方则并不多见。尤其是村镇景观，多由自发而形成，很少有机会借这种手法而获得效果。至于街道空间，多呈狭长、封闭的带状空间，视线只能沿着街道的走向向前方凝视，要说对景——即于街道的尽端设置一目标物以作为底景——间或有之（关于这一点前文已作分析），可是要把远方的景物引入街道空间则相当困难。

通过对于某些实例的分析，可以看出只有在一个条件下，才有可能把远方景物引入街道空间之内，即远方景物必须处于高山之巅，这就是说从街道的上空把所借景物引入画面构图之内。这种情况颇类似于《园冶》一书中所说的"仰借"。关于街道空间与所借景物之间的关系则不外有以下三种可能：其一，街道空间正对着所借的景物：这种情况与对景很相似，所不同的是景物很远，似出于偶然巧合而并非专为街道景观需要而设；其二，处于街道空间延长线的一侧：与前一种情况相比，确乎是偶然性的巧遇。此外，由于景物处于街道空间的一侧，所摄取的画面则为不对称形式的构图，随着视点位置的推移，远景（所借景物）与近景（街道两侧建筑）之间的关系，必将随运动而产生相对的变化，

这就意味着其动观效果更富有变化。其三，街道呈弯曲形状，所借景物位于街道空间的一侧：与前两种情况相比，无论在静观或动观情况下，其画面构图均极富变化，特别是动观，当人们沿着弯曲街道行进时，远方的景物忽而处于画面的左侧，忽而又移动到画面的中央或右侧，从而与街道两侧的建筑经常处于相对位移的连续变化过程之中，这样，便给人留下极其深刻的印象。

上述三种情况究竟是出于有意识的安排抑或偶然的巧合呢？这要具体分析。一般地讲来，如果街道形成于先，景物建造于后，往往是因为从街道看出去的需要才去设置景物，这显然是处于有意识的安排。如果景物建造于先，街道形成于后，则多属偶然性的

四川忠县石宝寨街景——远处对景为石宝寨阁楼

巧合，这是因为形成街道必然要受到自然和社会等多重因素的制约和影响，况且在多数情况下又是自发形成的，很少有可能为迁就某一景观要求而确定其形状和走向。

现在我们还要回过头来分析一下限定街道空间的侧界面——沿街建筑的整体立面。以农业生产为主体的中国，其商品经济本来就不甚发达，特别是中小城镇，甚至直到近

带有转折的街道空间（浙江富阳龙门镇）

现代也依然没有摆脱小农经济的影响。从这一历史背景出发，可以认为分布于我国广大农村地区的中小集镇几乎没有什么像样的商业建筑。所谓商店，依然不过是在原来民居建筑的基础上略加改造，就变成了所谓的"店铺"。像资本主义国家商业建筑中所常见的那种招揽顾客的大玻璃橱窗、霓虹灯广告、漂亮的柜台等，是根本看不见的。相反，各店铺倒像是一家家紧紧相连的住户，只不过在临街的前沿多开些门窗、摆上柜台以兼营某种商业而已。这样的街道，尽管比其他地方显得更加热闹，但仍不免带有居住建筑所特有的一种亲切的感觉。

然而，既然是商店，总是要做生意的，而做生意就必然要求与顾客之间有方便的交往，所以店铺建筑必然要比居住建筑显得更加开敞。幸好，我国传统的民居建筑多采用木构架为其基本结构形式，要做到通透、开敞并不困难，只要把原来的木隔扇拆去，便可以轻而易举地换上可以装卸的门板。这样，每当开市，店铺便呈完全开敞的形式，要说商业建筑的特色，最主要的就体现在这里。

一般的民居建筑都比较程式化，并呈三开间的形式。倘使把这些建筑排成一条直线，即使把沿街的底层全部敞开，可以想象这样的街景将何其单调。然而实际情况却并非这样，这大约是因为各家各户的财力和资本有大有小，对于经营的热情与兴趣也不尽一致，甚至个别人家虽处集市，却并不以经商为生。因而各沿街建筑无论在开间、面阔、层数、

高度、建筑形式以及虚实变化等方面都有很大的差异，而正是由于这种差异，才使得沿街建筑的整体立面具有丰富多彩的变化。

例如建筑物的面阔，按民居建筑常规一般均为三开间的形式，但是因财力或经营的特点所限，依然有不少店面两开间或一开间的形式。这样的宽窄相间，自然就会产生某种不规则的韵律和变化。村镇不同于城市，村镇中的居民即使临街也有相当一部分人家并不经商，这样的人家往往只在临街的一面插入一个很小的门头作为入口，它不仅又窄又矮，并且经常是双扉紧闭，借这样的插入单元，通常可以因为连续性的中断而加强其节奏感。与这种情况相似的还有巷道口，犹如文字中的句号，以间空的形式来中断其连续性。

再一点就是外轮廓线的变化。村镇中的建筑并无统一规划，而是由各家自建，因而在高度上便各行其是，有的双层、有的单层，即使同是双层其建筑高度也不尽一律，加之还有少数建筑以山墙临街，因而其整体立面的外轮廓线必然会因高低错落而有明显的起伏和变化。特别值得一提的是，某些地区建筑物的细部处理也会赋予街景以乡土特色和多样性的变化。例如屋脊和山墙形式的变化就会对街道景观产生不可忽视的影响。我国南方地区所流行的马头山墙，其形式变化极其多样，它既有助于丰富单体建筑的外轮廓线变化，而由众多建筑组成的街道空间，如果均采用某种形式的马头山墙，则可借多次重复出现的马头山墙而极大地丰富街道空间

借马头墙以丰富街景轮廓线变化——湘西某镇

的层次变化，从而加强其深远感。

虚实对比也是构成街景变化所不可缺少的因素之一。例如以两层建筑为主的街景立面，由于底层敞开，上层比较封闭，于是上下层之间就会产生虚与实的对比和变化。此外，绝大多数的店面均取开敞的形式，若偶尔有几家店面因为经营特点所限（如私人诊所、成衣铺等）而取封闭的形式，这也会使街景立面借虚实的对比而求得更多的变化。

街道空间既然呈狭长封闭的带状空间，那么它必然有一个起点和终点，在这里我们姑且把它称之为街口，它实际上就是街道空间的两个端部。在城市中其主要街道空间通常都是以城门作为终端的。人们首先从城外进入城门，然后再由城门进入街道，所以街道空间的起始和终结都异常明确和壮观，不过人们进入街道的时候，给人印象最深刻的往往不是街道而是城门，而城门连同城墙为一体却又都千篇一律，所以无论走进哪一个城市，似乎都相差无几，捕捉不到什么个性鲜明的印象。

然而在村镇中却不是这样，由于村镇总是处于不断扩展的过程之中，所以街道也必然要随之向外延伸，这就意味着所谓的街口只不过是一种暂时的现象，现在人们所见到的街口，几年之后，由于街道的外延，便被新扩建的部分所取代，从而形成新的街口。正是由于处在不断变化发展的过程之中，村镇中的街口几乎都不设任何明确的标志。只有在特定的地形条件下，街道没有向外延伸的余地时，才建有牌楼一类的东西当作进入街道入口的标志。

街口部分实际上也处于村镇发展的边缘，因而建筑物多稀疏散落，并不整齐，在很多情况下甚至不能明确地界定出街道空间。这种情况恰好给人们提供一个半封闭的过渡性空间，当人们自村镇之外完全开敞的自然空间经由这里再进到狭长封闭的街道空间时，便不至于感到过分的突然。

尽管建筑物比较稀疏散落，但是毕竟还是进入村镇的必经之处，人们常常从这里获得对该村镇的第一印象，所以从景观的意义上讲还是十分重要的。特别是从远处经由道路的引导逐步向街口逼近的时候，最初人们看到的是村镇的远景，这时单体建筑并不重要，映入眼帘的是村镇的整体和外轮廓线，因而它给人留下的印象往往十分深刻。以我国绝大部分地区的情况来看，民居建筑多采用坡屋顶的形式，其外观很富有变化。此外，还有相当多的地区其建筑物的侧面多采用马头山墙，其轮廓线变化更加丰富多彩。加之采用四合院布局形式的传统民居常使建筑物纵横交错地排列，从群体上看其屋顶与山墙相互交错、重叠，可以想象其体形和外轮廓线的变化该是何等的丰富。

由远而近，整体的印象逐渐消失，单体建筑的体形和街口部分的空间组织将更加引人注目，这时的景观变化可按道路与街道空间的关系而分为以下两种情况：其一，道路与街道空间呈一条直线，或者说道路正对着街道。在这种情况下，随着距离的缩短，街道空间对人的吸引力愈来愈大。街口两侧的建筑物虽然在视野范围内占有很大的比重，但人们依然目不暇接，而把注意力集中于街道本身。通过这样的分析可以看出，处于街口两侧的建筑物，只有在中、远距离看才能发挥较大的作用，因而它的体形和外轮廓线远比细节上的变化更为重要。其二，道路呈弯曲形状，先经过村口的一侧，然后再转入街道空间：在这种情况下，人们走至近处时，街道空间反而消失了，而首先看到的是街口一侧的建筑，只有当逼近街口时街道空间才突然出现在眼前。通常情况下，街口一侧的建筑其平面多呈曲尺形，并与弯曲的道路相呼应，这在客观上将起引导的作用。至于街道空间本身，由于是在不经意的情况下突然呈现于眼前，因而也能使人产生某种兴奋的情绪。

还有一些临河的村镇，不仅可以从陆路进入街道空间，而且还专门设有通道通往水运码头，供自水路而来的人或货物从这里进入街道空间。这实际上也是一个街口，不过这种街口并不经常处于街道的两端，而多位于街道的一侧，并与街道保持相互垂直的关系。

临河的村镇为了防止洪水侵袭，必须建于地势较高的地段之上，这就使得临河的街口必须大大地高出正常水位。为了调节水位的涨落并沟通上下之间的交通联系，唯一的办法就是在街口的地方设置台阶，而台阶的形式又多种多样，这样便给街口部分的景观变化增添了许多特色。例如在街道与河岸相平行的情况下，通往河岸的街口往往与街道相垂直，并保持"丁"字相交的形式。街口的长度，取决于沿河一侧建筑物的进深，进深愈大，街口则愈长，这就意味着可以允许设置很多级的台阶而直逼河岸。如果进深较小，那么可能设置的台阶由于受到长度的限制便不足以下至河岸。如果建筑与河岸之间还保持一段距离，那么台阶尚可向外延伸，如果建筑物紧逼于河岸，则必须使台阶转折才能下至岸边。为了避免上述的矛盾，某些临河的村镇把通往河岸的街口斜向地插入街道空间，或者利用街道的转折与错位，巧妙地留出街口，从而使台阶顺着河岸下至水边。

福建崇安通往河岸的街口

还有少数村镇其街道空间与河岸呈垂直的关系，那么通往河岸的街口便自然地处于街道空间的一端，这和前文中所讲的一般的街口大体相同，只是为了调节水位的涨落也必须设置大量的台阶，才能沟通水陆之间的联系。

从以上列举的几种情况看，不论属于哪一种形式，都有一个共同的特点，即自水路进入街道空间，都必须自下而上地经过很多级台阶才能到达街道空间，这就意味着最先映入我们眼帘的街口部分的景观都必然是仰视的画面。所不同的是，如果台阶正对着街道空间，人们在上台阶的过程中随着视点逐步升高，街道空间将缓缓地摄入画面，起始是仰视，所能看到的仅是街口端部建筑物的檐下部分，然后，将逐步地由仰视演变为平视，与此同时，视线则向街道的纵深部分延伸，直至最后，才能贯穿

于街道空间的尽头。在这一连续的序列中，比较有趣的是开始的那一段，由于仰视角度可以使人感到雄伟并激发兴奋的情绪，而这时所能看到的又仅仅是街口尽端部分的建筑，所以要想给人留下深刻的印象，则必须使靠近街口附近的建筑物具有良好的体形组合，高低错落的外轮廓线以及恰到好处的虚实对比关系。

如果台阶并非正对着街道，而是经过转折或盘旋之后才进入街道空间，那么上岸之后拾级而上的人，其注意力多集中于沿岸一侧建筑物的群体组合。因为台阶有转折，人的视线也将随之而不断地改变角度，这就意味着其视野比较开阔。因而沿河一带的整体空间环境以及建筑物的体形、轮廓都会引起人们的兴趣，并成为视线所要捕捉的对象和目标。只有当人们走完了台阶之后，街道空间才突然呈现于眼前，

福建大浦通往河滨的街口（由内向外看）

这时人们便忘却了先前映入眼帘的群体组合印象，而把注意力集中于街道空间。

还有一些临河的村镇，建筑与河岸之间有较为广阔的缓冲地带。人们自水路上岸后，尚须经过一段比较平坦的地段之后才拾级而上，这时人们便有比较充裕的时间来观看四周的景物，然后才把注意力慢慢地集中于街口附近的建筑物，直到最后才走进街道空间，在这种情况下，无论是村镇的整体空间环境、街口局部建筑物的体形轮廓以及街道空间内部的景观变

化，都分别会给人留下深刻的印象。

以上所分析的都是由河岸走进街道空间的序列发展情况，其基本特点是由开阔的自然空间渐次地进入狭长封闭的空间。如果把上述的序列逆转过来，即由街道空间走出街口而来到河岸，那么给人的感受则是另一番景象。由于街道空间极为狭长、封闭，加之光线暗淡，过往行人摩肩接踵，人处于其中不仅视野受到极度收束，而且还充满了拥塞的感觉。然而一旦走出这里来到街口，便可居高临下一览自然风光，不言而喻，将可借封闭与开敞之间的强烈对比而使人感到豁然开朗。我国南方地区，有不少背山临水的村镇乃至县城，其街道空间往往直逼于河边，但即使走近时仍不知已经到了尽头，忽而转身走出街口，顷刻之间远山近水全收于眼底，这时，人们的精神将为之一振。

○水街（参看图版 33 ~ 37）

位于意大利东北部的威尼斯城之所以闻名遐迩，除了她拥有世界上最美的圣马可广场外，恐怕就在于她那密如蛛网的水街了。我国的苏州，地处江南水乡，即使在城内依然是水网交织，故有东方威尼斯之称。其实除苏州外，地处苏南、浙北一带广大地区的居民点，有不少都具有水乡村镇的特色。

在现代化交通工具出现之前，水路运输既

经济又实惠，因而凡是有条件的地方，无不充分利用它的便利运输条件来发展经济。我国江南一带，自南宋以来就是一个富庶的地区，至明清时除农业生产外，手工业又有长足的发展，因而对于商业交易的要求尤感迫切，加之这一带河网纵横交织，有得天独厚的自然条件，因而便有相当多的中小城镇夹河而建，从而形成以河道取代街道的特色水街。

河道毕竟不同于街道，它只适合行船而不能走人，利用它来运送货物有事半功倍之效，但是要利用它来履行商业街的职能则难以胜任。所以在很多情况下所谓的水街，实际上仅是"后街"，按前街后河的布局原则，真正作为商业街的依然是前街，作为后街的水街其最大特点是静，作为商业街的前街其最大特点则是闹，这一闹一静之间便构成了极其强烈的对比。按传统习惯，处于沿街两侧的建筑一般均取前店后宅的布局形式。前店临街，要进行商业交易，闹是不可避免的，而且为了生意兴隆，不处于闹市便招揽不了顾客。但是后面的住宅部分却要求静，如果能使之临河，便能确保其环境的幽静。前店后宅的住房，如果能争取到前街后河的环境条件，可以说是如愿以偿而各得其所。

那么，水街除了幽静之外，还具有什么景观特色呢？我认为最主要的就在于它所形成的以水为底界面的封闭、狭长的带状空间。一般的河道虽然以水为底，但却不构成任何空间感，所以比较平淡无奇，不能引起人们的兴趣，一旦形成了空间，便使人倍感幽深。

例如长江，自青海省的源头一泻而下达 6 千多公里，唯三峡一段最能激发人们的游兴，其道理也正在这里。尽管三峡两岸有奇峰怪石而增添了自然情趣，但是如果不是处在高峡深谷特定的空间环境之中，那么势必也要为之减色。当然，三峡之美出于自然，水街之形出于人工，这两者按理是不能相类比的，但是就其形成空间感来讲则颇有相似之处。倘使水街的高、宽比例关系失调，这种空间感受到削弱乃至消失，那么水街的独特情趣也必然随之化为乌有。像威尼斯或江南水乡的一些水街，尽管前者的尺度大，后者的尺度小，但就其高、宽之间的比例关系看，都能有效地限定出一条狭长、封闭的带状空间，因而都具有幽深、宁静的情趣。

在中国古典园林中有"曲径通幽"之说，水街的情况也是这样，为了求得幽深，也是忌直而求曲的。例如有两条水街，如果它们的长度大体相等，那么比较曲折的一条不仅会使人感到含蓄深远，而且从景观上看也更富有变化。此外，限定水街侧界面的街景立面，也会影响其景观效果。如果是后街，建筑物自然不会像前街那样整齐一律，这不一定是坏事，它兴许会因为高低错落而更富有节奏感。

既然是临河，总不免会设有停靠舟船的码头，或供洗衣、浣纱、汲水之用的石阶，这些设施都有助于使建筑物获得虚实、凹凸的对比和变化，从而赋予水街空间以生活情趣。当然，水街的情趣还不仅限于其物质空间环境本身，而且还体现于人们的联想与意念之中，不论是细雨霏霏，或者是月色朦胧，每听到汩汩的桨声，或看到几盏灯火，都会激发起人们的情思，使清新隽永的水乡景色，萦绕于诗情画意的情怀之中。

作为后街的水街，如果两则建筑物紧逼河岸，那么除了各家自建筑物的后门可以下至岸边外，其他人是难以接近水边的。这就是说一般的水街除了从桥上或行船于水中时是没有机会来领略水街风光的，所以它的景观价值便受到了很大的局限。还有一种形式的水街，其一侧的建筑稍稍后退，在建筑物与岸边留出一条很窄的通道，这种通道其一侧临水，水边可以设置公共停船的码头，或供浣纱、汲水的石阶；另一侧即为建筑，各家各户均可设门与之相通，此外，还可以起到沟通整个村镇交通联系的作用，并为观赏水街景色提供更多的有利条件和机会。这样的通道一般也属于后街，它不像前街那样喧闹，但有时也间或有几家店铺，但总的说来还是保持着宁静的气氛。

也有少数水街其本身兼有商业街的职能，其特点是：沿岸边的一侧或两侧，使建筑物后退一段距离，而沿街的建筑均设有店铺，这样的水街实际上已由后街而转化为前街，后街所特有的幽深宁静的气氛已不复存在，取代它的则是熙熙攘攘的人群和摊贩们的叫卖声。至于水面则用来运送货物，来往行船如穿梭，到处都设有装卸货物的码头，总之，所呈现的是一番欣欣向荣的景象。

江南一带多雨水，兼作商业街的水街往往还设有披檐以防止雨水侵袭行人，或者于临水的一侧设置通廊，这样既可以遮阳，又可以避雨，颇受行人的欢迎。这种通廊其临水的一侧全部敞开，为供人们休憩，间或设有座凳或"美人靠"，人们在这里既可以购买日常用品，又可以歇脚或休憩，特别是自这里向外还可领略水景

福建崇安县下梅沿河一条街

71

带有雨廊的沿河街景（福建下梅）

与桥相结合的公共码头（选自《浙江民居》）

和对岸的风光，这样的水街虽然比较喧闹，但却闹中有静，因而从整体空间环境以及景观的角度看，可以说它兼有前街和后街的特点。

水街沿岸的护坡、栏杆以及地面处理也会影响到景观效果。在江南一带的水乡中，比较常见的都是用条石来砌筑河岸，地面则用条石镶边，并以卵石铺砌地面。这种河岸呈直上直下的形式，较整齐。如果在岸边设码头，则用条石顺着河岸砌筑成台阶形式，即使水位有涨落，也可以借它来起调节作用。沿河岸边多不设护栏，这样可以使人更接近于水面。即使设有栏杆，也尽量减小其尺度，并取透空的形式，以期给人以亲切感。在缺少石料的地方则多采用土坡。以土护坡则必

然要保持一定的坡度，而为了防止滑坡，多在边坡上种植树木，并借树根在地下蔓延以加固土壤的凝聚力。这种成排的树木不仅可以起到庇荫的作用，还似乎在水陆交界线上又建立起一道虚拟的界面，并把整个街道空间一分为二，从而增添了一个空间层次。

与水街密切相关的有码头和桥梁，这两者对于水街本身乃至整个水乡村镇的景观效果都有很大的影响。码头分两类，一类属于私家使用，另一类属于公共性使用。前者一般设于住宅的后部，有的通往后院，也有的直接通往厨房或其他辅助性房间。后者则多设于街口、路口或桥头等交通方便之处，虽说是码头，但并非专供停船之用，特别是私

家独用的码头，停船的机会并不多，而主要是供洗衣、取水或倒泼污水之用。私家码头多呈台阶的形式，均由条石所砌筑，并与河道方向保持平行的关系，这样，不论水位高低涨落，都不会妨碍使用，而且也不会占据有限的河道宽度。有的私家码头很简单，仅在建筑物的后门之外设几步石阶下至水边即是。然而由于江南一带多雨，为了防雨，则多在码头上局部地方加一个披檐，这样，即使在雨天也不会妨碍使用。与此相似，另一种形式，即使码头凹入建筑物之内，这种码头比较正规，在建造房屋时已经把它当作整体的一部分而一并考虑，与建筑物的关系很和谐。还有一些码头很考究，不仅考虑到使

用上的要求，而且在建筑上还作了必要的处理，犹如一个临水的敞厅，既可作为水路入口，又可在这里凭栏眺望水景。

由于码头的形式多种多样，一般多呈空灵内凹或敞厅（廊）的形式，加之与建筑物之间又有巧妙的、多种多样的组合关系，所以从沿河一侧的整体立面看，虚实、凹凸之间的对比异常强烈，借这种对比，将会大大地丰富街景立面变化。

公共性码头，由于使用的人比较多，使用的范围又比较广，其规模与尺度均大于私家码头。为便于公共使用或利于货物的装卸，多设在交通方便的桥头或街口。其形式则依所在地点的具体条件而多种多样。和私家码头一样，为适应水位的涨落，也必须设置台阶，但是为满足大宗货物的装卸或较多人同时洗刷衣物、汲水之用，多在常年水位的高度之上设有较大面积的平台，如果水位上涨，便任其淹没，水位下降，则须再下台阶才能接近水面。

公共性码头使用较频繁，也是人们进行社会交往的场所之一，它分布于村镇各交通要道的一侧，既方便生活，又充满生活情趣，并可起点缀景观的作用。

○桥（参看图版 38～47）

和码头一样，桥也是水乡村镇中不可缺少的设施之一，并在景观中起着重要的作用。桥，

连同它的周围环境，通常也是富有诗情画意的。诗人、画家都乐于把它罗织到自己的诗句或画面中去。"枯藤老树昏鸦，小桥流水人家"的名句脍炙人口，它的上半句虽然不免有几分凄凉，下半句则充满生活情趣，生动地展现出水乡村落恬静淡雅的风情。《清明上河图》的长卷，其引人注目的焦点也集中在以虹桥为中心的那一段熙熙攘攘过往于桥上的人群。前诗中的情景主静，后画中的场面主闹，但无论是前者或后者，桥都扮演着相当重要的角色，如果没有它，情和景就会失去依托。由此可见，在分析水乡村镇的景观时，切不可忽视桥所起到的重要作用。

桥，作为一种公共交通设施对于水乡村镇来讲是至关重要的。在古代，修桥补路被认为是一种慈善事业。有富者，乐于好施，慷慨解囊捐助于修桥补路者不乏其人，正因为这样，所以有相当多的桥都修造得既精美又坚固。即使历经风雨、战火，石构的桥却安然无恙，成为村镇历史发展的鉴证。人们常可以从它那磨光如镜的石板中以及深凹的车辙中触景生情、浮想联翩，感叹人生的短暂和历史的久远，从而激发出一种意境美。

至于桥本身的形式，也是多种多样的。其中最富特色的要算拱桥。这种桥，上可行人，下可通舟，特别适合江南水乡，村镇中最常见就是这种形式的桥。江南水乡村镇，河网交织，常把村镇分割成块状的组团，各组团之间只有通过桥才得以沟通其间的联系，而设桥又并非轻而易举的事，因而它只有坐落于主要交通要

画家笔下的江南拱桥　　吴冠中作

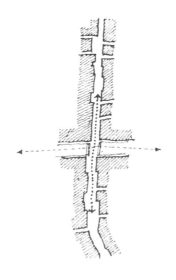

自狭窄的街道空间来到桥面将会产生开朗的感觉（浙江富阳龙门镇）

道之上，才能充分发挥其交通联系的作用。而所谓交通要道通常又兼为商业街，所以村镇中的主要桥梁便自然地肩负起连接商业街的作用。在讨论街景的时候曾经分析过街道空间的特点：呈狭长、封闭的带状空间，特别在江南一带，其街道异常狭窄，人的视野被极度地收束，在这种环境中人们所期待的，自然是豁然开朗，然而在什么情况下才会获得这种感觉呢？最好的机会就是过桥的时候，由于桥跨越河道，而河道不仅与街道相垂直，而且又比较开敞，加之拱桥桥面的中央部分大大地高出地面，因而在过桥的时候，人的视野便顿觉开朗。此外，河道空间虽然比较开阔，但与街道空间一样，

同呈封闭的带状空间，然而这两条带状空间却呈相互垂直交叉的形式，这就是说每当走到桥上的时候，还必然经历空间方向的转换与对比，这也会使人产生某种兴奋的情绪。

村镇中的桥，还可以为人们欣赏水景提供方便的条件。江南水乡村镇，建筑物十分密集，尽管河道纵横交织，但由于沿河两岸都被建筑物所占据，人们很少有机会看到水乡景色，然而如果有机会站立于桥上，那么水乡村镇的景色便立即展现于眼前。

桥，虽然可以为欣赏水乡村镇的景观提供有利条件，但是桥本身作为观赏对象，却不能站在桥上来观赏它自身，而必须另觅合

适的观赏点。观赏桥的理想角度最好选择在它的侧面，换句话说就是沿着河道的方向来看桥。只有这样才能充分展现桥的整体轮廓和立面。这里可能出现三种情况：其一，乘船从水中看桥，所见到的是桥的侧面，如果河道比较狭窄，所摄取的画面大体属于一点透视，桥的整体轮廓最完整、明确、清晰。随着船的运行，视点由远而近，桥的整体轮廓随之而逐渐增大，直至"溢"出视野范围。之后，作为局部的桥洞将充满整个画面，这时有可能借拱券的框景作用而形成优美的画面。待进入桥洞后，空间由开敞而转入封闭，光线由亮转暗，视野也将极度地收束。过桥之后，一切又恢复原样，只是桥消失于身后。从动态观赏的角度看，泛舟于水上确实能获得良好的效果，无怪近代的旅游多借助游艇来游览如威尼斯一类的水上城市。但在中国传统的水乡村镇中，行船只是为了运输，所以一般人是没有机会从船上来观赏桥景的。其二，从远处的另一座桥上来看，这当然只限于静观，所看到的是远景，桥本身在画面中所占比重不大，但很完整，且处于画面的中心。这种观赏的最大优点是有丰富的环境作陪衬，从而使桥融合于整体空间环境中去。其三，从沿河的河岸看桥，与从船上看桥的情况相类似，但由于视点偏于一侧，所摄取的画面呈两点透视的形式，视点愈接近桥头，偏转的角度愈大，最终走上桥面，桥便消失于脚下，这种观赏的特点是，随着视点的移动，桥的透视角度不断改变，从而使画面构图具

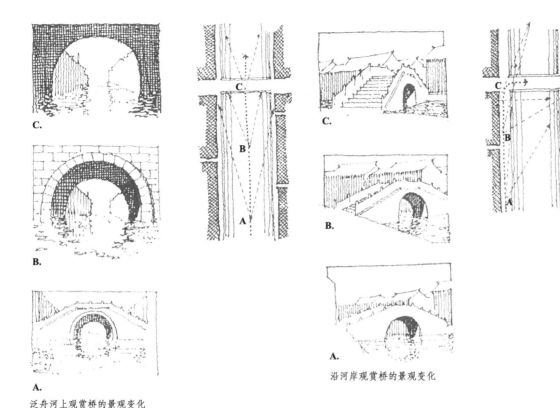

泛舟河上观赏桥的景观变化

沿河岸观赏桥的景观变化

有生动活泼的变化。此外，桥头部分以及栏杆等细部处理如果得当，也将能获得良好的近距离观赏的效果。

前面曾经提到从一座桥上看另一座桥的情况，所指的是同一条河上的两座桥，而且河道又呈一条直线的形式。而江南水乡村镇往往是河道纵横交织，为方便交通，某些河道交错的地段几乎是几步一桥，于是人们便可以同时看两座、三座、甚至更多的桥，这些桥随着河道的转折蜿蜒，或相互垂直，或

呈任意的转角或依然保持平行关系。桥的形式和规模则按河道的宽窄和交通的繁忙情况有简有繁，有大有小，总之各不相同而充满变化。当人们从某个特定的地点观看时，有的桥正面朝着画面，而另一些桥则横向展开，或与画面呈一定倾斜角度。每当视点移动时，其相对关系便随之而转换，原来作为远景的桥逐渐变成了近景；曾经作为近景的桥忽而从画面中消失，原来看不见的桥于不知不觉中悄悄地进入了画面，加之各个桥的角度

都在不断地旋转变化，这样，便可以在很短的浏览中获得极多的、构图形式各不相同的画面。

在水乡村镇中，桥头附近也是人们活动频繁的地段之一。过往于桥上的行人，无论上桥或下桥都要经过桥头，人们在桥上通常来去匆匆，并无逗留的闲情，但是在上桥之前或下桥之后却往往会生出停歇的念头。所以桥头附近总不免会有一些人滞留下来，或作为看客，或下至河边悠闲地赏玩水景。耳聪目敏的生意人深知人们的习惯和心理，便在这里摆摊设店以招揽顾客，特别是经营小吃和酒店，更能吸引过往行人，致使桥头附近成为人们进行各种活动和交往的一块宝地。

桥头附近交通方便，过往行人川流不息，因而还适合在这里设置公共性的码头以便停靠舟船，装卸货物。在江南水乡村镇中，常把桥与码头相结合，即在桥头附近设置台阶，并通过它而下至水边。这些码头除供停靠舟船外，平时尚可供妇女们在这里淘米、洗菜、洗衣、汲水，通过这些活动既可以增进人们相互之间的交往和了解，又可以为村镇景观平添生活情趣。

此外，桥头附近也是空间比较局促、用地比较紧张的地段之一。为了保证行船，桥的拱洞都必须达到一定的高度，与此相应必然要提高桥面的高度，特别是某些大型桥梁，即使做成拱形的桥身，其两端依然高出路面，为此尚必须在桥头增设台阶，才能把人引导至桥面。倘使还要在桥头附近设置码头，还

得再设台阶通往水面，这些台阶或上或下，都需要占据相当大的空间，加之桥头附近行人川流不息，某些商店几乎紧逼于台阶边缘，换句话说，就是把商业交易活动一直延伸到桥边，这样，从一方面看虽不免喧闹、嘈杂，但从另一方面看，却充满了紧张、热烈的气氛。

以上所分析的主要是处于江南水乡村镇之中的桥以及它们在整体空间环境中对于景观所起的作用。对于其他地区的一些村镇来讲，尽管桥并不多见，但凡是有桥的地方，都不免会给村镇景观增添几分姿色。这不仅是因为一般的桥都具有比较精美的体形及轮廓线，即使是用几块石板乃至用独木搭成的最简陋的桥，都必将为村镇环境增添一项独特的景观要素，从

云南大理某村位于村口的石拱桥

苏南水乡周庄的石拱桥

而引起人们更多的兴趣。况且桥总是和水相联系的，对于缺水干旱的地区来讲，水本身就十分令人向往，如果能够涉水过桥自然会比履步平地有趣得多。长虹飞渡固然气象万千，但小桥凌波也诗意盎然。

不同类型的桥以及所处地段、环境的不同，都会对村镇景观产生不同的影响。例如河北赵县城南的赵州桥，位于大石桥村的北口，每当人们从北部进入该村时，都必须自桥上经过，这座桥不仅历史悠久，而且造型又十分精美，所以就成为村落景观的重要标志。该村即因桥而命名为"大石桥村"。类似上述的情况还比较普遍，即村镇濒临于河道的一边，人们只有经过桥才能进入村镇的主要街道空间，从而使

桥成为村（镇）口的一个重要组成部分。这种桥虽然位于村镇的一端，但却是必经之地，并且又是映入眼帘的第一印象，因此常被认为是村镇景观的一种标志，给人留下极深印象。

还有一种情况，即村镇沿河岸两侧发展，从而被河道分割成为两个部分，再于河道之上设桥以沟通两部分之间的联系。这种格局犹如一根扁担挑两头，或者说以桥作为纽带而把两部分连接成为一个整体。由于桥位于两者之间，就整体而言大体坐落于村镇的中心，这样的桥几乎从四面八方都可以看到，对于丰富村镇景观变化所起的作用尤为突出。

与这种情况相类似，也是用桥来联系两个部分，但村落的主要部分位于河的一侧，尚有

湘西德夯连接村东西之间的石拱桥

一部分住户稀疏散落地分布于河的对岸，这时虽然也必须设桥相通，但桥的规模和尺度都比较小，位置的选择也比较自由。这种桥犹如一个环，连接着主从两个部分。这种形式的格局与前一种情况相比，桥的位置虽不甚突出，但从某个局部来看，也饶有风味。特别是当从主体村镇走出时，突然发现隔着一条小河的对岸，尚有几户人家缕缕炊烟，可望而不可即，于是寻求通过的欲望油然而生，这时，桥便成为人们寻觅的主要目标，一旦被发现，便会产生一种心理上的满足和喜悦感。

位于村镇附近的桥，虽然与村镇的关系并不密切，但通常也是进村之前所必经的地方，对于村镇景观也会产生某种影响，这种与建筑环境相脱离的桥，较富有自然情趣。凡是经由桥的方向进村的人，在过桥之前，也就是从远处来看村落时，桥便作为近景而出现于视野的一角，而村落便成为远景，借助于桥的衬托，将有助于扩大景深并丰富空间的层次变化。

桥的最简单的一种形式便是用一块石板横跨于流水的沟洞之上。这种形式的桥多出现于村镇内部的排水沟或供水槽上。这种沟、槽有时与街道或巷道的走向相平行，所以每隔一定距离就必须设置一块石板小桥以通往各户人家，这种桥虽然小，但俯拾皆是，对于点缀村镇内部空间却可以起到一定的作用。特别是平行于街、巷的沟洞，由于把水引入封闭、狭长的带状空间，其本身已经破除了街道空间所固有的单调感，若每隔一定距离又有小桥跨越其上，将会借此而加强韵律和节奏的变化。

前面着重从村镇的整体环境来分析桥所起的景观作用，现在再回过头来分析一下桥本身的形式所具有的审美价值。中国传统的拱桥形式不仅从功能、结构上讲是合理的，而且从审美上讲也是很富诗意的。在古代，以石构筑的桥梁为争取有较大的跨度，唯一可行的方法就是起拱，拱的曲率愈大，其侧向推力便愈小，当时虽然不知道拱形结构的力学原理，但仅凭直接经验匠人们也会得出上述结论。不言而喻，拱的曲率愈大，矢高也将随之而加大，这样的桥将十分有利于桥下行船。与此相应，桥背也随之而高高地隆起，这种情况对于行车十分不便，但对于步行则并无多大影响，而在古代，特别是在城镇中以车代步的情况是极为罕见的，这就是说从功能和结构的观点看，拱形的桥是科学合理的。再从形式方面看，古人也并非把桥完全看成是一种构筑物，而对于桥的外形也是十分关注的，并尽量使之具有美的外观。许多拱桥虽然由笨重的石头所砌筑，但外形却极其轻盈，特别是拱心部分，常常做得很薄，几乎使人有断开的感觉，所谓"断桥"一词，兴许正是由于这种感觉所产生的。至于桥的内外轮廓则主要是由两条曲线所组成：下一条为桥孔的内缘，一般呈弧线。上一条为桥背（面）的外缘，较平缓，呈自由曲线。这两条曲线虽大体吻合，却又若即若离。正是由于这两条曲线变化无穷，才使得桥的形式各不相同。但是尽管千变万化，总的说来还不失为弓的形状，所以在一些文学作品或诗词中便常用"长虹"或"彩虹"等词句来作形容。例如清初扬州文人吴绮在《扬州鼓吹词序》中曾说："朱栏数丈，远通两岸，彩虹卧波，丹蛟截水，不足以喻……"，其中的彩虹卧波所指的即系拱桥。

除拱桥外，还有用条石搭成的梁式平桥。由于条石的长度有限，致使跨度受到了严格的限制。因而这种桥一般均为多跨的形式，这样，就整体而言，桥的长度反而不受限制。此外，这种桥的桥面也无法隆起。前面提到的用一座桥以连接两部分村镇的情况，多采用这种多跨桥的形式（当然也可以是连拱式的桥）。与拱桥相比，这种桥的外观较平淡，但由于桥面比较平缓，所以特别方便于车行。

从景观的角度看亭桥和风雨桥往往更能引起人们的兴趣。所谓亭桥，即在桥的中央部分设亭以供人们休憩或观景。这种类型的桥在江南一带的村镇中比较常见，特别是设亭于拱桥的跨中部分，不仅使本来就十分轻盈的桥变得更加玲珑剔透，而且还可以丰富桥的外轮廓线变化，并使之具有良好的虚实对比，所以从某种意义上讲，在桥上设亭就是给桥锦上添花，而使之成为村镇景观中重要的一景。

风雨桥常见于我国西南部广西壮族自治区一带的村镇之中。由于在桥上建起一条带有顶盖的通廊，从而起到防风避雨的作用，人们便称之为风雨桥。当然，风雨桥并非仅仅限于上述的功能考虑，而且在造型上也十分讲究。如果单纯为了防风避雨，仅在桥上建起一条通廊即可满足要求，但事实上绝大部分风雨桥其通廊的屋顶部分都处理的十分丰富，力求使之具有观赏的价值。广西一带的村镇，凡设有风雨桥者，无不借其优美独特的外观极大地丰富了其整体空间环境的景观变化。

○巷（参看图版 48～50）

巷，在北方又称胡同，它与街共同组成为交通网络，密如蛛网似地延伸到村镇的各个角落。在中小规模的村镇中，这种网络形同树状结构，以街为主干，贯穿于整个村镇。而巷则如同树杈，由主干向四面八方延伸，并通过它来连接千家万户。通常所说的"大街小巷"，即意指街道宽、巷道窄，前者为主，可以容纳许多人在其中进行各种交往活动；后者为辅，仅起着分散人流的交通联系作用。

与街相比，巷也是一种封闭、狭长的带状空间，但是由于巷比街更窄，而且界定这种空间的界面又多为建筑物的山墙，按传统习惯，为保持宁静、安全，几乎都为不开窗的实墙，致使巷道空间成为一种超狭窄、超封闭的带状空间。由于窄而封闭，便显得深，所谓"窄巷深弄"正是对这种空间的一种感受。对于传统村镇来说，除街道空间外，借密如蛛网的巷道连接着各家各户，从而便形成一种独特的空间网络系统，它对于我国传统的生活环境具有特殊的功能和审美意义。人们

福建永定某村跨越沟渠的石板桥

广西某地的风雨桥

由村外经村口进至街道空间，再由街道空间转入巷道空间，最终走到自己的宅院，可以说是经历了一个完整的序列。这个序列从空间的形态方面看可以说是由漫无边际的自然空间进到经由人工限定的街、巷空间，这就意味着从无限到有限。从容量方面看则是由较宽敞的空间渐次地转入愈来愈窄小的空间。另外，伴随着空间量的变化，其公共性逐渐减小，私密性则逐步加强，直到自己的宅院、居室乃至悬挂在床上的幕帐，可以说是达到了私密程度的顶点。这从表面上好像只是反映了我国传统的生活习惯，但从深层结构上看却十分深刻地体现出一种受儒家伦理道德观念所左右的居住空间意识。

上述的序列，同时还经历着由静至闹，再由闹转静的过程。自然空间广袤无垠，倘无人干扰原本的宁静。街道空间车水马龙，川流不息，本属闹的处所。中国传统是崇尚静的，且不说佛、道两教以虚静为最高境界，就是供常人居住的环境也力避喧闹而务求宁静，所以除为经商而不得不居于闹市外，一般住宅都以远离街道为佳。巷道空间虽然与街道空间相衔接，但却远比街道空间宁静，作为由闹到静的过渡，由它来连接私家宅院，必然会保证免受闹市的影响，从而获得宁静的居住环境。

在人们的心目中，街道的景观价值似乎大大地高于巷道。例如每到一个新地方人们总想去"逛大街"，却很少有人要去"看小巷"。事实却也不尽然。诚然，大街比小巷更具有吸引力，但是，"逛街"时要看的东西很多，既要看市容，

皖南黟县西递村某巷平面及景观

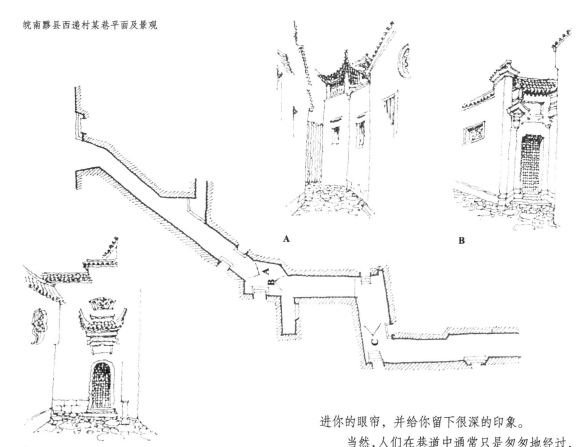

还要看商店、买东西以至于人看人……热闹非凡，但却大大地分散了人的注意力，甚至连街景本身反倒被忽略了。然而拐进了小巷之后，情况将发生很大的变化——许多东西立即消失，所剩下的便是一条空荡荡的巷道。由于视野被压缩在极其有限的范围之内，人们的注意力反而更加集中，这时，作为限定巷道空间的建筑物近在咫尺，无论你是否有心观赏，它都要闯

进你的眼帘，并给你留下很深的印象。

当然，人们在巷道中通常只是匆匆地经过，而并无心逗留，因而静观的机会是不多的。但是即便是匆匆经过也不免会留下一些瞬间或片断的印象，这些印象随着运动而叠合在一起，并具有某种连续性，而这种连续性又会产生某种魅力以诱导人们继续前进。所以每当走进巷道时，脚下的青石板铺面就像是一条传送带，人们似乎毫不费力地被它引导至巷道空间的深处。特别是一些平面曲折的巷道，似乎显得更加神秘幽深，人们身历其境每每会产生一种期

福建某村的巷道景观

待的情绪，并希望能走到尽头看个究竟。

在巷道中，最引人注目的便是夹峙于其两侧的墙面，它多为建筑物的山墙，随着屋顶坡度的变化时起时伏，常具有优美的轮廓线。特别是采用马头墙的形式，以青瓦镶边的墙头，或跌落或翘起，纵横交错，构成了极富韵律变化的两条天际线，而挟于其中的正是"一线天"。

面对巷道的山墙，出于安全感的考虑一般很少开窗，给人的感觉异常封闭，但如果在大面积的实墙上偶尔有几处门窗开口，便可借强

烈的虚实对比而显得格外突出。倘若于高墙之上设有吊脚楼或披檐者，将更有助于打破墙面的单调感，而使巷道空间富有活力。

地处山区的村镇，其主要街道往往与等高线的走向平行，而与之相垂直的巷道便不可避免地要跨越高低起伏的地形。这样的巷道除平面曲折外又增加了高程变化的因素，不仅两侧的建筑因地形起伏而高低错落，而且巷道的地面也将随之做成台阶的形式，这样的巷道空间其景观变化将更为丰富。

一般巷道一端与街道相连，另一端则通往村边，直至消失于田野之间。也有一些巷道其两端均与街道相连，起着沟通两街之间交通联系的作用。除以上两种情况外，还有一种巷道仅一端与街道相通，另一端为住宅所封闭，这种巷道又称死胡同，仅供若干户人家出入之用，这种巷道视联系户数的多寡而可长可短，有的仅自街道向内延伸很小一段距离，由于不被穿行，因而显得特别幽静。

○牌楼·拱门·过街楼·门楼
（参看图版 51 ~ 56）

牌楼，乃属一种纪念性的建筑，本身并没有具体的功能使用价值，主要是用来纪念功德或宣扬封建的伦理道德观念，前者如功德坊（牌楼），后者如贞节坊（牌楼）等。还有一些牌楼主要用于点缀景观，如街道中的

四牌楼之类，既无使用价值，又没有明确的纪念对象。

在传统的村镇中，几乎一切设施都有其具体的使用要求，某些建筑乃至桥梁即使给予某种程度的装饰处理，但主要还是着眼于它的实用价值。唯独牌楼例外，它确实没有任何使用价值，而主要是用来表彰功德或宣扬封建伦理道德观念，从而赋予它较高的观赏价值。基于这一点，牌楼的造型都比较讲究，有的甚至精雕细刻，极尽人工之能事，以使之在村镇的景观中发挥重要的作用。

中国的牌楼和西方的凯旋门无论从性质和形式方面看都有不少相似之处。就形式而论，其最大共同点都不外是一个可以穿行的门道，而为达到宣扬、歌颂的目的，最好安置在广大群众经常出入的场所。因而村镇中的街道、特别是街口或十字街附近，便是最适合安置牌楼的处所。

设在街口的牌楼犹如街道的入口，它标志着街道从这里开始。这样的牌楼有时与街道两侧的建筑结合得很紧密，起着界定街道空间端头的作用。与建筑不同的是，建筑通常表现为实的界面，而牌楼则为虚的界面，以虚的界面来界定空间似有似无，这既不会妨碍人们穿行通过，还可以暗示出空间的层次和范围。穿过牌楼，人们将意识到已经走进或走出某个特定的空间领域。例如以街道为例，如果在入口的地方不设牌楼，人们虽然也可借两侧建筑的夹峙而感受到街道空间的起始，但毕竟还不够明确，特别是在两侧

位于村口的牌楼（皖南潜口村村南牌楼）

借拱券以丰富巷道空间层次（皖南屯溪）

建筑稀疏散落的情况下，人们的印象则更加模糊。但是一经设置了牌楼，范域的区分便立即明确起来。还有一些村镇把牌楼设在通往村（街）口之前的道路上，这样的牌楼虽然离街口尚有一定距离，并且也不与任何建筑相连接或靠拢，但是从心理上依然可以起到界定空间范域的作用，只是这种界定不如前述的那种情况明确、肯定。

还有一些牌楼设在街道的当中，它本身除了具有一定的观赏价值外，还可以起到分隔空间、丰富空间层次变化的作用。封闭、狭长的街道空间本来是容易使人感到单调的，如果过长而又缺少曲折变化，这种感觉尤为强烈。在这种情况下，如果设置牌楼将可以

把它分隔成若干段落。一个未经分隔的街道空间，即使很长，也不会有任何层次变化，然而一经设置牌楼，便立即被划分为远近两个层次。所谓远，即指牌楼以外的那一侧，而近，则指牌楼以内的这一侧。当由近处透过牌楼去看另一空间层次的景物时，便会有含蓄、深远的感觉。此外，牌楼本身又可以起框景的作用，从而使远处的景物犹如镶嵌在镜框中的一幅图画。从这个意义上讲，不单是牌楼，任何一个被分隔的街道空间，只要设门相通，都可以起到与牌楼相似的作用，尽管这种分隔有时十分简陋，例如仅是一片墙，只不过在其中开了一个拱形的门洞。

以上所讲的仅是以一座牌楼而把空间划分

为内、外两个层次。如果不止一座牌楼，那么空间的层次变化就更加丰富了。例如设置两重牌楼，便会使街道空间具有远、中、近三个层次，这时，自近处穿过一重又一重的牌楼去看街景，自然要比一览无遗更具有吸引力。

过街楼也是经常出现在传统村镇街巷中的一种建筑类型。它不属于纪念性建筑，本身的造型也不甚讲究，因而就观赏价值来讲，似乎不能与牌楼相提并论，但就分隔空间来讲，其

作用却并不亚于牌楼，有时甚至还要超过牌楼。如果说牌楼本身只不过是一维形式的平面结构，那么过街楼则是具有一定厚度的空间结构。这两者虽然都可以起到分隔街道空间的作用，但是由于牌楼比较单薄、通透，用它来分隔空间可以说是隔而不绝，换句话说就是渗透的成分多而分隔的成分少，人们从中穿过时留下的印象比较淡薄。过街楼则不然，它不仅具有一定的进深和厚度，而且由于上部空间被利用，一般都处理得比较实，而开口的面积所占比例远远小于牌楼，不言而喻，用过街楼来分隔街道空间，其连通和渗透的成分必然小，而分隔的感觉则必然强烈。这样，当人们穿过时留下的

印象必然要比牌楼深刻。此外，人们穿过牌楼时，只不过经历两重空间层次：即由这一侧至另一侧，牌楼本身作为一种平面结构并不形成任何空间感觉。而当穿过过街楼时则必须经历三重空间层次：即由这一侧空间先进到过街楼下所含的空间，再由此而转入另一侧空间，这样，人的视野便经历由开至合、再由合至开；由亮至暗、再由暗至亮等过程，这些，都将对人们的心理和视觉感受产生极其深刻的影响。

总之，牌楼和过街楼就其分隔街道空间的作用来讲各有其特点。如果强调以透为主，则应选择前者；如果强调以隔为主则应选择后者。那么，有没有折中的方法呢？当然也有，这就

是某些虽属过街楼的形式，但却仅是一个带有屋顶的门洞。与牌楼相比，它虽具有一定的厚度，但又不像某些过街楼那样高大、敦实、厚重，另外开口也十分宽大，以它来分隔街道空间，往往会使隔与透这两者达到相应的平衡。

还有一种过街楼设在很窄的巷道之上，这样的过街楼虽然尺度很小，但同样可以起到丰富巷道空间层次变化的作用。这种过街楼有两种形式：其一，巷道的两侧均以建筑物为界面，过街楼横跨于两侧建筑物之间，起着连通两者的作用，这样的巷道空间本来狭长而封闭，设过街楼后，更加强了它的封闭性，特别是在走过街楼下的那一瞬间，人们的视野极度收束，待穿过之后，似觉开朗，从而可见小中见大的效果。这种情况颇类似于中国古典园林，即以更小的空间来衬托小的空间，借相互之间的对比作用以造成某种幻觉，使小者不觉其小。其二，巷道的一侧为较高的建筑物，另一侧为较低、较单薄的墙垣，过街楼仅与一侧的建筑物相连通，而另一端则支撑于墙上。与前一种相比，这样的巷道空间似稍开敞，然而由于两侧的界面一高一低，多少会有一种不平衡的感觉，借过街楼的设置除了增强空间层次变化外，尚有助于达到视觉上的平衡。当然，这种平衡仍属非对称式的平衡，比之前述的一些过街楼，可能更活泼而富有个性。

与此相似的另一种情况是依附于建筑物一侧的门楼，它的一侧与村镇其他建筑物相连接，另一侧临水或临陡坡，当中则留有可供穿行的门洞。这样的门楼一般设于村口或村周，起着

借拱券以丰富街道空间层次（湘西凤凰）

借过街楼以增强街道空间层次变化（湘西某镇）

一侧临河的门楼（湘西凤凰）

借拱门以丰富空间层次并起到框景作用（皖南宏村）

限定空间范围的作用。它不像城门那样森严，也不像设于街巷之中的过街楼那样，实实在在地起着分隔空间的作用。由于它的一侧临空，所以起不到界定空间的作用，但是它毕竟横跨于道路之中，因而就道路而言，依然可以起到划分空间领域的作用。如果不设这样的门楼，人们走在这条道路上，便不会明确地意识到自己置身于何处，但一经设置了门楼，便立即产生置身于内、外的差别，由此可见门楼本身便是一种标志，穿过它将意味着由一个领域跨进另外一个领域。正是由于门楼可以起到上述的特殊作用，在传统的村镇中，这种门楼也不是随心所欲设置的，相反，它多选择在一些关键部位，并通过它来界定村镇或某个特殊场所的

范域，甚至还可以起到防卫的作用。

在分析牌楼时曾经提到它的框景作用，其实，除牌楼外，过街楼、门楼乃至其他开口的地方都有可能起到框景的作用。框景一词，源于中国古典园林，系指通过特意设置的门、窗洞口去窥视某一特定的景物。在园林中这种处理显然是经过造园家精心安排，以使人们站在某个特定的位置，透过特意设置的"景框"去观赏某一景物。在村镇中，虽然设置了牌楼、过街楼或门楼，但在多数情况下，却并非出于框景的考虑，所以通常是没有一个确定的观赏对象恰好置于"框景"的中央。这就意味着所框的"景"是泛指，并非重点所在，它可以是自然山水，也可以

是建筑屋宇；而"框"，则有明确的形式，并在构成景观效果时起着主导的作用。至于观赏点，则仅限于特定的位置，这就是说以静观为主，即在某个适合于驻足停歇的瞬间才能获得最佳的观赏效果。

由于村镇形成过程的自发性，即使取得了某些较好的框景效果，多少也带有一些偶然性。而无景可框，或所框之景平淡无奇，

当然也就不足为奇了。至于观赏点的选择，由于没有周密考虑，也会出现位置不当等情况。

在村镇中除牌楼、过街楼、门楼外，尚有多种多样的机会可以获得框景的效果。但凡私人的门道、穿廊、敞厅乃至院墙上的开口等，均有可能构成瞬间的框景效果。就我们所见到的一些情况看，某些开口的形状很富有变化，显然是经过了一番推敲，这些都给框景创造了有利的条件。特别是从内部向外部看时，逆光的景框成为黑白的剪影，而套于其中的景物则色彩明快斑斓，显得格外集中、深远。

某些木构架的民居建筑，其底层不加任何围护，从而成为完全透空的支柱层。人们透过建筑物下部的支柱层去看其另一侧的空间景物，也可获得某种类似于框景的效果。起着景框作用的支架层其边框轮廓虽然不像一般门洞口那样集中、完整，但由于支柱林立，也有助于增加空间的层次变化和景深。特别是当视点移动时，远、近两个层次发生相对变化和位移，将更能给画面注入生机和活力。

○广场（参看图版 57 ~ 64）

广场在村镇中主要是用来进行公共性交往活动的场所。我国农村由于长期处于以自给自足为特点的小农经济的支配之下，加之

从建筑物底层向外看的框景效果（桂北某村）

封建礼教、宗教、血缘等关系的束缚，总的说来公共性交往活动并不受到人们的重视，反映在聚落形态中，有相当多的村镇根本没有可供人们进行公共活动的广场。到了近代，由于手工业迅速发展，商品交易随之而兴旺，某些富庶的地区如江南一带，便相继出现了一些以商品交换为特色的集市，与此相适应，在一些村镇中便形成了所谓的广场。除此之外，某些聚族而居的名门望族，往往在宗祠之前设有较大的场地。但由于祭祀活动多在宗祠内部进行，而参与者仅限于族中的长者以及其他有影响的代表人物，宗祠外部的场地除年节时偶尔举办一些喜庆活动外，平时也很少用来进行其他公共交往活动。倒是某些少数民族地区，由于传统的风俗习惯，每年之中都有着干次喜庆、祭祀等节日，而参

与活动的人又为数众多，所以在村寨中多设有较大规模的广场、戏台、鼓楼等，以满足这类活动的要求。

广场的有无以及它在聚落（城镇）中发挥作用的大小，事实上也从某个侧面反映出人们生活习俗中所表现出来的差异性。导致这种差异性的原因可以在文化传统、宗教信仰、心理行为等方面找到答案。例如在欧洲，几乎所有的城市，乃至村镇都设有广场，而这些广场都与街道、教堂以及其他公共建筑结合得很巧妙，此外，在整体布局上既主次分明又分布得比较均匀，从而被誉为"城市的户外客厅"。这种情况表明：人们除了安居于自己的家室外，还把公共性的活动、交往当作生活中不可缺少的一部分。与欧洲的情况大不相同，属于内向型的中国人主要关心的则是自己的家园。他们筑起高墙把自己的住宅与外部相隔绝，深居简出，对外部世界漠不关心。所谓"各人自扫门前雪，休管他人瓦上霜"正是这种心理状态的一种写照。即使亲友之间虽有各种形式的往来，但活动的圈子毕竟很小，且属于一种"私交"，用不着公之于大庭广众。这样，人们只顾经营自己的宅院，便很少有人去关心属于公共活动的广场了。正是基于这个原因，村镇中的广场，除少数依附于寺庙、宗祠外，绝大多数都是由于集市交易、人流疏散、转运或堆放货物等实际需要而自发形成的。

依附于寺庙、宗祠的广场主要是用来满足宗教祭祀及其他庆典活动的需要，它多少带有

一点纪念性广场的性质。这种广场并非完全出于自发形成的，而是在建造寺庙或宗祠时就有所考虑，并借助各种手段来界定广场的空间范围，尽管这种界定有时十分明确，有时比较模糊。例如寺庙广场，它一般位于寺庙的山门之前，山门连同其左右两侧的墙垣，便构成广场一侧的界面。与之相对应的另一面一般设有照壁，也起着界定广场空间的作用。广场的左右两侧则往往设置牌楼，至此，一个广场空间便被明确地界定出来了——它的前后两个界面比较实，左右两个界面比较虚，进入寺庙的人群可自左右两侧进出广场，再自这里经山门进入寺庙。这样的广场气氛相当严肃，可以说是寺庙广场最典型的形式，它是寺庙建筑群的延伸，具有明确的中轴线，并且左右对称。但是具体到村镇，或者受到地形环境的限制，或者出于其他使用要求的考虑，一般都不可能严格地按

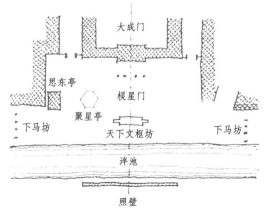

典型的寺庙广场布局形式（南京夫子庙）

崇安城村借光华庙与百岁坊而形成的广场空间

照某种固定的模式行事。

寺庙广场在平时作用并不明显，主要是造成一种严肃的气氛，作为由市俗环境向宗教环境的过渡，但是每逢庙会则热闹非常。按照中国传统习惯，庙会既是宗教信徒的节日，又是市俗群众进行各种交易的一种集市形式，另外还兼有各种喜庆娱乐活动。各种庙会都有一定的时间规定，虽然时间短暂，但却名副其实成为一种群众性的集会。寺庙广场只有在这个时候才真正地体现出它的多种功能及作用。例如为了适应宗教祭祀活动，它必须保持某种严肃性；为了适应商品交易则需要有较大的容量；而为了适应喜庆娱乐活动，某些寺庙广场还在迎着山门的一面，也即原来设置照壁的地方建有戏台。

依附于宗祠的广场与寺庙广场的情况十

分相似，宗祠主要是用来祭祖的，这从某种意义上讲就是一种“家庙”。由于供奉者仅限于一家一族，而且功能又比较单一，所以其规模将受到一定的限制。

某些少数民族，如云南大理一带的白族、湘、黔一带的苗族，他们分别崇拜不同的树木，村落常选择在有某种树的地方，并在其周围形成公共活动的场地，从而以广场和树作为村寨的标志和中心。例如白族，他们常把一种高山榕树称之为风水树，认为它是生命和吉祥的象征，并加以崇拜和保护。这种树根深叶茂，树冠硕大如巨伞，当地村寨常以这种树为中心，并用建筑环绕着它围合成广场，于广场中设置戏台、井台、照壁。平时可以在这里进行农副产品交易，或供人们在树下庇荫、休憩，到了节日则可举行各种庆典活动。这样的广场，几乎村村都有，个别大的村寨甚至还不止一处，它们有的位于村寨的中心，并大体保持对称的格局，有的则位于村边，其布局灵活多样。前者一般由建筑物作四面围合，其空间和范围被界定得明确而具体，后者虽然也由建筑物所界定，但有时却敞开一面，或借照壁为屏障，与外部空间似隔又连。总之，这样的广场无论在规模、尺度、形状、位置选择以及内容的安排上都与整个村寨保持统一和谐的关系，它本身既有丰富的景观变化，又能容纳为数众多的人进行各种形式的交往活动；不仅成为人们户外活动的中心，而且也是人们精神上的中心，这样的广场在村镇中所占的地位似乎可以与欧洲的广场相媲美——堪称户外的客厅。

云南大理白族某村以榕树为中心形成的广场

苗族人民所崇拜的则是枫树，常把它当作村寨的标志，并在它的周围留出场地。每当芦笙节，村民们便聚集在这里迎接新春，祝福来年。所以人们又把它称为"芦笙场"。这种广场一般位于村头，虽然未经严格的界定，但对居民却有强烈的吸引力，据此，可以把它看成是一种心理场。

黔、桂一带的少数民族如侗族，常把广场与鼓楼相结合。这种鼓楼呈多层塔楼的形式，体量高大，外轮廓线极富变化。举凡村中大事均由族中长者在这里议定并昭示于村民，这样广场便成为村民集会的场所。此外，某些村寨还在广场的一侧设有戏台，每当节日便可在这里进行传统的娱乐或竞技活动。这种广场由鼓楼、戏台为依托，且这两者的体量又相差悬殊，致使广场多呈不对称的布局形式。与前述的对称形式的广场相比较，不仅景观内容更丰富，而且气氛也比较活泼。特别是体量高大的塔楼异常突出，不仅控制着广场，甚至可以控制全村，并成为引人注目的标志。

还有一种颇富乡土特色的广场，即江南水乡村镇中的水上广场。其特点是在临水的岸边建有戏台，台口朝着水面，村民乘船在水中观看"社戏"，待曲终人散，水面又恢复平静，并可用作停靠船只的港湾或码头。水上广场一般取开敞的形式，其形状、范围主要借水面与岸边来界定，因而其周界比较自由曲折。与陆地广场相比较，水上广场似乎更加优雅、宁静并富诗情画意。

以上所列举的各种形式的广场多与文化、宗教、信仰、习俗等有着千丝万缕的联系，因而多带有浓郁的地方色彩和乡土气息。除此之外，还有一种主要用来进行商品交易的集市性质的广场。由于商品交换是人们日常生活中所不可缺少的一部分，这种类型的广场便带有更多的公共性，它几乎遍布于全国各地的大小村镇。这种广场大体可以分为两种类型：一种是与街道相结合，即在主要街道相交汇的地方，稍稍扩展街道空间从而形成广场。这种广场面积虽然不大，但地位却十分重要，几乎成为村镇的中心。特别是由于街道和巷道空间均不外是一种极其封闭、狭长的带状空间，人们很难从中获得任何开敞或舒展的感觉，而穿过街巷一旦来到广场时，尽管它本身并不十分开阔，但也可借对比作用而产生豁然开朗的感觉。再说，沿广场四周均属商业店铺，人来人往，十分拥挤嘈杂，有这么一个稍大一点的广场空间，自然会使人们有更多的回旋余地。至于广场本身是否也进行商品交易活动，则要看广场的规模大小而定。如果规模较大，便有可能形成露天的集市，它将有助于吸引更多的摊贩和顾客来此活动，从而为村镇注入新的活力。但是这种情况仅限于某些商业比较发达的较大规模的中心集镇，一般的村镇很少有这种可能。

另外一种类型的交易广场则位于村镇的周边，并与主要街道相脱离。为与外部有方便的水、陆交通联系，其一侧多沿交通要道

与街道空间相结合的交易性广场（歙县潜口村）

与街道空间相结合的交易性广场（福建泉州）

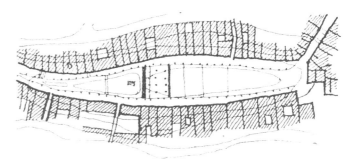

四川罗城一街道、广场、戏台融合为一体

或河边。这种广场多呈半封闭的形式，即三面由建筑所围合，临道路或河岸的一面敞开。这种类型的广场特别方便于附近农民来此赶集，所以多为农贸市场或菜市场。由于农业产品的季节性很强，每到隆冬岁残，市场便冷落萧条，这时尚可利用它进行各种庆典、娱乐或其他公共活动。

在交易性的广场中，一个十分独特的形式便是四川罗城的广场，它与街道完全融合为一体，平面呈梭形，两侧均由弧形的建筑所界定，当中宽，向两端逐渐收缩，在比较适中的部位还设有戏台。从总体布局看，整个集镇几乎完全围绕着广场而形成，因而能够给人以统一、集中和紧凑的感觉。这样的广场除可进行商业交易外，又可用作集会或其他娱乐、庆典活动，堪称为多功能性质的广场。

还有一些交易性的广场，它们基本与村镇相脱离，或仅依附于村镇的一侧。由于失去了建筑物的依托，呈完全开敞的形式，村镇建筑仅能为它提供一个背景轮廓。

○水塘（参看图版65～71）

山和水都是自然界中极富诗情画意的一种审美观照对象。自古以来不知有多少诗人画家为之倾倒，致使山水诗和山水画不计其数，从而形成独立的艺术门类。但是要问个究竟——它们何以能引起人们的美感？那就众说纷纭了。为了作出有力的论证，便不得不求助于古人，于是孔子的"知者乐山，仁者乐水"便被一再地引用。其实，那究竟有多少说服力，也是很令人存疑的。人们在凝神观看水的时候，确实可以获得某些美感享受，但究竟有谁能像孔子那样产生那么多的联想——"似德"

"似智""似仁""似勇"恐怕就难以作出正面的回答了。虽然道理不必深究，但仅凭直觉感受，水的景观作用似乎毋庸置疑。这不仅从中国古典园林中可以得到证明，即使在村镇聚落中，如果见到一方池塘，那么多少也会使人感到心旷神怡。可能正是出于这样一种经验，在许多村镇中，都力求借助地形的起伏，贯水于低洼处而形成池塘。有的甚至把宗祠、寺庙、书院等少有的公共性建筑环列于其四周，从而形成村镇的中心。例如皖南黟县的宏村，这是一个规模宏大、布局井然有序的明代遗留下来的村落。这个村的中心部分景观极佳，以一个半圆形的"月塘"代替广场，于月塘的北面安排了宗祠、书院等体量高大的公共性建筑作为背景，其他三面则以民居建筑相围合，从而形成一个以月塘为中心的既开阔又宁静的空间环境。在这里，水波不兴的池塘代替了嘈杂或者空旷、枯燥的广场，人们漫步于岸边微微弯曲的石板路面上，眺望倒映于水中的远山近景，自然会感受到一种盎然的诗意。

和宏村情况相类似的还有安徽青阳县境内的九华镇。它位于我国四大佛教圣地之一的九华山麓，是香客赴九华山朝圣的必经之地。镇的中心也设有一个半圆形的水池，池北为化成寺，坐落于高台之上，池南为一小广场，其周围环列着接待香客的旅店、饭馆、小卖等商业店铺，从而形成以水池—广场为主体的镇中心。该中心采用对称形式的布局，中轴线很强烈，气氛颇严肃。幸好在寺庙之

皖南宏村——以月塘形成全村的中心

南设有水池，借它所起的过渡作用，使宗教的严肃气氛有所缓和，并自水池开始逐步转化为市俗的市场气氛。

广东潮汕一带的村落一般也取对称的布局形式，并在中轴线的南端设有半圆形的水池。这种水池既可调节小气候，也具有一定的景观价值。与前两例不同，这种水池虽然也处在中轴线上，却四面临空，不能形成任何空间环境，仅能起到点缀景观的作用。

上述的几种情况，都是出于有意识的安排，不仅水池的形状比较严整，而且位置都选择在村镇的中轴线上，有的还借水池形成向心性很强的中心。但是对于大多数村镇来讲，由于形成过程的自发性，似乎并没有明

确地考虑到一定要以水塘为中心。然而由于水本身所具有的向心性特点，只要建筑物环绕着水面的四周，即使七零八落，也往往能形成某种潜在的中心感，尽管这种中心感有时足以控制整个村镇，而有时仅限于村镇的某个局部，从而形成副中心。

例如湘西吉首地区的矮寨附近有两个村，一个叫大兴寨，另一个叫小兴寨，它们各有一个水塘，其中一个水塘比较大，位置又比较适中，建筑物紧贴着水塘的周边而建，并围合成比较完整的空间。由于水塘在村寨中占的地位比较突出，从而形成全寨的中心。另一个寨子的情况则有所不同，其水塘比较小，位置偏于村寨的一侧，建筑物稀疏散落

以水塘形成全村的中心（湘西大兴寨）

以水塘插入村内的大理洱海之滨某村

地坐落于水塘的两侧，且不能形成任何明确的空间感。但是即使如此，单凭水塘本身所具有的内聚的特点，依然能借它把周围的建筑连成一个整体，并使之具有某种向心的感觉，从而形成村寨的副中心。

还有一些水塘，位于村落的周边，建筑物沿水塘三面围合，但与水塘的周边并不完全吻合，其间可插入一条狭窄的地带，起着过渡的作用。地带本身既曲折又有起伏变化，而且树木丛生或兼作菜圃，像是给池塘镶上了一条绿边。敞开的一面则设有供妇女洗衣之用的石台，水塘中还可以喂养鹅、鸭之类的水禽。这种靠近村边的水塘，除可为附近居民提供某些方便条件外，还有助于形成既优雅宁静又充满生活气息的空间环境。

和上述的情况相似，某些水塘虽然一直延伸到村落的腹地，但由于村落本身建筑物的布局比较松散，特别是沿水塘附近的建筑

以水塘与建筑相嵌合的景观效果（福建永定某村）

并非临水而建，而使得水塘的四周留有或宽或窄的缓冲地带。这样的水塘虽然不足以形成中心，但却可以起到调节环境气氛的作用，从而使村落免于枯燥，单调的感觉。

某些临近于建筑物的水塘，虽然对村镇整体景观并无甚大影响，但却可以起到衬托建筑物的作用。这里可分两种情况，一种是池塘为建筑物所环抱，这种池塘若似镶嵌于建筑物之中，与建筑物的关系十分紧密，加之池塘本身的形状又比较规整，犹如现代建筑中专为丰富景观变化而设置的水池。每当风平浪静，水面像是一面镜子，建筑物倒映于水中，若隐若现，自然会情趣倍增。另一种情况是水塘虽然临近于建筑，但自成一体，与建筑物的关系不甚紧密，这样的水塘既可以衬托建筑物，又可借建筑物当作背景。特

别是某些水塘其周围地形较富有变化，例如有护坡、石阶、曲径、小桥等作为点缀，从而形成一种浓郁的自然情趣和田园风味。总之，凡是临水的建筑，即使水塘本身平淡无奇，但至少也有助于获得某种开敞、宁静的气氛。

○井台（参看图版72～73）

在日常生活中，水是人们所不可缺少的资源之一。那么水从哪里来呢？在广大农村，只能从井中去取，所以井便成为组成村镇的重要因素之一。井，除了可以提供饮水外，还可以提供其他生活用水，如洗衣、淘米、

洗菜等。由于家家户户都离不开井，因而它就成为联系各家各户的纽带。特别是某些规模较大的村镇，如果设有若干个井的话，那么每个井都必然要服务于一定的住户，于是就形成了以井为中心而把村镇划分成若干小块的格局。

为方便汲水或洗刷衣物，井的周围多用石条砌筑成井台，如果它坐落于街头巷尾，还必须为之让出一个较为宽敞的空间。这样，既方便人们在这里汲水，又不致影响交通，于是就形成了一个小小的井台空间，这些空间或凹入街巷的一侧，或镶嵌在街巷的转角处。总之，都是借周围的建筑而围合成一个半封闭式的空间。如果周围的建筑尚不足以起到界定井台空间的作用，还可以通过设置

位于建筑附近的井台（浙江某村）

矮墙或照壁等来加强其空间领域感。某些坐落于村边的井台，四周比较空旷，没有现成的建筑可以依托，而为了避风向阳，特别是防止冬季井台结冰，多在其西、北两侧砌筑矮墙，从而专门为井台界定出一个空间领域。当然，也有某些井台四面临空，不作任何围护。

井台空间的形成，虽然主要是出于使用要求，但在村镇中，也可以起到丰富景观变化的作用。一般的街巷，其空间异常封闭狭窄，

位于巷口的井台空间（云南大理）

人们处于其中总不免有单调的感觉，如果能穿插一些小的节点空间，便会打破单调而增强其节奏感。街巷空间呈"线"状的空间形态，具有很强的连续性，井台空间则属于"点"状的空间形态，两者相结合，犹如文字中的标点符号，可借以分出段落并加强其抑扬顿挫的节奏感。

此外，井台空间虽然很小，却也是村落中不可多得的交往场所之一。特别是对于妇女来讲，她们很少有机会接触外界，更不可能参与其他交往活动。然而借淘米、洗衣之机，便可以走出家门，并相聚在这里说近道远、评议大千世界。据此，可以认为井台空间在村镇中不仅占有重要的地位，而且也是最富有生活情趣的场所之一。

中。近代城市的道路系统当然要复杂得多，但是出于交通的方便，也是经过周密的考虑，并作为形成城市的"骨架"而预先被确定下来。至于建筑物与道路的关系，一般地讲，按照局部服从整体的原则，也是把建筑物"填进"这种由道路系统所形成的网格中去，尽管这种网格有时并非十分整齐。衡量单体建筑设计是否与环境协调的重要标准之一，就是要看它是否与周围的道路系统取得有机的联系。于是道路网格就不言而喻地成为一种独立自在的参照系统，不是让它来适应建筑，而是让建筑来适应它。换句话说，就是要使各单体建筑的形状必须尽量地与其周围的道路相"吻合"。更具体地说，就是要使建筑物的周边或者与道路相平

行，或者与道路相垂直，或者保持某种相对应的关系。如果背离了这些原则，就会使人感到格格不入，甚至破坏整体的统一性，从而受到某种程度的贬斥。

农村的情况却与此大相径庭，在多数情况下则是房屋先行，待房屋建成后，再按照人们惯常的足迹"踏"出一条路来。所以在建房时便自由自在，不可能受到道路的约束，如果说也有制约的话，则主要是考虑地形和朝向等问题。至于路径，那是在房屋建成之后才想到的事，并且主要是凭着人的本能去判断、去寻求捷径。因而可以说建筑与路径这两者是各行其是，不存在任何相互制约的关系。那么，照此看来，是否会产生某种错杂、

○路径（参看图版 74~83）

俗话说："路是人走出来的"，这对于农村来讲则更为贴切。城市中的路恐怕就不能这么说了。凡城市，不论是现代还是古代，大体上都是经过人们的某种规划设想而形成的。例如《匠人·营国》中所说的九经九纬，便是按照网格的形式来确定整个城市的道路系统，并由此来划分坊、里，而建筑物则是尔后才被"填进"这种方方正正的网格之中，于是一种最适合的平面形式——四合院便应运而生，天衣无缝一般地嵌入到由道路系统而交织成的网格之

沿村边绕行的路径（皖南关麓村）

91

凌乱乃至互不协调的感觉呢？可能会有一点，但却无关紧要。相反，在许多情况下反而会使村镇景观出现某种意想不到的变化，并获得更多的自然情趣。

当一条路从村边通过的时候，就会出现建筑与路两者之间的关系问题。从城市景观的角度看，临近路边的建筑就应当与之相呼应。例如通常所采用的"周边式"的布局，就是使建筑物的长边紧贴着红线而建，其结果犹如在道路的一侧竖起一片又一片的屏幕。如果想获得一点变化，便只好穿插地使少数建筑的山墙对着道路，从而打破过分的封闭或单调感。如果使建筑物斜对着马路，便可能使人感到别扭——犹如一个"尖角"要撞击马路。这兴许是城市景观所必须恪守的美学原则，但是在农村却不受任何清规戒律的约束，人们可以自由自在地建造房屋：既可以离路近一点，也可以远一点；既可以与路相平行，也可以与之相垂直，而且在绝大多数情况下，则是既不垂直、也不平行，而是歪歪斜斜地呈任意角度。那么后果如何呢？不仅不会使人感到别扭，反而会使人感到自然、轻松、活泼而又千变万化。人们不禁要问：为什么在城市中不可行的原则而在农村中却可行呢？我想主要有两方面的原因：一是城市中的建筑不仅规模、尺度大，而且体形又多为比较方整的六面体，如果与道路的走向不相吻合，冲突就十分尖锐。农村建筑不仅体量小而且体形变化又比较复杂，反映在平面上其轮廓线多呈犬牙交错的折线形式，这

通往街口的道路（大理某白族村镇）

样，与道路之间的冲突就得到了缓和。此外，城市中的建筑与道路之间仅有一条很窄的绿带相隔，如果建筑与道路之间不相呼应，夹在两者之间的绿带就难以保持其完整性，这样也会使冲突更加尖锐化。农村的情况则不同，在建筑物之外还有许多附属的东西如院墙、篱笆、猪圈、牛栏、草垛乃至菜圃、水塘、沟、坎等，它们夹在建筑物与道路之间，犹如一个富有弹力的"软组织"，可以起到过渡和缓冲的作用，有了它，即使建筑物与道路之间存在着某些冲突或矛盾，也不会使人感到过分突然和生硬。

通进村镇的道路，起着把人们由村外引导至村内的作用，对于村镇景观也具有一定的影响。一个陌生的人，假定他第一次来到某个村镇，那么他所得到的第一印象就是通过这条道

通往街口的道路（福建古田某村）

路而获得的。他必然要经历着一个由远而近的过程，而这个过程正是发生在这条道路上，起初，他所看的是村镇的远景，映入眼帘的仅仅是整个村镇的一片朦胧的轮廓，沿着道路继续前进，层次便逐渐地清晰起来。如果通往村镇的是一条笔直的大道，由于距离渐次缩短，建筑物在画面中所占比重愈来愈大，直至充满于整个视野，但是因为透视角度没有明显的改变，因而画面构图依然不会发生显著变化。这种情况很像摄影机把远景拉到近处，直至变为特写镜头，所不同的是：摄影机拉近时所用的时间很短，变化进程很快，人的行进速度有限，变化进程十分缓慢，因而不免使人感到平淡无

奇。如果所走的是一条弯弯曲曲的小径，这时，其视点将会发生两个方向的位移：一是向村镇靠近，二是时而偏左、时而偏右，偏转的角度愈大，画面构图的变化则愈显著。从这个意义上讲，进村的道路愈是盘迁曲折，所摄取的画面效果将愈富有变化。如果进村的道路经过一个大的回转，起初，当人们处在远处时，很可能看不到村口，而只有在接近村镇时才峰回路

转，于不经意中突然发现村口，这种突然的发现，比之缓慢地接近，更会给人留下更加深刻的印象。

进入村镇的道路通常还有高程的变化。这是因为一般的村镇为防止水灾，多选择在地势突兀的高地上，致使进村的道路在临近村口时必须设置台阶。当人们从远处看时由于仰角很小，建筑物显得比较平稳，而在临近时，仰角便随之而加大，这时所摄取的图像便具有仰视的效果。

道路进入村内，便更加曲折自如了。特别是地处丘陵地带的村落，建筑物多受地形的影响而呈不规则的布局形式，作为村落内部交通联系的路径，既受地形影响，又必须连接各家各户，便只好迁回曲折地穿插于各建筑物之间。这些道路时而开阔，时而为建筑物所夹峙，时而借助矮墙、绿篱作为依托，总之，其变化异

常丰富。特别是一些盛产石料的山区，常用片石或卵石来铺砌路面，既方便行走，又可以把路面明确地强调出来，加之道路本身又曲折蜿蜒，犹如一条纽带，借助它将有助于把七零八落的建筑连接成一体。

然而，在相当多的情况下，因条件所限，村内的道路多以土为路面。这些道路有时比较明确，有时便与其他土地连成一片，这样的道路凡以建筑、墙垣或沟、坎为边界时，人们便能明确地感觉到它的存在，若与土地连成一片时，道路的边界就变得十分模糊，有时甚至完全消失在一片土地之中。这种时显时隐的土路虽不引人注目，但依然可以起到连接各单体建筑的作用，特别是因为它没有明确的边界，将更容易把各种孤立零散的要素都融合在一片混沌的大地之中。

坐落在地形陡峻的山村，其道路必然呈台阶的形式。为就地取材，多以不规则的石块来砌筑路面。这种道路视地形变化，某些段落比较陡峻，非设置台阶便难以攀登，某些段落比较平缓，兼或可以采取缓坡的形式。至于路基，为防止雨水冲刷，一般均高出地面，但是某些段落也可能局部地凹入地平以下，如果低于地平，在道路的一侧尚须留出排水的沟涧。这样的道路须顺应地形变化而随弯就曲，加之时而平缓，时而陡峻，所以无论在平面或高程两个向量上都可能发生多种多样的变化。由于路面不平，走起来不免崎岖，但却充满山村所特有的自然情趣。另外，从视角方面看，每当从低处沿着弯弯的山道向

既蜿蜒曲折又高低错落的村内路径（湘西吉斗寨）

高低错落的街边路径（湘西某村镇）

上攀登时，所看到两侧的建筑均为仰视的角度，虽然说不上巍峨壮观，但多少也能使人感到气势轩昂。而回过头来，则又可俯视身后的景物，由于居高临下，致使视野十分开阔。总之，与行走在平地相比其景观变化确实要丰富得多。

还有一种山村道路，其一侧依附于建筑物壁立的台基，另一侧则随山势顺坡而下。由于台基呈跌落的阶梯形式，山道也随之而时陡时缓。这样，每当走完一段台基，便可获得短暂的停歇。其平缓的段落犹如楼梯之中的休息板，经由这里又可方便地连接各户人家。这种时而陡峻、时而平缓的山道，无论是看上去或是行走其上，均可获得某种韵律节奏感。

为了减缓道路的坡度，某些山村常使道路呈盘旋的曲线或"之"字形的折线形式。换句话说，就是用增加道路长度的方法来降低道路的坡度。例如采用盘旋形式的道路，其平面犹如正弦曲线，由于拉长了道路的长度，从而便有效地降低了道路的坡度，假如原来的地形并不十分陡峻，完全有可能用坡道的形式来取代台阶。即使地形比较陡峻，至少也可以部分使用坡道来取代台阶，或者减小台阶的高宽比，这既方便于行走，还有助于把人的注意力从紧盯脚下转移到观景。此外，由于行走的方向不断改变——时而向左、时而向右，这样，既扩大了人的视野范围，又可使观景的角度获得多种多样的变化。

还有某些山村，不仅地形十分陡峻，而且建筑相当密集，两列建筑虽前后檐紧紧相连，而在高程上却相差数米，几乎没有什么回旋余地来减缓道路的坡度。面对这种情况，便只能采用曲折的"之"字形道路来解决村内的交通联系问题。这种道路不仅台阶陡峻，而且多夹于两建筑物基座之间。其景观特点是：视野十分狭窄，但仰视或俯视的角度很大，转折异常明显，因而常可获得某些构图十分独特的画面效果。

盘回于村内的道路，还经常与排除雨水的沟涧相结合，不仅是地处山区的村落如此，即使是平地上的村落也往往是这样，地处山区的村落，建筑物的走向多与等高线相平行，而村内主要道路便自然地与等高线保持相互垂直的关系，因为只有这样才能经由它从低处走向高处，从而沟通不同层面之间的联系。这就意味着道路必然要跨越等高线而呈台阶或坡道的形式。而雨水也必须经过集中、汇合等过程后再寻求一条自上而下的通路排到山下或附近的河流中去。这条通路便经常与道路相平行，即沿着道路的一侧留出排水的沟涧。为避免切断横向之间的联系，每隔一定距离尚需在沟涧之上搭上一块石板，权当桥梁，并借以通往各户人家。这种沟涧由于坡度很陡，经常处于干涸状态。但是即使如此，看上去也别有情趣。如果遇到雨天，便水声潺潺，犹如一条多级的泻泉。每当山洪暴发，

以"之"字形盘回的路径来连接各家各户（湘西某村）

则一泻而下，更具有一种磅礴的气势。

在地势平坦的情况下，与道路并行的排水沟渠，经常是贯注满盈，犹如一条清泉，伴随着小径，萦绕盘回于弯弯曲曲的巷道空间，饱含着湿润与清新。

台阶均由石料所砌筑，但是加工的情况却有很大的差别，有的比较粗糙，有的则相当精细。这种差别均与所在村落的经济、文化发展水平有着密切的联系。偏远地区的山村，经济上比较贫困，不仅居住条件简陋，而且也没有充裕的财力、物力来发展修桥、铺路等公共设施。这样的村落必然因陋就简，通常就是直接使用未经加工的天然石料，只不过在采集时略加挑选，即选择那些比较扁平的条石来充当台阶，并尽量使较为平整的一面朝上，再经过成年累月地践踏，以使之日趋光滑。至于其他各面则基本镶嵌于泥土之中，听其自然。这样的台阶虽然不甚整齐，却也朴实自然，颇能与竹篱茅舍之类的民居建筑保持和谐统一，而自成天然之趣。

经济比较富裕的地区，特别是商业集市，财力、物力均比较优越，完全有条件把天然石料加工成方方正正的条石来砌筑台阶。这样的道路不仅方便行走，看起来也见棱见角，这种道路多见于集镇中的街道。还有少数地区不仅经济富庶，而且从文化的层面上讲，又注重典雅，不仅民居建筑精雕细刻，而且连街巷的地面也铺设得整整齐齐。如果需要设置台阶，则同样是认真对待，不仅加工砌筑得相当精细，而且还按照行走的习惯来区分踏步的尺寸，以分别适应老幼病残或成年人的行走。除此之外，甚至还留出一条很窄的坡道以方便于行车的需要。

总之，不同的经济、文化水平所造就出来的村镇整体空间环境，必然潜在地蕴藏着它们自身的统一性。道路的铺设和台阶的砌筑，虽然只是构成村镇整体景观的一个组成部分，却也毫无例外地与建筑、街、巷等保持着内在的联系和必然的统一。

○溪流（参看图版 84～86）

溪流，不同于江河，没有它们那种浩荡

以乱石形成的路面及台阶（湘西小兴寨）

以整齐的条石形成的台阶（皖南屯溪）

的气势；也不同于池塘，不像它们那样静谧、安详。它小巧蜿蜒，但却充满了活力。王维的诗句："明月松间照，清泉石上流"正是以静与动相对比而道出了溪流所独具的诗情画意。唐宋八大家之一的柳宗元曾有一篇《愚溪诗序》，文中写道："溪虽莫利于世，而善鉴万类，清莹秀彻，锵鸣金石，能使愚者嬉笑眷慕，乐而不能去也"。这篇文章虽然有更深的寓意，但是从中也可以看出他择溪而居时对环境之幽美所作出的渲染。建筑大师莱特所设计的流水别墅便是使考夫曼先生的住宅悬挑于熊溪（Bear Stream）之上，其构思之巧妙与环境之优美均无与伦比而脍炙人口。由此可见，如果能够临溪而居，确实可以利用溪流的有利条件而获得极为优美的自然环境。传统民居建筑也有相当多的实例可以说明因为坐落在溪流之畔而具有良好的环境及景观效果，虽然它的主人未必有意识地为追求景观效果才把住房建造在溪流之滨。

溪流与村镇的关系不外有两种情况：一种是沿着村落的边缘涓涓地流过，另一种是贯穿于村镇的中间。前一种情况多出现于山村，民居建筑傍山而建，依地形起伏而参差错落，并通过台阶而直落溪边，濒临于溪边的人家便可得"近水楼台"之利，他们不仅可以充分利用溪水来方便生活，而且还可以使生活更加接近自然，从而获得浓郁的山石林泉等自然情趣。贯穿于村镇之中的溪流，其两侧均为建筑所围合，与前一种情况相比，其自然情趣虽不免有所逊色，但是它却完全不同于前文所分析的江南水乡中的水街或水巷。水街或水巷，虽然也是由建筑物沿着一条水道的两侧来围合空间，但是由于水道本身比较规整，特别是建筑物直逼水道的边缘，并且又十分严密地形成了一个若屏风一般的界面，这样就界定出一个既规则而又封闭、狭长的带状空间。不言而喻，这种空间纯属人工围合，而没有多少自然情趣可言。临溪的建筑则不然，首先，溪流本身不仅有宽有窄，而且又比较曲折蜿蜒，随着水位的涨落还会出现形状多变的滩地，这就意味着在很多情况下它与陆地之间并没有一条明确的边界——岸。其次，沿溪流两侧而建的民居建筑不仅参差错落，而且与溪流之间往往还保留一条宽窄不等的缓冲地带，这个地带地形变化比较复杂：可以是缓坡，也可以是陡

小溪自村边涓涓流过（永定石坑）

溪流贯穿于村镇之内（富阳龙门镇）

坡，或者是筑成台地的形式。为了沟通上下之间的联系或使人们可以循着台阶而下到溪边，尚须设置各种路径。加之溪流两侧或佳木葱茏，或乱石林立，或平沙浅滩，或卵石铺陈……。总之，其自然情趣之迷人，远非水街、水巷或一般村镇可以与之相比拟。特别是某些分散独立的小村落，建筑物稀疏散落地分布于溪流的沿岸，其环境之优美尤其令人神往。即便是穿过村镇内部的溪流，虽然受人工影响其自然情趣有所减弱，但依然可以起到调节某种气氛的作用，而使村镇景观富有独特的生机、活力和情趣。

○台地（参看图版 87～91）

台地，主要是指因地形起伏，建筑物顺应地形变化而分别建造在不同高程的台基之上，从而形成多种多样的景观变化。自然村镇不同于城市，后者虽然也可能选择在地形起伏的山地，从而形成所谓的"山城"，但是在许多情况下，出于经济、交通或建造方便等诸多因素的考虑，还是尽量避免把城市建造在地形起伏的山地，而力求选择一些比较平坦的地带来作为城市发展的用地。此外，即使是山城，尽管地势起伏不平，人们还是拥有比较有力的手段

建造于以石块堆叠的台地之上的民居建筑（湘西茶油坪村）

临溪而建的民居建筑（富阳龙门镇）

来改造自然地形，使之适合建造房屋的需要。这就意味着，虽然从整体上不可能把它夷为平地，但是至少就局部而言还是有条件适当地加以平整，从而使相邻近的建筑大体上处于同一高程之上，以便保持城市景观的规整性。自然村镇的情况却不是这样。首先，它没有多少选择的余地，特别是地处山区的村镇，由于耕地短缺，而平旷的地方更适合耕作，为不与农田争地，村落便多选址于地形起伏的坡地。其次，村镇的整体结构毕竟比城市简单，相互之间的

联系又比较松散，因而即使选择在坡地，也不会带来什么棘手的问题。然而，更为重要的依然是村镇形成过程的自发性。由于事先并没有一个整体的规划，村民多随机应变，只要选中一小块能够满足他独家居住、比较平坦的地段，便不再耗费更多的劳力去改造自然地形。因而，单就一家一户而言，便基本处于同一高程。至于户与户之间能否拉平，便不再是人们所关心

的问题。基于上述的这些原因，凡处于山区的村镇，便不可避免地会出现重重叠叠的台地，而民居建筑便坐落在这一层层高低错落的台地之上。

虽说独家独户的村民没有可能大范围地改变自然地形，但是对于他们自己家宅周围的环境的经营不仅是力所能及，甚至是不遗余力的。例如筑台，这就是对自然地形的一

种加工和修整，一般均按就地取材的原则，用天然石块或稍经加工的石块，顺应地形的变化，先砌筑挡土墙，然后再填以土石，夯实之后再以比较平整的石板铺面。这些加工虽然比较粗糙，但对于村镇的整体空间环境以及景观变化却可以起到很大的作用，这些作用主要表现在以下四个方面：

一、使村镇整体具有高低错落的变化。平地上的村镇，建筑物基本处于同一高程之上，虽然由于建筑物本身有高有低，或者因为屋顶形式的变化，也可能具有参差错落的外轮廓线，但是人们在户外的活动，却依然处于同一个基面之上。在高低错落的台地上建造民居建筑，即使建筑物本身没有明显的高低错落变化，但由于所处的基地的高程不同，其外轮廓线依然参差错落，而不致流于单调。如果建筑物本身又富有变化，再加上基地的错落，那么其变化将更加丰富。

二、人们的户外活动并非处于同一基面，而是在高程变化不同的各个台地之上，各台地之间有的相差甚小，仅几步台阶或者以坡道即可相连，有的则相差数米，几乎与下一层的屋顶持平。在这样的村镇中，人们的户外活动必然经历着错综复杂的变化——忽而登高，忽而就低，时而又处于平坦的台地之上。与活动在同一个基面上相比，给人造成的心理和视觉上的变化显然要丰富得多。例如处于高处时，由于视野比较开阔，从而可以获得某种开朗与舒展的感觉，而处于低处时，由于视野受到阻隔，便会产生封闭、局

建造于台地上的浙江民居（选自《浙江民居》）

以乱石垒成的台地（湘西茶园）

促的感觉。概括地讲，前者主"开"，后者主"合"，时高时低，便意味着忽开忽合，这种开与合的交替变化，必将对人的视觉心理产生某种激荡的作用，从而有助于打破单调的感觉。

三、由于人们活动的基面充满了高与低的变化，由此而摄取的图像有时呈仰视的角度，有时呈平视的角度，有时则呈俯视的角度，或者在同一个画面上兼有以上三种角度的图像。即使是很平淡无奇的民居建筑，由于视角的变化也会形成各具特色的画面构图。而且随着视点的移动，这些角度又处于一种相互转换的过程之中，例如登高时，原来仰视的构图渐次地转化为平视；平视的角度稍稍地转化为俯视；

原来俯视的角度则随着视点的升高而更加大了它的俯视角度。反过来——视点降低，其情况也是一样。这些丰富多彩的画面构图，恐怕只有在地形多变的台地上建造的村镇才能看到。

四、极大地丰富了外部空间的变化。对于一般的村镇来讲，它的外部空间主要是借建筑物的围合而形成的，可以分为两大类：一类呈比较规则、封闭或半封闭的形式，如街道或巷道空间、广场空间、院落空间等。这些空间的范围比较明确，虽然形状千变万化，但不外都呈某种规则或不规则的几何形式。另一类外部空间虽然也由建筑物所界定。但并没有明确的意图，仅是建筑物之间的空间部分，犹如某种填充物，既没有确定的形状也没有明确的范围，

为有别于前一类空间形式，近年来人们常把这种空间称之为拓扑形式的空间。尽管它们之间有所区别，但是上述两种形式的外部空间均不外是借建筑物、墙垣等人工方法来围合或界定才得以形成的。处于台地上的村镇，除了以上两种形式的外部空间外，还增添了另一种类型的外部空间：即顺应地形变化而筑台之后所形成的一系列的外部空间。这种外部空间一半是出于自然地形的变化，所以带有明显的拓扑形式空间的特点；另一半是出于人工的调节和修整，所以又兼有欧氏几何的特性。由于第三种类型外部空间的出现，以地处台地上的村镇与一般村镇相比，前者的外部空间变化必然要大大地丰富于后者。

特别值得强调的是，这里不能简单地理解为数量或类型的增加。实际上这三种类型的外部空间并非相互独立隔绝而自成体系的，相反，却是相互贯穿、渗透并融为一体的。所以增加一种空间类型便意味着多一重变化的基因，如果与以上两种空间形式加以排列组合，不言而喻，其变化之多样，将是难以估量的。

○屋顶（参看图版 92～99）

C·亚历山大在《模式语言》一书中曾高度评价了屋顶对于建筑的象征意义。他写道："屋顶在人们的生活中扮演了重要的角色，最原始的建筑可以说是除了屋顶之外而一无所有

的。如果屋顶被隐藏起来而看不见的话，或者没有加以利用，那么人们将难于获得一个赖以栖身的掩蔽体的基本感受"。然而自新建筑运动广为传播，特别是勒·柯布西耶提出的新建筑五点建议——立柱、底层透空／平顶、屋顶花园／骨架结构使内部布局灵活／骨架结构使外形设计自由／水平带形窗——之后的半个多世纪以来，平屋顶风靡世界各地，传统的建筑形式几乎被千篇一律的火柴盒式的"国际风格"的建筑所取代。从20世纪60年代起人们又开始对"国际风格"的建筑进行反思，并认为它彻底地否定了历史和地方文脉，最终不仅导致建筑形式的千篇一律，而且还必然流于枯燥和冷漠无情，致使风行一时的平屋顶和方盒子式的建筑风格有所收敛。与此同时，某些建筑师又试图在屋顶上做文章，希望从历史传统或乡土建筑中寻求启迪。

正如C·亚历山大所描绘的那样，中国的传统建筑对于屋顶的功能和象征意义也是极为器重的。特别是"官"式建筑，其屋顶不仅又高又大，并且用色彩斑斓、闪闪发亮的琉璃瓦来覆盖屋面，此外还精心地推敲它的曲线变化并把细部装饰得十分精美。故而至今人们还把"大屋顶"和中国古典建筑形式紧紧地相联系。

民居建筑的屋顶，虽然不可能像官式建筑那样华丽和精雕细刻，但是就其形式的自由活泼和组合的多样性和变化性却有过之而无不及。这是因为官式建筑无论在平面组合和构造做法上都必须严格地受到法式的限制，

屋顶穿插变化及其丰富的浙江楠溪江民居建筑

因而其外形便相当地被程式化了。例如屋顶形式，除个别建筑如北京故宫紫禁城的角楼、河北定县龙兴寺中的摩尼殿、北京雍和官大殿等屋顶形式通过组合而具有复杂的变化外，一般建筑其屋顶形式被规范化地确定为庑殿、歇山、悬山、硬山四种基本形式，而这些屋顶仅适合覆盖矩形平面的建筑。至于群体组合，则只限于用廊子来连接各个独立的单体建筑，所以屋顶本身依然故我，呈某种确定不变的形式，这样便排除了把不同形式的屋顶加以组合的可能性。民居建筑却不是这样，由于系村民自建，便不受任何清规戒律的约束和限制。各幢民居建筑，或出于使用要求不同，或受到地形的影响和限制，或因为一次又一次地扩建，致使建筑物的平面形式各

不相同，多数建筑物的平面都呈不规则的形式，因而不可能覆盖在一个方方正正的大屋顶之下。这就意味着必须化整为零，即用多种形式的屋顶加以组合，因此便出现了极其多样的屋顶形式变化。

应当指出的是，由于民居建筑建造过程的自发性，事先并没有一个统一完整的规划和设计，所以很多问题都是在建造过程中随机应变，并在建造的现场根据具体情况而加以解决的。特别是屋顶部分，都是由许多斜面相互组合而形成的，所以空间、结构关系异常复杂，即使有一定空间想象能力的工程师，要事先想得十分周到并准确地确定各部分的尺寸和相互组合关系也并非是一件容易的事，对于没有经过专业训练的村民来讲，则更是无法想象。然而要

不拘泥于形制的民居建筑屋顶变化（湘西吉首）　　　　　　　　　　　不拘泥于形制的民居建筑屋顶变化（湘西茶园）

是在现场边建造、边解决，却可使复杂的问题变得简单起来。再者，农民建造住房要求也不甚严格，如果遇到了困难就临时"凑合"，所以无论是屋顶的坡度、天沟的角度乃至各部分屋顶之间的结合，都没有一定之规。这从一方面来看确实很不严谨，但是从另一方面看，正是由于不拘泥于一定的形制，所以才变化多端，并充满了生气和活力。

从村镇的整体景观角度看，屋顶作用的大小还取决于建筑物的群体组合方式。群体组合愈是自由灵活，屋顶形式的变化便愈丰富。反之，群体组合愈是程式化，其屋顶形式便愈单调。例如北京地区的四合院民居建筑便是属于后者。北京地区四合院由于采用一正两厢的布

局形式，各建筑物之间互不关联（只是借廊子来连接建筑物），其屋顶一般均呈两坡硬山的形式，加之各建筑又取面向内院的布局形式，所以从外部看其屋顶形式变化并不丰富，对于村镇整体景观所起的作用也不显著。云南的一颗印民居建筑，虽然也呈四合院的布局形式，但平面组合十分紧凑，正、厢房之间的屋顶相互连接成为整体，特别是正房部分的屋顶显著地高出两厢，而两厢的屋顶又呈一坡长一坡短的偏脊形式，与北京四合院建筑相比，其屋顶形式的变化则较为丰富。皖南、福建一带的四合院民居建筑，由于布局比较灵活，特别是体形上略有高低错落的变化，与北京地区四合院建筑相比，其屋顶形式的变化则更为丰富。

但是总的说来，四合院建筑由于大体上保持左右对称的外形，总不如非对称特别是自由灵活布局形式的民居建筑其屋顶变化来得丰富。例如湘西一带的苗族民居，虽然大体上保持对称的形式，但往往在其一翼突出一个"吊脚楼"，并在主体建筑屋顶之中凸出一个小小的歇山式屋顶，这不仅打破了机械对称的体形，同时也大大地丰富了屋顶形式的变化。

然而，与自由布局的民居建筑相比，带有吊脚楼的湘西民居的这一点变化依然不足称道。所以从屋顶形式变化的角度看，某些浙江民居、福建永定一带的民居、桂北民居以及湘、黔一带的民居，由于彻底地摒弃了四合院的布局形式，从而使得屋顶形式具有极其丰富和多样性

借吊脚楼而丰富屋顶变化的湘西苗族民居建筑

因体形组合多变而导致屋顶变化丰富的浙江民居（选自《浙江民居》）

屋顶变化极其丰富的福建永定民居

的变化，而以这些建筑组成的村镇，其整体景观效果便在很大程度上来自于屋顶形式的变化。

屋顶形式以及相互之间的组合关系，也因各地区气候、结构方法以及文化传统的不同而各具其乡土特色。例如浙江民居，便是以单体建筑屋顶形式的复杂多变而见长。浙江民居虽然也有不少仍然采用四合院的布局形式，但是在地形起伏的山区其建筑物的平面布局却十分自由灵活，这样便给屋顶变化创造了有利的前提。由于平面充满曲折和凹凸变化，反映在屋顶上往往是纵横交错、互相穿插，而随着各部的宽窄变化，屋顶的高度、屋脊的位置、举架的大小，天沟的走向等均各不相同。局部凸出的地方，则随凸出的程度而使披檐具有宽窄或高低的变化。这样，单就一幢建筑物的本身来看，其屋顶形式便充满了千变万化。

福建民居也有类似于浙江民居的特点，但是它的屋顶形式变化却更有赖于村镇的整体组合。特别是永定一带的民居建筑，其屋顶常呈歇山的形式，出檐极为深远，但坡度却比较平缓，这种屋顶形式不仅很轻巧而且外轮廓线也相当优美。总之，很富有个性和乡土特色。但是单就屋顶本身来讲其形式却比较单一，然而通过整体组合，特别是以纵横交替和高低错落的方法来重复使用大体相似的同一种屋顶形式，却也可以获得极其丰富和多样性的变化。

桂北民居也是借整体组合而充分显示其丰富多彩的屋顶变化的，它的主要特点突出表现在层层叠叠的披檐的运用上。桂北民居主要以木结构为骨架，通常呈多层的形式，每升高一层便略向后收进，这样便自然地出现一条披檐。有时为了遮阳的需要，即使不向后收进却也出披檐，甚至于一层之内出现两层披檐。于是随着建筑物层数的增多，便自然地出现层层叠叠

借披檐而丰富其屋顶变化的桂北民居及村镇

滇西南干阑式民居所独具一格的屋顶形式

的披檐。此外，由于当地的气候条件对于通风的要求较迫切，而木构架又有可能使建筑物保持最大限度的通透与空灵，这样便使建筑物的外观呈现出极其强烈的、虚实相间的横向分割的构图。在这种情况下，间或出现一些山尖，便可以打破因过多水平分割而导致的单调感，并借此对比而求得变化。

湘、黔一带的民居建筑则兼有以上两方面的特点：一部分民居建筑其本身的屋顶形式就很富有变化，但是从总的方面看，主要还是通过整体组合才使得屋顶形式得以充分地显现出其景观价值的。

云南西南部西双版纳一带少数民族居住的干阑式民居建筑，均呈独立的形式，但是其屋顶形式却独具特色。这和当地的气候以及结构方法也有某种内在的联系。这种以竹子为骨架的民居又称竹楼，其屋顶既陡峻又十分高大，并带有一个很小的歇山。由于建筑物被支撑于地面之上，并且经常沿着建筑物的一侧或两侧搭出比较宽大的挑台，为了覆盖挑台便使屋顶向下延伸，或单独设置披檐，于是其屋顶形式就随之出现了许多变化。干阑式的民居建筑不仅屋顶高大、形式变化多样，特别是由于建筑本身低矮、空灵通透，所以屋顶部分显得格外突出，很像C·亚历山大所描绘的："除了屋顶之外而一无所有的原始建筑"，这就是说其屋顶所具有的象征意义特别突出。

无可讳言，也有某些地区的民居建筑虽然也有屋顶，但是其形式却比较单一，加之整体组合又缺少变化，屋顶形式基本上是某

一种类型的简单重复，这样，从村镇的整体景观效果看，就不免会流于单调。

○马头墙（参看图版100～102）

马头墙又称封火墙，它高出于屋面，借它的阻隔，可以起到防止火灾蔓延的作用，这对于采用木结构的民居建筑来讲，无疑是至关重要的，因而被广泛应用于皖南、浙、闽、赣、湘、黔等地区的民居建筑。除了防火的功能外，由于它高出于屋面，形象十分突出，无论对于单体建筑的外观或是村镇整体的景观所起的作用都异常显著，特别是村镇的整体景观，借助于屋顶和马头墙的相互穿插和交相辉映，每每可以给村镇的整体印象确定一个基调，并赋予村镇以浓郁的乡土特色。人们一看到某种形式的马头山墙便不期而然

地联系到当地的传统建筑文化，并借以了解当地人民的审美情趣和喜好。

马头墙和屋顶的关系十分密切，从某种意义上讲，它本身就是属于硬山屋顶的一个组成部分，只不过它比北方地区广为流行的硬山屋顶山墙更高、更突出、更富有装饰色彩和变化，因而对于村镇景观所起的作用也更大、更突出。从防火功能看，马头墙必须高出屋面。在满足了这一基本要求之后，关于它的轮廓和形式便不受任何约束，这样，人们便可以按照自己的爱好随心所欲地选择形式，而不像其他建筑要素如屋顶、门窗、台基等往往由于气候、功能或结构方法等诸多因素的制约而大同小异，甚至千篇一律。正是基于这种原因，不同地区的马头墙便各有自己的特色，即使是同一地区的马头墙也千变万化而没有定规。从这个意义上讲，可以认为马头墙最富有象征意义，也最能反映一个地区民居建筑的特色和风貌。

马头墙在村镇景观中的作用主要表现在三个方面：一、极大地丰富了村镇立体轮廓线的变化；二、具有强烈的韵律和节奏感；三、具有引人注目的动势感。之所以能起到这些作用，无疑与马头墙本身的形式特征有紧密的联系。首先，为了满足防火的要求，马头墙必须大大地高出于屋面，加之它本身的外轮廓线多呈跌落的台阶形状，这不仅可以丰富单体建筑的外轮廓变化，同时也有助于丰富村镇整体的立体轮廓线变化。这对于位于平地上的村镇其作用尤为显著，由于这些村镇基本上都是由高度大体相同的民居建筑所组成，一般来讲其整体轮廓线不可能有较大的起伏和变化，在这种情况下，高出屋顶并充满起伏跌落变化的马头墙，将有助于打破这种平淡和单调的感觉。

跌落、台阶形式的马头墙除具有起伏的变化外，还能给人以强烈的韵律感，这在单体建筑中虽有所体现，但并不强烈，然而在群体组合中由于一再重复地出现，其效果则更加明显。特别是从远处去看某一村镇的整体景观时，由于起伏跌落的马头墙不仅一再重复出现，而且透视角度又各不相同，再加上有的受光，有的背阴，这样，从视觉效果上看既充满了变化，又包含有相同或近似的形式特征，因而其韵律感便格外地强烈。

除呈跌落形式的马头墙外，还可以把马头墙做成各种曲线的形式。特别是在福建省各地区，其马头墙的形式千变万化，当地人

呈曲线形式而独具一格的福建民居马头墙

湘西民居的马头墙

民在马头墙的创造上倾注了很大的热情和精力，他们尤其偏爱各种曲线形式的马头墙，其中有一种被称为"猫拱背"的马头墙，其外轮廓呈反曲的形式，能给人强烈的动势感。其他如江西、湖南一带，即使采用跌落形式的马头墙，还要在其上椽镶嵌瓦檐，并用青

灰抹出脊背，此外，还特别使脊的外端高高地翘起，这种形式的马头墙不仅轻盈秀美，并且也富有动势感。对于某一村镇来讲，如果大量重复使用上述两种类型的马头墙，特别是曲线形式的马头墙，不仅可以丰富外轮廓线变化，并获得某种起伏的节奏和韵律感，而且尚可给人以强烈的动势感。

马头墙虽然出于防火的要求，但其形式处理却带有浓郁的地域和乡土特色。例如皖南民居，其马头墙多呈跌落的台阶形式，外轮廓线横平竖直，脊背多不起翘，装饰和色彩也比较简洁淡雅，能给人以清新和朴素无华的感觉。湘、赣一带的马头墙，不仅厚重而且脊背起翘，沿瓦檐的下部常作彩绘或砖雕，给人的感觉则比较富丽而凝重。福建省的马头墙不仅装饰富丽，而且外形也变化无常，其外轮廓线常呈复杂的曲线形式，即使在一省之内往往因地区不同而各呈异彩和风貌。

湘西民居马头墙的细部处理

福建民居马头墙的细部处理

画家笔下的《阳朔渡口》　吴冠中作

○层次·环境·意境
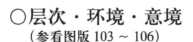
（参看图版 103 ~ 106）

村镇的整体景观，在很大程度上还取决于它所处的自然环境。特别地地处山区的村镇，或背山临水的村镇，自然环境对于村镇整体景观的影响尤甚。某些村镇，虽然深入到它的内部其空间和景观变化相当丰富，但

是从它的外部，特别是从远处去看它的整体，便仅仅剩下了一个外轮廓线的剪影，这条外轮廓线有时因高低错落而起伏变化，有时也不免会流于单调。即使具有高低错落的变化，若没有必要的背景作为衬托，也依然会使人

感到单薄。例如平原地区上的村镇，如果从远处去看它的整体景观，便时常会使人感到单调。山区的村镇则不然,借助于山势的衬托,便可以获得丰富的空间层次变化。起伏的山峦其形状虽然千变万化，但随着距离的推远，它本身的凹凸转折便逐渐地被淡化,从而形成一种屏障，犹如村镇的背景，可以起到衬托村镇整体景观的作用。某些村镇，虽然本身的景观变化并不丰富，但是作为背景的山势，或因起伏变化而具有特别优美的外轮廓线，或因远近分明而具有极其丰富的层次变化，都可以弥补村镇景观的不足，从而在整体环境的景观上获得良好的效果。

就整体效果来讲，由建筑物组成的村镇，通常扮演着近景的角色，其特点是比较实，尽管内部的虚实凹凸关系已经因为距离的推远而有所淡化，但仍然依稀可以分辨，加之又系人工所建造，无论在轮廓线的转折或色彩、凹凸转折以及光影的变化上都比较凝重。作为背景的山，则通常扮演中景或远景的角色，作为远景的山十分朦胧、淡薄，有时则仅仅剩下一条清淡的外轮廓，但是这条轮廓线的起伏变化却起着不容忽视的重要作用。某些风景胜地的名山，往往就是因此而传为佳话，例如山水甲天下的桂林，在其通往阳朔的漓江两岸，便因山势的起伏变化而异常优美，并据此而流传着许多动人的故事。坐落于两岸的村镇如新屏、阳朔等，都借助于远山近水的衬托而奇丽丛生。作为中景的山，介乎于村镇与远山之间，这个层面虚实参半，

自然环境优美，富有层次变化的湘西德夯村

起着过渡和丰富层次变化的作用，不仅其外轮廓线的变化会影响到整体景观效果，而且山势的起伏峥嵘以及光影变化也都在某种程度上会对村镇的整体景观产生积极的影响。

这种富有层次变化的景观效果，实际上是人工建筑与自然环境的叠合，而自然环境是客观存在的，人们只能选择，而无法加以改变，甚至在建村的时候根本就没有意识到它的存在

富有诗情画意的《雨后山村》　吴冠中作

与自然环境融为一体的湘西苗寨

与影响，因而效果的取得全凭偶然。从整体看，自然环境的景观价值有时并不亚于人工建筑，它不仅具有人们视觉所能直接捕捉到的形式美，而且随着春夏秋冬的时令变化，雨、雪、雾、阴、晴的气候变化，乃至在晨光熹微或暮色苍茫等时间变化的情况下来观赏，都可以获得各不相同的诗情画意一般的意境美。王勃在《滕王阁序》一文中有"潦水尽而寒潭清，烟光凝而暮山紫"的佳句，所描绘的就是在特定时间条件下远山所呈现的色彩变化。宋代山水画名家郭熙在《林泉高致》中曾对山景作过这样的描述："春山艳冶而如笑，夏山苍翠而如滴，秋山明净而如妆，冬山惨淡而如睡"，同是山，春夏秋冬却各有其姿色和风韵。再如黄山，在朗朗晴空和雨雾迷蒙的天气下来观赏，也必将大异其情趣。从这里可以看出，在研究自然村镇的景观时，切不可无视其所处的自然环境而只注重人工建筑。特别是地处风景秀美的山区，自然环境不仅可以起到烘托村镇景观的作用，有时也可以"喧宾夺主"，以其更加深邃的意境美而赋予村镇以诗情画意。

至于以人工建造的村镇，虽多数因出于自发形成而带有很大的偶然性，但还是有不少村镇或多或少地掺入了一些人为的意图，从而借某些体量高大的公共建筑或塔形成所谓的"制高点"，它们或处于村镇之中以强调近景的外轮廓线变化，或点缀于远山以形成既优美又比较含蓄的天际线，这些都有助于打破单调而使村镇景观变得更加优美。

还有一些村镇，不仅四面环山，而且又相当逼近，从整体环境看，村镇几乎完全融合于以山峦所围合的自然环境之中。这时，近在咫尺的山所扮演的角色已经超出了背景和衬托的作用，而其本身就是构成村镇整体的一个有机组成部分，它的形态、起伏、外轮廓线、植被、色彩、肌理等对于村镇的整体景观几乎起着决定性的影响和作用。

○仰视·天际线 (参看图版107)

天际线通常系指一个城市的立体轮廓线，因为以天穹作为背景，看起来像是建筑物与

借仰视效果而使天际线高低错落的湘西拔茅村

天宇之间的一条分界线，故名为"天际线"，它对于城市的景观起着重要的影响和作用。一般平原上的村镇，由于地形平坦，建筑物又不可能有显著的起伏变化，致使这条天际线变得平淡无奇。山地上的村镇，尽管建筑物依然没有多大变化，但随地形的起伏，这条天际线自然也会相应地发生某种程度的起伏和错落，但是这种变化仍然是有限的，特别是在以山为背景的情况下，因山把建筑物与天宇相隔开，致使这条线变得不甚突出，并且也不能成为名副其实的"天际线"。

但是只有在一种情况下，这条外轮廓线异常突出、充满变化，并且名副其实地成为天际线，从而对于村镇的整体景观起着重要的作用。这种情况便是：处于地形突兀的高地上的村镇，

仰视效果极佳的湘西民居

并且当人们从低处来看它的仰视角度时，才能出现上述的效果。这是因为：其一，处于仰视的情况下，作为背景的山，或者全部消失，或者部分消失，即使不能完全消失，但在画面中所占的地位也将大大地被削弱，这样，以建筑物所形成的外轮廓线便变得十分突出；其二，在平视情况下，如果建筑物的高度大体相同，那么它的整体外轮廓线便不会有明显的起伏变化，但是在仰视的情况下，即使高度相同的建

筑，还会由于所处地位的凸出或凹入，而使其透视的外轮廓线发生起伏或错落的变化，并且这种变化还随着仰视角度的增大而逐渐加剧；其三，在平视情况下，屋顶形式的变化通常对于外轮廓线的影响不甚显著，而主要表现为内轮廓线的变化，但是在仰视的情况下，屋顶形式的变化，将由内轮廓线的变化而转化为外轮廓线的变化，加之以天宇作为衬托，借助于明暗之间的强烈对比，将使这条天际线变得更加突出。

当然，处于这种情况下，天际线无疑会得到充分地强调，但是正如在前一节中所分析的层次变化则可能受到某种程度的削弱。这是因为在仰视情况下，作为背景的远山将从画面中消失，而村镇本身便取代它而由近景转化为远景。这时，处于近处的地形、地貌如山岩、沟坎、河滩、巨石、林木、道路、台阶等便可能作为近景出现于画面的一角，借助于这些要素将可以弥补因远山消失而带来的层次单薄的缺陷。

○地方材料·构造做法
（参看图版 108 ~ 115）

近一两个世纪以来，伴随着科学技术的进步与发展，机器产品逐渐取代手工制品，这种现象充斥于人们生活的各个方面。在这样一个大的历史背景下，萌发于 20 世纪初的新建筑运动应运而生。这个运动的先驱者如勒·柯布西耶、密斯·凡·得·罗、格罗皮乌斯等都力图把建筑与现代工业生产相联系。例如勒·柯布西耶在《走向新建筑》一书中曾大声疾呼："如果我们消除了内心中对住宅的固有观念，而批判地、客观地看问题，那么我们就会得到房子是机器的结论，房子被大量生产，而且是健康的，和我们时代的任何工具一样美"。格罗皮乌斯在《新建筑与包豪斯》一书中则认为："由于装配式的材料已经出现，在精度和规整性方面都优于天然材料，因此现代化的住宅施工就越来越接近工厂生产的流程了"，他还写道："预制坚固耐火结构的房屋，可以从设施齐全的成品库中调运出来，终将成为工业生产的主要产品之一"。至于密斯·凡·得·罗，则狂热地追求钢与玻璃在建筑中的表现力。从历史发展的眼光看，他们所倡导的这些理论，确实有效地更新了人们的传统观念，并推动建筑朝着更高的历史发展阶段迈进了一大步。但是经过半个多世纪的实践检验，尽管成就巨大，但同时也带来了许多令人烦恼的问题。于是人们又回过头来进行反思，在这种带有普遍性的工业文明冲击下，地域性的民族文化正慢慢地失落了它的特殊性。人们不禁要问：难道人们可以容忍不论在世界的哪一个角落都看到同样的电影、同样的服装、同样的住房，乃至从一个模子中铸造出的完全相同的生活日用品？针对工业文明给人类带来的一系列困惑，第二次世界大战后某些建筑师以他们敏锐的洞察力，开始向历史求索，并试图把现代文明与地域、乡土文脉相结合，这从表面上看像是又刮起了一阵复古风，其实认真地思索起来就会发现这种思潮并非要人们放弃现代文明而"回到中世纪去"，它不是倒退，相反，却是在前进的道路上又踏上了一个新的台阶。

作为一种世界潮流，它总是要影响到地球上的每一个角落。以我国的情况来讲，时至今日，也尚未能充分地享有现代建筑运动给人类文明带来的恩惠，然而潮流却时不待我地又转了向。我们该怎么办呢？难道可以回归到秦砖汉瓦乃至比这更为原始的穴居或构木为巢的时代中去以求得传统文化的再现吗？当然不能！然而我们也不能完全置身于世界潮流之外而自行其是。和所有发展中国家一样，我们所面临的问题同样是：如何保持我们所固有的文化传统，但同时却又参与到现代文明中去，换句话说，就是要把建立在原始或落后的手工艺基础上的文化传统，转移到以现代科学技术为基础上来。当然，这种转移是不可能一蹴而就的，而是一个漫长的历史过程。特别是广大农村，离开了对乡土资源的利用，便一事无成，而以简单化的方法来利用乡土资源，又势必会流于千篇一律。为此，我们还不得不回过头来求教于历史，去分析研究往日的民居建筑和村镇，看看它们是如何利用当地的天然资源，并以此作为基本材料而衍生出与之相适应的结构形式和构造做法，从而世代相传地保持各自的传统和鲜明的地域乡土特色。

民居建筑和村镇景观所具有的地域、乡土特色是由多方面因素造成的。但是所使用的地方材料以及与这些材料相适应的传统的结构和构造方法却起着十分重要的作用。特别是以那些未经加工的天然材料或稍经加工但却仍然保持本来特色的某些材料而建造起来的民居及村镇聚落，将更能充分地表现出某个地区的独特风貌。

在这些材料中，最原始、也最易取得的材料便是生土，它被广泛地运用于各个地区的民居建筑。特别是新疆以及陕、甘、宁、晋、豫等部分地区，由于干旱少雨土质又特别优良，因而除门窗等仍需使用木材外，其他部分几乎全部都是由生土所建成。从新疆吐鲁番地区所留下的高昌和交河两座古城的遗址中可以看出，尽管经历了许多个世纪，作为完整的建筑虽然不复存在，但是从那些高达数米乃至十余米的断墙残垣中，仍可依稀地看到或想象出当年市井的旧貌。从高昌古城的建造一直到现在，还有相当多的民居建筑依然沿袭传统的方法，基本上还是以生土来建造房屋。所以无论是单体建筑抑或整个村镇，似乎是从大地中自然地生成，真不愧是名副其实的"土生土长"。单就环境的和谐这一尺度来衡量，可以说已经达到了登峰造极的境地！这些以生土筑就的建筑开窗极小，也无过多装饰，色彩质感均极其单一。此外，由于生土质地较为松软，致使砌筑时不可能做到见棱见角。所以其内外轮廓线及转折多难以做到横平竖直，因而从外观上看便多呈

以生土筑就的新疆少数民族村落景观

自由曲线的形式。这种以单一材料建造的住房，并以它组合成的村镇，无疑会使人感到单调，但却异常质朴而粗犷，并具有极为鲜明的地域和乡土特色。

还有一种更为彻底地利用生土"建"成的民居，便是窑洞。它甚至不具备一般建筑所必然具有的外部体形。由窑洞——不论是壁岩式或下沉式窑洞——组成的村镇，无论在整体环境、外部空间以及其他方面的景观，都迥然不同于一般的村镇。姑且不论人们对它的评价或好或坏，但有一点却为人们所公认：即处处都散发出泥土的芳香。

除新疆、西北地区外，其他如福建、江西、安徽、湖南、云南各省也有不少民居建筑的主体部分系由生土所筑成，其中比较著名的有福建省的"土楼"。但所不同的是上述各省常年平均雨量均显著高于新疆及西北地区各省，而

生土的防水性能很差，因而仅适合用来砌筑墙体。至于屋顶，则必须选择具有防水性能的青瓦来覆盖屋面。此外，为了保护墙体以防止雨水的浸泡，不仅屋顶具有一定的坡度，同时还要求出檐深远。某些地区为防止雨水浸泡墙体还选用天然石块来砌筑墙基。由于采用了坡屋顶，为与之相适应，其内部结构多选择穿斗式的木构架，这样就必然要涉及生土、木材、瓦、石等多种材料，其中有的纯属天然材料，有的则需要经过一定的加工与制作。例如瓦，虽然也出自生土，但经过焙烧之后便改变了原来的物理属性。总的讲来加工过程都比较简单，而原料又可以就地取材，严格地讲虽不属于天然材料，但依然属于地方材料的范畴。

由于选用了多种材料，所以建筑物的体形、色彩、质感便发生了比较显著的变化。例如福建的土楼，由于是多层的楼房，以生土筑成的

福建永定的方形土楼民居建筑

以土坯为墙体的湘西民居建筑

墙身部分在整体中所占比重极大，所以被称之为土楼，但除了墙身之外，毕竟还有屋顶、台基等部分系用其他材料所做成，因而它除了具有生土建筑所独具的某些共同特点如封闭、圆浑、厚重外，还必然具有它自身的特点。特别是屋顶，其变化异常复杂、丰富，不同地区均各有其特点。因此，它不仅与以纯生土筑就的新疆民居，特别是窑洞民居大不相同，而且也不同于江西、安徽、湖南、云南等地区的民居建筑，尽管这些民居除以生土筑为墙体外，也同样采用了瓦屋顶。

再进一步讲，就是福建一省之内的民居，也因其所处地区不同而各呈特色，但这些特色也多与屋顶形式以及其所选用的材料不同而有千丝万缕的联系。例如闽东南沿海的晋江地区，其屋顶多选用当地焙烧的红瓦，而且尺度也远远大于内地，这与其他地区所使用的小青瓦做成的屋顶便有明显的不同。从

村镇的整体景观效果看，屋顶的色彩和形式所起的作用异常突出，同是福建，永定地区以生土、青瓦建造的民居所组成的村镇，便迥然不同于晋江地区的村镇。

以生土筑就的墙体通常称之为"夹版墙"，这种墙对于土的黏性要求较高，如果当地的土质不具备这种条件，便只能先把生土加工成土坯，然后再堆叠成墙体。由于对土质的要求不高而且加工又十分简便，因而这种方法便相当普遍地流行于我国广大的地区。与夹版墙相比，这种墙由于存在着许多缝隙，显然不如前者密实，为弥补这一缺点尚须在内、外檐各抹上一层罩面，以防止风或雨的侵袭。特别是寒冷的北方地区，如果没有这种措施将难以达到防寒

的要求。至于温暖的南方地区，有时仅在内檐抹上一层罩面以保持室内的平整，而外檐便裸露出缝隙。某些不住人的次要房间如厨房、谷仓以及牛栏、猪圈、院墙等，内外檐均不抹灰而任其裸露缝隙。

同是以生土做成的墙体，仅因加工方法不同，从外观上看却呈现出不同的肌理：夹版墙给人的感觉较光滑、密实；而土坯墙则显得斑驳并因带有缝隙而构成某种形式的质感和纹理。

生土虽然易于取得，但质地却有优劣之分。含有沙性的土壤，由于黏着力很低，不仅无法直接筑造成墙体，甚至也不能加工成土坯。加之生土的防水性能较差，如果经常处于潮湿状态，将会自行坍塌。所以在土质不好而又多

雨潮湿的地区，便只好放弃生土而选择其他天然材料来构筑民居建筑。例如天然石块，在某些盛产石料而又潮湿的地区，便被看成是理想的建造民居的材料。我国贵州省的某些地区素有"地无三尺平，天无三日晴"之说，前一句表明境内多山、盛产石料，后一句表明多雨而潮湿，所以这个地区的民居建筑便以天然石块作为主要建筑材料。特别是镇宁县一带，其天然石料多呈片状，竟然出现从屋顶到门窗、墙体全部都由石料做成的"石头寨"。更有甚者，这些以天然石料做成的墙体，有时不用灰泥砌筑，而只是一层层地堆叠，而石块本身形状又很不规则，为避免出现很大的缝隙，在堆叠的过程中，必须根据形状来选择每一块石料，并巧妙地加以嵌合。这样，其表面肌理便出现十分独特的质感效果。

除贵州外，藏南谷地中的藏族民居"碉楼"也多用块石来砌筑，但石料较大，且经过加工而呈比较规则的形状，从质感看与贵州地区的石头寨很不相同。但由于系用较大的石块砌筑，并且又有明显的收分，给人的感觉便异常厚重而稳固。

和生土窑洞从大地中生成的一样，以天然石块堆叠的石头寨依偎于岩山石谷之中，它与自然环境同样保持着高度的和谐关系。如果说这两者之间毕竟还有某些不同之处，那就是以石块堆叠的建筑多少还是经过了人们的破碎选择和加工，所以尽管和自然环境——也即是村寨的依托和背景——保持着统一和谐的关系，但还是不能像窑洞那样完全融合为一体。作为

以乱石砌筑的门券及巷道景观（湘西某苗寨）

人工建筑，自然也包括村镇的整体与环境的关系究竟是有所区别抑或完全融为一体为好呢？这个问题恐怕是仁者见仁、智者见智。此外，也还需要按村镇形态的具体情况而作具体分析。不过在相互谐调的前提下，兴许有所区别，会多一些变化，而完全融为一体反倒单调。

生土与石块，尽管可以直接取之于自然，但是，还是有许多不尽如人意的地方：前者经受不住雨水的浸泡，后者则比较麻烦，而且

以片石为墙体的湘西民居建筑

也不易保持平整。总之，这两者给人的印象都相当原始、粗糙。所以经济比较富庶的地区或门第较高的大户人家，便不满足于直接使用上述两种天然材料，而砖墙、瓦顶便被普遍认为是一种既讲究又延年的民居建筑。

砖和瓦一样，原料都是生土，但经过焙烧后不仅强度有很大提高而且又可以经受雨水的浸泡。此外，虽属手工制作，但形状、尺寸却比较规格化，因此用它来建造住房既坚固耐久，又整齐美观。

从我国广大地区看，除个别地方如前文中提到的福建晋江一带所使用的瓦比较特殊外，在民居建筑中经常使用的瓦不外两种类型：一种是筒瓦，另一种是小青瓦。前者流行于我国的北方及东北地区；后者流行于我国的南方及西南地区。这两种瓦均呈青灰色，但筒瓦给人的感觉比较厚重，小青瓦给人的感觉则比较轻巧。这两种瓦虽然从单体建筑特别是从近处来看其肌理、质感尚存在着明显的差别，但是就村镇的整体景观效果看却大同小异，如果是从远处看则几乎没有多大的差别。

砖的色彩、形式、规格似乎更加单一。除尺寸略有出入外，各地区民居建筑所使用的砖均呈青灰色的类型。不过做工的粗细和砌筑的方法则因地区不同而有很大差别。某些官宦、地主、富商的府邸所使用的砖质坚而细致，在砌筑中用磨砖对缝的方法可以做得十分平整。此外，从砌筑方法上讲，南北方也有所不同，北方多取实砌的方法，既坚固、厚重，又具有良好的保温性能。南方则常采

以空斗砖墙为墙面的湘西民居

用"空斗"的砌筑方法，这样做可以节省用材，同时也能满足当地的保温隔热要求。从外观看空斗砖墙比较轻巧，特别是用石灰勾缝，不仅色彩清新朴素，同时也可以获得独特的质感效果。

木材，作为天然材料之一，在中国建筑，特别是民居建筑中占有特殊的地位。《韩非子·五蠹》："上古之世，人民少而禽兽众，人

以小青瓦为屋顶的湘西民居

民不胜禽兽虫蛇，有圣人作，构木为巢，以避群害"，可见以木结构为主体的中国建筑，不仅历史悠久，而且最初还是出自民居建筑。据考证，早在新石器时代后期以木构架为体系的建筑已经萌生。公元前5000～3300年，浙江省余姚县河姆渡文化第四层遗址已经反映出当时木构技术已经达到了一定的水平。就民居而言，当人们从穴居而转入地上之后，差不多就已经离不开以木材来营造住房了。连绵几千年，一直到现在，除少数干旱、沙漠地区由于寸草不生而不得不另觅其他方法来营造住房外，凡是有树木和森林资源可资利用的地方，都毫无例外地以木构架作为建筑的基本结构体系。即如前文中提到的生土建筑，除窑洞外，其内部支撑体系也多为木构架。贵州的石头寨，从外观看似乎全然由石块和片石所构成，然而其屋顶结构乃至整个支撑体系也不外为木构架。

综上所述，可以看出我国广大地区的民居建筑其主体结构几乎都是用木材来建造的。不过由于各地的气候差别以及其他因素，某些地区的民居建筑虽然以木构架作为基本支撑体系，可是由于借助于其他材料作为围护结构，致使从外观看便不能反映出木结构建筑的特点。而另外一些地区则使木构架部分或全部裸露，从而使木构架的特点得以表现或充分地表现。这两种情况不仅影响到单体建筑的外观，而且也间接地影响到村镇的整体面貌。

就单体建筑而言，裸露木结构的建筑一般多具有空灵、轻巧、通透的感觉，裸露得愈彻底，这种感觉则愈强烈。反之，如果用厚重的材料如生土或砖石等将木结构加以围护、覆盖或包裹，则必然使人产生封闭、笨重的感觉。单体建筑是这样，以单体建筑组成的村镇整体，只会更加强化这两种感觉上的差异。此外，裸露木构架的民居建筑，由于围护结构比较通透，内、外空间便会有更多的机会相互贯穿渗透，从一方面看家庭生活的私密性可能会受到某种程度的削弱，从另一方面看却可以使家庭生活更加接近于自然，或者使家庭生活有可能与公众活动相互联系并参与到公众活动中去。比较典型的例子如桂北民居，不仅开窗大，而且有相当的部分甚至不加围护，致使内外空间相互连通

以木构架为支撑体系的湘西民居建筑（未建完）

裸露木构架的桂北民居（已建完）

114

自挑台向外看的景观效果（桂北民居）

以竹木为支撑、茅草为屋顶的潮汕地区渔村民居

而融为一体，如果这些部分面对着街道、广场，便可使家庭生活更加接近于公众活动；如果面对山川河流，则更加接近于自然。对比之下，福建的土楼或贵州的石头寨便显得壁垒森严，甚至神圣而不可侵犯了。

竹篱茅舍，也是民居建筑中所特有的一种形式，在人们的心目中它可能被视为最低级简陋的一种类型。但在农村经济不发达的地区便只能因陋就简，以最低廉甚至仅需花费少量的劳力便可以获得的材料——稻草、茅草、海带草等来覆盖屋顶，以起到避风雨、御寒暑的作用。与瓦相比，以草为屋顶的民居建筑自然不够经久延年。如果年久失修便会腐烂而漏雨，此外，稍有不慎还可能引起火灾。但是它也并非一无所长，至少在保温隔热方面比瓦屋顶更为优越。由于热惰性较大，便有助于保持冬暖夏凉。

竹篱茅舍虽然简陋，但却颇富诗意。唐代两位大诗人杜甫和白居易分别在成都和庐山建有"草堂"。以"草"而冠其堂，究竟是真的清寒抑或附庸风雅，尚难以定论。如果从杜甫的"茅屋为秋风所破歌"看来，似乎是属于前者，并且还流露出对于"广厦"的向往心情。不过作为寒士也不排除有无痛呻吟和附庸风雅的可能。总之，以草、竹等天然材料做成的竹篱茅舍虽不免简陋，但确实可以获得朴素、淡雅、恬静的特点，以及浓郁的田园风光和乡土气息。

○质感·肌理（参看图版116～117）

与地方材料直接相联系的是质感和肌理。对于民居建筑来说，由于各地区的自然条件不同，所能提供的天然材料自然也各不相同，除个别地区和个别建筑其外表略作粉饰外，绝大部分地区的民居建筑均不作任何粉饰，而任其天然材料直接袒露，于是便产生了独特的质感和肌理效果。

例如西北地区，由于干旱贫瘠，木材极其短缺，民居建筑多以生土为原材料，其质感便比较单一。尽管生土本身具有质朴的特点，而且又与环境浑然一体，但是由于缺少和其他材料进行对比，从肌理与质感的角度看仍不免流于单调。再如贵州的石头寨，上上下下几乎全部为石块和片石所做成，以不规则的石块所砌筑的墙面，质地粗糙，质感、肌理也很富有特点，如果能与其他材料搭配使用，可能会产生极好的对比效果。但仅仅使用一种材料，即使本身很有特色，依然会给人以单调的感觉。

然而绝大多数民居建筑都是由若干种材料所建成的。其中一部分是属于未经加工的天然材料如土、石等；另一部分属于略经加工的天然材料如土坯、条石、木材等；还有一部分则属于人工制品如砖、瓦等。这些材料在质感和肌理上各有特点：如土之松软、圆浑，砖、石之粗糙、坚硬，木材之细腻、光滑，

瓦之隆起、皱褶等，如果把这些材料凑在一起，必然会借质感的对比和变化而获得良好的效果。此外，由于许多材料均属未经加工的天然材料，而且加工、砌筑方法又因地区的传统习惯而不尽相同，和以工业化制品为基本构件而建造的现代建筑相比较，必然带有极为鲜明的乡土特色。

美国著名建筑师赖特对于天然材料曾表现出很大的兴趣。他认为建筑师只有充分了解材料的特性才能设计好房子，还主张要直率地表现材料而不加任何掩饰。在他所设计的许多建筑，特别是"草原式"住宅中，对于砖、石、木、瓦等都经过巧妙地组合并充分表现其独特的质感与肌理。民居建筑的建造者和匠师们，当然不可能有什么理论作指导，但是在长期的实践中必然会积累丰富的经验，并熟知各种材料的性能，从而最恰当地给它们安排用场。从大量的实例中可以看出，不同地区的民居建筑都因合理地使用当地所盛产的天然材料和经过简单加工的砖或瓦，从而赋予民居建筑以独特的肌理和质感效果。以上所讨论的虽属于单体建筑的外观，

质感变化极其丰富的湘西民居

以多种天然材料而获得质感对比的湘西苗族民居

要是从村镇的整体景观看，如果单体建筑都具有相同或近似的质感和肌理，那么整体的统一和谐便会得到充分保证。

○虚与实（参看图版 118 ~ 120）

和地方材料相联系的另一个问题是虚与实的对比关系。一般讲来，凡是以砖、石、生土等材料作为围护结构的，其开窗面积都比较小，从建筑物外观上看均敦实而厚重。相反，以木、竹等材料作为围护结构的，其开窗面积则比较大，反映在建筑物的外观上则空灵、通透。

除地方材料外，气候条件也会对建筑物的外观产生重要的影响。潮湿闷热的地区必须有良好的自然通风，这就要求建筑物必须做到最大限度的开敞与通透。寒冷地区，特别是日温差变化悬殊的地区，为使室内温度保持正常的变化幅度，都力求尽量减小开窗面积并加大墙的厚度，以避免外界气温变化所造成的不利影响，这样建筑物的外观变得异常封闭而厚重。

地区的生活习惯、风土人情乃至特殊的社会、历史因素也会影响到建筑物外观的虚实变化。某些地区如鄂、豫、皖交界的大别山一带，封建意识相当浓厚，当地的民居建筑特别是供家人、妇女使用的卧室部分，有时竟为不开窗的黑房间，因而从外观上看便相当封闭。而湘、黔、桂一带的苗族、土家族民居建筑，经常在其一角设有吊脚楼，尽

管系由未婚女子居住，但却开敞而通透。

闽、粤一带的民居建筑，按结构材料和气候条件本应开敞而通透，但是某些民居建筑如客家的土楼，由于历史原因他们的祖先原系由中原地区迁徙至此，为防止当地居民的侵袭，出于安全防卫的需要，其外墙也极少开窗，致使外观显得十分封闭。时至今日，昔日的"客家"与当地居民早已相安无事，但长期形成的生活习惯却难以改变，不仅客家的土楼依然封闭如旧，甚至还使当地民居受到很大影响，以致仿效客家土楼，也变得十分封闭而敦实厚重。

虚实变化不仅影响到单体民居建筑的外观，而且对于村镇聚落整体环境的气氛也会产生十分重要的影响。例如新疆喀什或吐鲁番地区少数民族聚居的村镇，由于各民居建筑均由生土所筑成，且绝大部分的墙面均为

厚实的土墙，仅在其中的某些部位开凿很小的窗孔，这样就形成了以实为主，虚实对比极其强烈的效果。就整体环境而言，处在这样的村镇中，由于界定外部空间的主要界面均为实的墙面，空间的范围和领域感比较明确，从这一空间走进另一空间时，节律的变化便易于被人们所感知。特别是由于室内外空间泾渭分明，每当人们从外部空间进入内部空间，或相反，从内部空间走至外部空间时，人们在心理感受方面则必然经历由酷热至凉爽或由温暖至寒冷；由光亮至暗淡或由灰暗至明媚；由宽敞至封闭或由狭窄至开敞等强烈的对比。

此外，在大面积的实墙中，仅有的星星点点的小窗孔还格外地引人注目，并给人以某种神秘感，凭着人的本能的好奇心，总想通过这神秘的小孔以窥探大墙背后的人究竟

以实为主，实中有虚的福建永定土楼民居建筑

以虚为主，虚中有实的桂北民居建筑

虚实参半并有良好对比关系的浙江民居（选自《浙江民居》）

是怎样生活的。

要是走进桂北侗族人聚居的村镇，那么气氛便全然不同了。这里的民居建筑几乎全部由木材建成，不单主体结构采用木构架，就连围护结构也一律使用木材。加之冬季温暖而夏季炎热，致使围护结构失去了它应有的意义和价值。反映在建筑物的外观上便呈现出罕见的空灵和通透：某些部分犹如一只鸟笼，更有一些部分根本不加围护，而使木构架全然裸露，给人留下似乎没有盖完的印象。这样的建筑，论虚，似乎已经达到了至极的程度，生活在这样的村镇中，由于内、外部空间相互穿插渗透，不仅空间层次变化十分丰富，而且内、外空间的范域和界线也就变得更加模糊不清了。

新疆和桂北两处的民居建筑分别代表了以实为主和以虚为主的两种典型。其他地区的民居建筑有的接近于前者，如福建的土楼，即以实为主，实中有虚；有的接近于后者，如云南西南部的干阑式建筑，即以虚为主，虚中有实。但是就大部分地区的民居建筑而言一般均属于虚实参半。例如浙江、福建（土楼建筑除外）、皖南、湘西、四川各地的民居建筑就是属于这种情况。虽说是虚实参半，但却不意味着平分秋色而各占半斤八两。具体到每一幢民居建筑，由于各自的功能使用要求不同，所处地区的气候条件不同，方位和朝向不同，结构构造做法不同，乃至风土人情和生活习惯不同，在围与透的处理上都必然有自己的特点。由此，反映在建筑物的外观上必然呈现出千变万化的虚实对比与变化。这里特别值得强调的是民居建筑不同于宫殿、寺庙、衙署等建筑，后者由于受到法式的限制较多、较严格，通常都比较程式化。虽然也有某种程度的虚实对比与变化，但虚实的范围和部位都有一定之规，因而变化不多以致大同小异而流于千篇一律。民居建筑则不然，它的围护方法全凭实际需要而由居住者自行决定，于是便呈现出异常丰富多彩的变化。例如浙江、福建、四川以及湘西等地的民居建筑在这方面都很有特色，由于墙面（实）和窗户（虚）之间相互搭配并组合得十分巧妙，常常使建筑物的外观充满了生气、活力和变化。单幢的民居建筑是这样，由众多民居建筑组成的村镇整体环境自然会因此而分外增色。

○色彩（参看图版 121～124）

色彩和地方材料保持着直接和紧密的联系。民居建筑不同于其他类型建筑，譬如宫殿、寺庙等建筑，往往可以通过修饰而获得极其富丽的色彩效果。特别是中国传统建筑，由于采用木构，一般都必须借助油漆来保护木材以起到防止腐蚀的作用，而油漆又可以方便地绘制成色彩鲜艳的各式彩画，所以总的讲来中国古典建筑都以色彩富丽而著称。民居建筑虽然因地区文化传统不同，在福建、云南等少数地区也有一些借助于油漆、彩画来粉饰的建筑，但是绝大部分地区均由财力、物力、人力所限，没有条件来修饰自己的住房，而任原材料直接裸露于外，这就意味着用什么样的材料来建造民居建筑，其外观便呈什么样的色彩。再进一步地讲，由于材料本身具有很强的地域性，那么随之而来的色彩关系也必然带有浓郁的乡土特色。尤其是在材料比较单一的情况下，这种特色尤其突出而鲜明。

例如新疆和西北地区，绝大部分的民居建筑系由生土所筑成，加之地区干旱少雨，植被的覆盖面积极为有限，除罕见的几处绿洲外，几乎全然是一遍黄土高原，处于这样的自然环境之中，无论是民居建筑本身以及村镇的整体环境，乃至烘托它们的背景环境——大地山川——全部笼罩在赭黄色的基调之中，从而形成了极其鲜明的地域特色。电影《红高粱》正是抓住了这一特色并用艺术的手法予以夸张渲

新疆高昌故城遗址——湛蓝色天空与黄色土构成强烈的色彩对比（选自《新疆丝路古迹》）

染，从而构成了西北地区特定的环境气氛，既有助于烘托人物、主题，又可借独特的画面色彩有力地抒发一种粗犷、豪放的艺术氛围。在分析环境色彩时不仅要看到山川、大地、屋宇，也不应当忘却天穹的那一部分。西北地区既然干旱少雨，多数时间必然是朗朗晴空，湛蓝色的天穹烘托着暖黄色的大地、山川、屋宇，从色彩学的原理看必将构成极其强烈的对比。

新疆、西北地区的村镇环境，其色彩基调虽然特色鲜明，但由于色彩过分单一，总不免有枯燥、单调的感觉。如果在这种基调的基础之上掺进其他色彩，地域特色不免有所削弱，但枯燥、单调的感觉也将随之而得到某种程度的改善。例如福建的土楼和云南一颗印民居建筑，其主体墙面虽然都由赭黄色的生土所筑成，

但是屋顶部分却由深灰色的青瓦屋面所覆盖，单就建筑物本身来看，由于增添了一种色彩，便不显得过分单调。加之这些地区的气候条件比较优越，特别是福建一带温暖而湿润，有利于多种植物的繁衍与生长，致使植被覆盖面积大，林木枝繁叶茂，这些都极大地丰富了环境的色彩。从村镇整体景观看，远有青山、近有绿水作为建筑物的衬托，其色彩变化便远远地胜过西北地区。

江南民居的色彩特征主要表现在粉墙黛瓦的强烈对比之间。黑（深灰）与白虽然可以被摒除在"色彩"的范畴之外，但明暗对比却异常强烈。此外，在自然环境中又很少见到这两种"颜色"，因而显得格外突出。粉墙，严格地讲是属于一种修饰，而并非乡土

以生土墙面青瓦屋顶为基调的云南民居　　　　　　　　　以粉墙黛瓦为基调的江南民居

材料的直接裸露，可能是由于江南一带多雨，筑土的墙体容易被雨水所浸泡，而用石灰加以粉饰后便可以起到保护的作用。此外，洁白的墙面与青灰色的屋顶相互衬托对比，又能给人以清新淡雅的感觉，以致用青砖砌筑的空斗墙也每每用石灰罩上一层洁白的外衣，这样，每当杏花春雨季节，霏霏细雨溅湿了的屋顶显得格外深沉，黑白相间的民居建筑掩映于鹅黄嫩绿的枝叶丛中，将别有一番江南水乡所独具的诗情画意。

湘、桂、黔一带的民居建筑，通常以木材作为主要围护结构，台基部分多由石块所砌筑，屋顶部分则仍为青瓦屋面所覆盖。建筑物的主要色彩分别反映这三种材料的本色：

屋顶为深灰色；墙身部分为褐色；台基部分视石料质地不同呈浅暖灰或冷灰色。这三种颜色都不同程度地包含有灰的因素，三者组合在一起既有色彩和明度上的变化，又沉着稳定、十分调和。由这些基本色调构成的村镇整体，极易于融合在大自然的色彩环境之中，并能给人以亲切的感觉。特别是在新春佳节之际，家家户户都在自己的门外贴上春联、门神之类的吉祥饰物。这些饰物由于色彩单纯而鲜艳，在灰褐色底色的衬托下十分醒目，常常可以形成欢乐喜庆的气氛。

以青砖、灰瓦两种材料建造的民居建筑，其色彩最为单调。例如北方的四合院民居建筑就是属于这种类型，如果说它在色彩上也

可能产生某种变化的话，那么也只是集中在入口部位的处理上。例如门扇可以油漆成为朱赤的颜色，门头上的额枋、门簪等装饰间或可以用一点彩画作点缀，但这也只限于官宦、地主或商贾等的大宅，一般的民居建筑很少有条件运用色彩来装点自己的住宅。北方四合院民居建筑的木装修多集中于临内院的一侧，它的色彩变化虽然比较丰富，但只限于从内部来看，就村镇整体景观而言，人们主要着眼于外观效果，所以总的来讲色彩依然比较单调。至于街道景观，情况则有所不同，由于店面多呈外向开敞的形式，不仅油漆彩画应有尽有，加之匾联、旗幌等鲜艳夺目，其色彩之丰富自不待言。

第七章
乡土建筑文化的延长与再生

聂兰生

开展对于乡土建筑文化的研究，给旧的以新生，使新的能融于当地的风土和自然。创造表现乡土建筑文化的作品，可以拓宽创作道路，适应社会的多种审美要求和使用要求。

散见于 960 万平方公里陆地国土上的乡土建筑，分布的领域广，存留的时间长，成为地域社会生活环境和文化环境的物质依托。最近的几十年间，在现代化城市化的过程中，这些长期积累的建筑文化资源，往往在短期内迅速逸散。因为消失的快，从而引起地域社会有关各方的关注。正在散失的乡土建筑能否与时代共生并与之同步？本文拟就以下诸问题，略抒浅见。

○认同与适应

乡土文化是地域社会精神财富和物质财富的长期积累。它反映在社会的各个方面：成于中的，如道德观念、行为准则、心理素质、审美意识；形于外的则有生活习俗、艺术形式、城池建筑、服饰器皿等。地域社会造就了乡土文化，反过来这种文化又表达了地域社会的个性和规定了地域社会共同遵循的秩序。以至于成为一种内在的信息网络，这个网络联系着每一个人，构成一种向心的、内聚力很强的社区组织。没有这种文化的凝聚作用，地域的社区组织也就解体了。和所有的文化生长过程一样，它的形成和延续，应该说是在不断地认同与适应中完成的。对本地域文化的认同，保持固有特色，扩散、强化使之立于不败之地。一方面要适应比自己更先进的文化，改造和壮大自己，逐步地完善成为有传播和繁衍能力的文化体系。作为地域社会文化财富的建筑，秩序而又规律地存在于既成的体系之中。例如传统的乡镇、城郭常常以宗祠社庙为中心，给聚落以秩序，遵循这种秩序建造的建筑群体，正是地域文化的物质表征。因为这种秩序不仅反映在有形象的建筑空间上，也反映在当地社会的心理行为中。安徽省皖南一些村落的形成和发展，表现得较为典型。它生于战乱年代，中原人士的避乱迁徙带来了发育较早的中原文化，使这里的建筑文化在起步时就有较高的素质。随着商业经济的发展，徽商活跃于长江中下游，他们把域外更高层次的文化引入境内，在不断地认同与适应中，育成了纯熟完美的乡土建筑文化，明清时期达到高潮。如今歙县唐模村口的"小西湖"园林清楚地反映了对域外文化的适应过程。

一族聚居是村落形成的社会基础。宗族中有名望的贤达成为乡土社会的精神偶像，祠堂是乡土社会的中心，也是村镇聚落的中心，并以它形成总体格局。在皖南的村镇中常常看到中国式的纪念碑——牌坊和宏大的宗祠建筑。按长幼有序的伦理观念来规定住居形式。格局大致相同的住宅密集布置，凝聚成一个村落。在它以外的自然和社区，是一个内聚力很强的

唐模村檀干园

唐模村同胞翰林牌坊

整体，这种作为内在血缘关系物化表征的村落，之所以能够千年延续，长期稳定的手工业社会结构成为它存在的依据。当这种社会依据失去之后，其家族结构、伦理观念也随之转变，造成了乡土社会精神上的瓦解。那么，作为物质形象的建筑，能否与时代共生？

○共生与对话

变革中的人类社会，任何一个地域都要丧失一些旧的，获得新的。除旧换新是现代化过程中的规律，先行一步的西方社会为了自己的现代化，不得不在一定程度上失去自己的文化特定性（《建筑学报》1989.7."世界文化中的多元论 Jencks"）。西方社会几百年现代化过程中所逸散的东西，在后进的东方社会里，百年之间，甚至几十年之内就要散失掉，地域的传统文化不能不经受一次强烈的震撼。

值得注意的是，社会文明的进化不等于地域文化的解体。人类社会总是在变革中延续，在新陈代谢中成长。新生与死亡在同一肌体上发生，新旧更迭在同一时间段和空间领域中完成。共生现象，现实而合理地存在于社会发展的过程之中。

· 乡土建筑文化与时代的共生，新与旧的共生。

不少传统的乡土建筑，自有它的风采，表现了久远的历史，达到了精神与物质的统一。以至于成为前一个历史时期的高层次的文化。但技术上的落后又不能满足现代社会的物质功能要求。文化上的"高层次"和使用上的"低标准"，使传统的乡土建筑又常常被看做"中看不中用的古董"。我们在居民调查中，经常听到上述这些反映。"社会变动得快，原来的文化不能有效地带来生活上的满

足时，人类不能不推敲行为与目的之间的关系了"（《乡土中国》，费孝通）。

传统的乡土建筑与时代共生前提，是它必须与社会同步发展。新的家庭结构和当代生活方式，要求与之相适应的空间格局。作为社会文化财富的乡土建筑，面临着改造和再生，使之能够包容现代生活。按照传统的格局不变，当现代生活闯入之后，必然会造成破坏性的使用。留给它的只有"死"路一条——自消自减倒塌为止。消极地保护维持，不如积极地改造，目的是为了生存。作为社会的物质财富，这些民居在相当一个历史时期，还能够继续为社会服务，作为文化财富，它应该存在下去，丰富我们的精神生活。新陈代谢是生命过程的规律，给民居以新生。实际上不少经过改造的旧居，给使用者带来了惬意的生活环境。乡土建筑文化只有纳入新元素之后，才会活跃起来。

唐模村祠堂

我们在调查过程中，见到了不少新民居，可以说是乡土建筑文化的衍生物。浙江、安徽一带的新民居，平面格局更为符合当代家庭的生活方式，预制混凝土构件和承重砖墙代替了木结构，建造者赋予它的形象仍然是黛瓦粉墙。湖南湘西峒河两岸的新民居，也颇有地方气质，钢筋混凝土的吊脚，翘起的封火山墙、宽敞的晒台和明净的玻璃窗，反映出当地居民传统的审美观和对现代生活的追求。这些由使用者自己建造的住宅，在原有的建筑群中，合群入调。这个"新成员"，仍然属于老家庭的宗谱，只是辈分不同而已。新旧民居之间之所以能够协调，除了传统的居住意识之外同是手工业的产物，它不是高层次的建筑，和旧民居相比，则显出十分稚拙，远未达到纯熟的境地。这也说明现代文明技术，在移植过程中，从雏形到完美，最后成为地域建筑文化的一部分，也要

渔梁镇

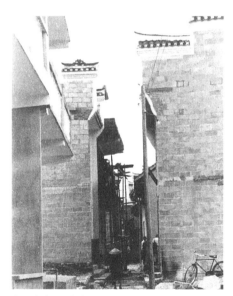

湘西吉首峒河新居

湘西吉首峒河新居

经过一个成长过程。新旧双方在认同适应中共生，使旧肌体上长出新细胞。再生和活化

的结果，乡土建筑文化伴随着时代的进程共生不息。

·承认传统，尊重环境

"不论哪个社会，绝不会没有传统的"（"乡土中国"，费孝通）。即使在物质文明高度发达的社会中，地域的传统文化，不仅反映在文学艺术上，它同时也存在于文化生活之中。工业起飞的年代里，集中精力于科学技术领域里的突破表现在建筑上，则是排除不利于工业技术发展的传统羁绊。现代建筑以崭新的姿态进入人类社会，它使世界面貌一新，取得了可与当代科学技术相匹敌的成就。随着社会的发展，价值观也在不断地改变。当前，从技术第一转向多元之后对于历史、环境、自然和人类本身生存的需要，出现了各种不同的价值观。既要获得现代物质文明，也要拥有千年的文化财富，它比前一个时代追求的内容更丰富了，层次也更高了。今天的时代有能力做到历史与现代的兼容。在建新的时候考虑到旧的存在，考虑到时间和空间上的关联。让新的作品统一于已形成的秩序之中。

在几千年的文化积累中，文化遗产使人类看到自己的成长过程，如果总把前一个时代的遗产淘汰干净，剩下来的永远是现状。而要达到物质生活和精神生活真正的丰富，应该是历史文化和现代文明的总和。所以共生和对话，既是现实也是需要。

宏村某宅天井

○乡土性和多样性

·千篇一律和千年一律的苦恼

如果说民居是铸造乡土建筑文化的主要元素，那么现代住宅则是构成城市的主要枝干。特定地区的自然环境和社会环境给建筑形态以限定，形成了独具个性的乡土建筑文化，造就了姿质各异的民居。现代技术以工业化和通用化的手段向城市提供了符合现代生活方式的住宅。前者表现了长期停滞的手工业社会的生活方式和非理性的原则，而被看作是千年一律。由于与现代生活拉开一段长长的距离，陷于难以维持的境地。而后者，确实符合理性原则，

宏村月塘

宏村某宅内装修

满足了现代城市的居住要求，但它又给城市带来了千篇一律的苦恼。看来两者都不是理想的追求。现代的多元和多样也许是今天所要求索的。研究乡土建筑文化的目的，也在于提取有益的成分，丰富创作。

·求同与存异

地域社会的传统特色，使散见于各地的民居反映出不同的文化内涵。风土、气候等自然条件的差异，给乡土民居以鲜明的个性。信息交流和传播的落后，又使乡土民居的个性世代相传，表现出浓烈的地方色彩。

封闭式院落空间的组合，是民居的普遍存在形式。地域社会传统的营建住宅的制式和求同心理，使各地的传统民居多采用了手工业式的"通用标准"。因而同一地域的民居格局大致相同，且长期沿袭。例如北京的四合院，从明清到民国，在长长的时间段里，几乎无甚差异，说是百年一律，并不过分。差异表现在横向，即地域之间。千年一律和千篇一律两者并未同时并举，这是唯一令人欣慰的。

同是四合院，南北两地，立基造宅的追求迥然不同。北方是在宅基地上用建筑来围合院子，江南地区则是在宅基地上填充建筑，留出井户一样孔洞作为采光通风之用。北方追求的向阳门第，目的在于争取足够的日照，度过寒冷的冬天。湿热多雨的南方，视避雨、通风为主要矛盾。小小宅地，四周围以连廊之后，余一块小小的天井，足矣！"客舍青青"是京华民居的写照，黛瓦粉墙则表现了江南民居的文

采。油漆彩画，抄手廊子，垂花门，这是典型的北京四合院；堂屋连着天井，雕饰精美的构件不染丹青的正是苏州和江南一带的府邸。南北两地自然环境和审美意识的差异，造就了乡土建筑的个性。至于生活习俗和地理环境所造就的聚落空间的差异，不仅表现在有形的建筑上，也表现在居住者的行为活动之中。

水是生灵存在的标志，井和池塘是聚落存在的标志。取水活动常常伴随着交往行为进行。在北方的村落可以常常看到"井台会"的演出。那么池塘边、村溪旁出现的热闹场景正是南方聚落的特写镜头。水活化了聚落

宏村村内小溪

渔梁镇

湘西凤凰民居

空间，即便是现代化设备进入那里，也不必埋塘填沟，因为人类的生活规律，不一定是按理性轨迹运行的。

"封闭"是南北各地汉族民居的空间特征，"开敞"常见于偏远山区的少数民族集居地区。鼓楼高耸的侗族村寨里，寨门是边界，边界内的家家户户又都是敞开的。在湘西吉首、凤凰所见到的苗家吊脚楼，半身探在水中，半身靠在山上，把大自然尽情地接纳在自己的家中。这些生于斯，长于斯的乡土建筑给人以强烈的感情冲击，并非是欣赏落后，提倡倒退。在这里令人看到人、建筑、环境的和谐关系和不同地域的聚落之间难能可贵的差异。这些千姿百态的民居包容在广袤的国土之中。它们是以"群"的方式出现，处于群体之中的个体强调了共性，每个群体又都独具个性。各类群体的集合构成了浩瀚的乡土建筑文化。局部范围的求同与整体范围的存异，造就了多元的局面。提取其中的积极因素，来活化今天的创作活动应该是有益的。

○寓于共性，追求个性
（参看版图版 125 ~ 145）

一个地域应该用自己的文化方式表现自己的发展，这样才能做到文化上的延续。新的建筑作品，以地域文化为中心，在它的放射延长线上去求索，着意表现地域文化的特性，成为乡土建筑新的一员。这方面我们通过以下几个创作活动略作尝试。

一、湘西德夯村的改建

德夯村位于湘西首府吉首市近郊，是德夯风景的中心地带。1972 年该村毁于大火，

现存民居简陋，不敷使用。德夯村的改造属景区的建设项目之一。设计者在村内作了翔实的调查，并征询了村民意见。按调查结果，提出4点改建原则，并以此展开设计。

1. 改善村寨居住条件，添建公共设施，引距村西一里外的双叶泉水到村，设水塔一座以解决饮用及消防用水问题。村中部挖土筑池，结合村民会馆和井亭创造一个具有凝聚力的日常活动中心，池水亦兼作消防之用。

2. 尊重村民意见，在原宅基地上建房，仅在局部地段稍作调整，完善街区和组团，增加村寨的总体秩序感。

3. 尊重当地民俗，进行统一规划，创造各级村民活动中心。保留寨场，并予以修复和完善，使之成为德夯景区的中心场所，同时也是已开发的三条旅游线的交通枢纽。寨场设戏台一处，并与农贸小街相连。

4. 保留改建旧住宅，并设计了一套砖混住宅体系，吸收了传统苗居中的积极因素，同时也能满足现代生活的要求。

保留苗族建筑文化特点，创造乡土建筑，这仅是尝试（设计者：杨颖，指导教师：聂兰生）。

在规划村寨的同时，还对其附近的风景点作了调查，以期开发旅游事业，并借以促进经济的发展。在此基础上还对风景点作了规划设计（设计者：李燕云，指导教师：彭一刚）。

二、富春江新沙农家乐旅游村的设计

新沙岛位于杭州近郊富阳县境内、富春江上的小岛。岛上风景秀丽，环境宜人。拟建一组由地方集资、农民服务的农舍式旅游村落。由四个部分组成：销售当地手工业产品的作坊村，农舍式旅馆的稻香村，以及沿江开展捕鱼活动的渔火村和疗养性质的桃源村。规划的立意构思追求与当地的环境协调，并在布置上学习当地村落自由灵活，依形就势的特点，使旅游村贴切地融合在自然之中。这个设计的立意取之于当地，成为那里的大众文化和市井文化的延续（设计者：周恺，指导教师：彭一刚）。

地域共性来自不同单体的个性，单体之间的有机联系构成了一个地域的特殊风格和秩序。努力创造既有个性又有共性的作品，新与旧，现代与历史和谐地共存于同一个物质环境之中，使地域社会的文化得以维持和延续，让地域的风土培育出花团簇锦的新型乡土建筑文化。

图版

○村镇聚落的景观分析

　　散布于全国各地的民居建筑，由于地理、地形、地质等自然条件不同，宗教信仰、生活习俗、文化传统等社会因素的差异，各呈不同的形式与风格。由这些民居建筑组合而形成的村镇聚落，包括民居建筑自身的形式，以及由它围合而成的街、巷、院落、广场等各种外部空间连同各自的自然环境、地理景观，也必然是各有特色的。由于村镇聚落的形成带有很大的自发性，尽管人们能够强烈地感受到其间的差异和变化，但要从景观的角度来评析这些差异和变化，则必须从自然和社会两方面来探求形成这些差异和变化的根源。

1 地处新疆少数民族的民居，由于干旱少雨，日温差悬殊，以厚泥土筑成的墙体异常封闭，由此所形成的聚落，便不可避免地具有鲜明的地区特色。

2 黔、桂一带的苗寨，出于传统习俗，常以高大的鼓楼来形成聚落的焦点。

3 滇西南的干阑式民居，为适应湿热、静风的气候，则以散点式的布局形成聚落，以利于自然通风。

4 潮汕地区渔村，为便于水上作业则临水而居。

5 福建客家民居，从安全、防卫考虑，则聚族而居，从而形成集中而紧凑的聚落。

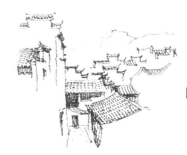

6 受新安文化影响的皖南民居以朴素淡雅而著称。

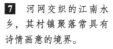

7 河网交织的江南水乡，其村镇聚落常具有诗情画意的境界。

8 华北地区则以比较典型的四合院民居为基础而形成各种类型的城市及村镇。

9 西北黄土高原土质优而森林资源短缺，当地民居多取窑洞的形式，并以此而形成村镇聚落。

○平地村镇（1）

　　尽管我国有2/3的面积为山地或丘陵地带，但是考虑到营造和交通的方便，人们的聚落还是以选择在平坦的地段为好。至于平原地区，村落基地便自然地坐落于平地之上。既然是聚落，就必须把独家独户的民居建筑集结成为一个群体。这种集结既要保证一家一户的私密性和安全感，同时又要维系各家各户之间的必要联系，要能为人们的公共活动提供必要的场所。为了满足上述要求，一种最简单、最常见的聚落形式，便是使各户人家沿着一条"街"道的两侧作毗邻式排列。即使是这样的一种最简单的聚落形式，从景观的角度看也会出现周遭（全景）街、巷、村（街）口、巷口，以及诸多局部"微"结构的景观图像。这些图像连同自然环境、地景景观，便会给人留下深刻的印象，这些印象或富有诗意，或平淡无奇，或杂乱无章。

1 民居建筑沿"街"道两侧排列的聚落形式举例，这是平地村镇最简单、最常见的一种聚落形式。

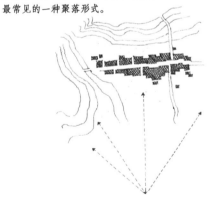

2 这种聚落均呈一字展开的带状，聚落的周遭全貌，只能在远离长边的地方才能一目了然。

3 村口与街口合而为一，位于聚落两端，从这里可以进入村内，此外，还可经巷道与外部相通。

4 自村口进村，给人留下的第一印象十分重要。

5 巷道仅起着连通村内外的作用，印象较淡漠。

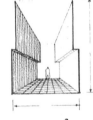

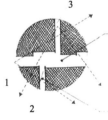

6 由建筑物围合而形成的交通空间主要分两部分，即街和巷。

1 街道空间
2 巷道空间
3 自巷道空间看街道空间

7 街道空间既宽又长，并贯穿于整个聚落，不仅方向性强，而且又是人们交通和公共交往的主要场所。

8 巷道空间短而窄，通过它可将住户间接地与街道相连通。

9 湘西某村镇的街景举例，由建筑物围合成狭长的带状空间，供人们进行商品交易、交通及其他公共性交往活动。

10 由巷口看街道空间小景举例（浙江东阳高城镇）。

11 福建古田某村镇的巷道空间举例，与街道空间相比则更窄，更封闭，仅起由公共性空间向私密性空间——住宅的过渡作用。

○平地村镇（2）

随着村镇规模的扩大或适应特殊地形的要求，这种最简单的聚落形式也将随之而变化。规模扩大意味着住户、人口的增多，为不使街道延得过长，沿街两侧的建筑便只能向纵深扩展，这样便导致巷道的延长。在这种情况下，以街串巷就形成了一种类似鱼骨形式的交通骨架，并借助这种骨架将所有住户连接成为一个整体。大多数的中小型村镇，特别是地处平原地区的村镇多采用这种类型的聚落形式。然而要是遇到特殊的地形变化或者其他因素的影响，这种类型的聚落形式，还可以有多种多样的变化。例如主要街道有某些曲折甚至变成弯曲的形式；街道空间的形状、开合呈独特的形式等。

2 河北赵县尉家庄，各住户沿一条街道两侧布置，并有若干巷道通往村外，村西为一天主教堂。

以街串巷的交通骨架把各住户连接成为一个整体。

巷，次要交通空间。

街，主要交通、交往空间。

各民居建筑。

3 天津宝坻县孙家庄用以街串巷的方法来连接各家各户，从而将聚落连成一个整体。

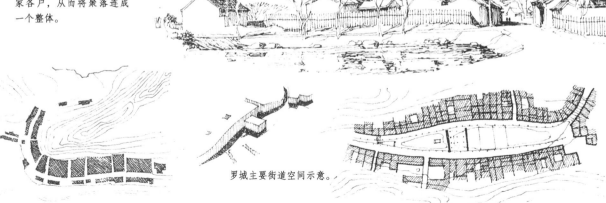

罗城主要街道空间示意。

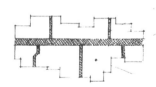

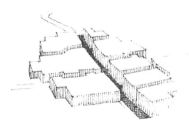

1 一般中小型村镇通常采用以街串巷的方法，以形成主要与次要的交通骨架，并用以连接各个住户。

4 四川金水井镇，为适应地形变化，主要街道呈弯曲形式，从而使聚落基本处于同一高程。

5 四川罗城，主要街道空间被拓宽——呈两端窄当中宽的梭形，并于其中设一戏台。

○平地村镇（3）

随着村镇规模的进一步扩大，要使众多的住户都沿着一条街道排列，势必会使街道延得过长。这样不仅不利于交通，而且也会使聚落变得很不紧凑。因而当中小型聚落演变而成大型聚落，便不可避免地要突破鱼骨式交通骨架的局限，从而形成两条、三条乃至更多的街道空间。以这些街道为主干，再连接更多的巷道，便形成一种更为复杂的、纵横交织的交通网络。

与城市不同，由于村镇的发展带有很大的自发性，致使各主要街道的连接多少呈现出某种程度的偶然性。换句话说，它不像大多数城市所采取的按照一定型制所形成的棋盘式布局。相反，其布局比较自由，街道也比较曲折。正是由于这些原因，其景观也更加富有变化。

聚落平面布局示意。

聚落空间体量示意。

1 采用网络式格局的聚落形式分析：主要街道空间相互交叉穿插地连接成为一种不规则的网络。街道空间有宽有窄，有正交有斜交，还可以有各种转折和变化。这种聚落形式不仅平面紧凑，而且景观也多变化。

2 湘西保靖，虽属县制但布局自由灵活，各街道空间相互交织穿插，从而形成不规则的网络。

5 上海附近的奉贤，主要街道呈"十"字相交的形式，四周环以城墙，是一种典型的县城模式。

6 湘西黄丝桥小镇，虽非县城但却以城墙相围，从而被认为是城堡式的小镇。

3 陆巷村平面示意，村内有一广场，各条街巷或环绕广场，或从广场向外辐射延伸，从而形成交通网络。

4 山西阳城县之润城，呈卵形，多借"丁"字相交的街巷而形成交通网络。

7 福建崇安县城村，街道纵横交织而形成网络，各主要街道的相交处均设有过街楼，景观变化十分丰富。

○水乡村镇（1）

在河网交织的江南水乡，许多村镇临河而建，其形态基本上取决于河道的走向、形状和宽窄变化，从而形成各具特色的情趣和景观效果。沿河道的村镇一般多呈带状的布局形式，由于河道通常都比较自由曲折，所以这种带状形式的村镇也多随弯就曲地分布于河道的一侧或两侧。位于河道一侧的村镇由于规模比较小，多呈前街后河的形式。较大规模的集镇常常沿夹河的两岸而建，这样就形成了以河道为主体的带状空间，其商业街可以在临河的一侧，也可以另辟。位于河道交叉处的集镇其格局则更为复杂，这种集镇一般规模较大，并被交织的河道分割成若干小块。其中有的以商业为主，有的以居住为主，或两者互相掺杂。水乡村镇既有一般村镇所具有的街和巷，又有临水的街道和水巷，还有各种形式的桥梁和码头，不仅景观变化极其丰富，而且还充满了诗情画意。

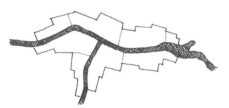

1 水乡村镇平面布局示意：建筑物沿河岸两侧而建，随着河道的走向、形状和宽窄变化，建筑物也随弯就曲地转折。

2 水乡村镇的空间、体量示意、由临河建筑围合而成形成以河道为主体的带状空间。

3 因河道变化无常，致使建筑与河道之间的关系也呈多种多样的形式。

8 水乡村镇景观列举：苏州周庄小镇的水巷。

4 苏南水乡震泽镇，位于太湖附近，建筑物沿河岸两侧扩展，于河岸一侧另辟一条商业街，并使之与河道平行，而呈前街后河的形式。

6 浙江某水乡村镇，位于两条河道的交汇点，布局较紧凑，河道景观较开阔。

9 水乡村镇景观列举：自一条水巷看另一条水巷。

5 苏南水乡木渎镇，河道呈"Y"形，建筑物夹河而建，与前例相同也另辟商业街而与河道平行。河道交叉处则为公共码头与集市点。

7 浙江某水乡村镇，位于河道的交汇点，被河道分割成若干小块，景观变化很丰富。

10 水乡村镇景观列举：浙江硖石镇，房屋夹河两岸，并形成曲折狭长空间。

○水乡村镇（2）

与一般村镇相比，水乡村镇的景观变化要丰富得多，这不仅是因为水景本身就富有魅力，同时还由于水的引入而使建筑、码头、桥梁等多种要素相互之间的组合关系极富变化所致。即以街道与河道两者而论，可以有前街后河、街河合一、两街夹河等多种类型，而街道本身为避雨、遮阳又可设置骑楼或披廊；为分隔空间每隔一定距离还可设置牌楼或过街楼；街道、河道交汇处每每设有集市或广场；临河一侧的道路尚可设置护栏、台阶或公共码头；为沟通两岸之间的交通不可避免地要设置各种形式的桥梁，凡此种种，都极大地丰富了水乡村镇的景观变化。江南一带的周庄、木渎、震泽等，都堪称为典型的水乡村镇，不仅景观变化丰富，而且还富有诗情画意。

1 水乡村镇的景观构成分析（江苏震泽）

街头集市广场：三面围合一面临水，主要街道空间：取前街一侧通往街道，另一侧过桥可达对岸。后河形式，与河道平行。街道与另一端经牌楼可通往桥头广场。

街道与河道分离，呈前街后河的形式。

街道与河道相结合，街道位于河的一侧。

河道两侧均为街道，为避雨遮阳，建筑物前都设有骑楼。

建筑物紧临水边，空间开阔，自然情趣较浓。

2 街道、建筑物与河道的关系分析：

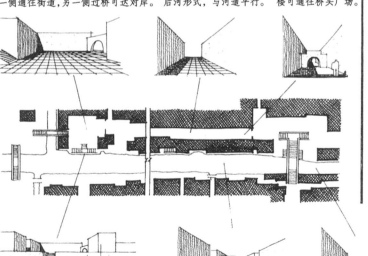

公共码头：位于街道端部集市广场的一侧，可停靠舟船，上台阶可达广场。

河道空间：由建筑物所界定，但河岸一侧留有一条人行通道。

河道空间：建筑夹河而建，空间狭长封闭。

3 江苏周庄，水道纵横交织并把小镇分割成若干小块，相互之间设桥相通，景观变化极为丰富。

4 浙江吴兴南浔镇小景，弯曲河道的两侧均为建筑物所围合，由于骑楼的设置，河岸两侧若似带有顶盖的小街。

5 江苏苏州周庄，沿河一侧为一条人行小道，卵石铺面，并在河岸一侧设有护栏，小道尽头为一石桥，颇富生活情趣。

6 苏州、无锡、常州接壤的荡口小镇，民居建筑紧临水面，各户人家可通过石阶下至水边，景色十分秀丽。

○山地村镇（1）

在多山地区，耕地十分宝贵，为把平坦的土地留作耕种，许多村镇都坐落在地形起伏的山坡之上。这种村镇的布局大体上可以分为两种情况：一种是走向与等高线平行，另一种是与等高线保持相互垂直的关系。至于选择哪一种形式往往与争取良好的朝向有密切的关系。位于山地的村镇应当坐落在山的阳坡，这样可以获得避风向阳的良好环境。从高程方面看多位于山麓，以利于对外的交通联系。村镇布局凡平行于等高线者其主要街道多呈弯曲的带状空间，曲率大体与等高线一致。这样的村镇由于依山而建，并随山势而层层升高，因而从整体看便具有丰富的层次变化。通常用"栉比鳞次"来形容村落的庞大和建筑物的密集，但位于平地的村镇除非从高处看是不会有这种感觉的，而位于山坡上的村镇却可以呈现出这种景观效果。

2 广西三江大田村，建筑物沿等高线布置，自山麓层层升高。山麓有一条河流，河边有道路与外界相连通。

3 广西侗族八斗村，位于河湾处，建筑物走向与等高线保持基本平行，道路从村内穿过，把聚落划分为两个部分。

4 湘西幸福村，建筑物走向与等高线相平行，等高线曲率比较平缓，聚落布局也相应保持平直的形式。

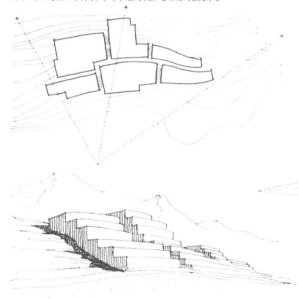

1 与等高线平行的村镇布局分析：其主要街道多呈弯曲的带状空间，曲率大体与等高线一致，高程无明显变化。巷道则与等高线相垂直，高程变化较显著。

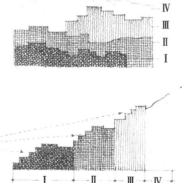

5 依山而建的村镇，由于建筑物随山势而层层升高，从远处看便呈现出远、中、近三个层次的变化。若各个层次的建筑物又高低错落，其外轮廓线将具有强烈的节奏感。

7 广西某侗族村寨，建筑物平行于等高线布局，并随山势而层层升高，屋顶起伏跌落，极富层次变化。

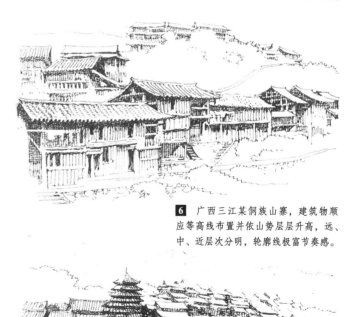

6 广西三江某侗族山寨，建筑物顺应等高线布置并依山势层层升高，远、中、近层次分明，轮廓线极富节奏感。

○山地村镇（2）

平行于等高线布局的山地村镇，建筑物的走向既然随地形变化而呈弯曲的形式，那么这种村镇必然会因山势的不同而可分为两种情况：其一呈外凸的弯曲形式；其二呈内凹的弯曲形式，前者多位于山脊；后者则位于山坳。外凸的弯曲形式具有离心、发散的感觉；内凹的弯曲形式则具有向心、内聚的感觉。就通风、采光条件看前者比较优越；但从心理和感受的角度看，后者则可因借助于山势作为屏障而具有更多的安全感。此外，位于山坡的村落不仅从被看的方面来讲具有独特的景观效果，而且还可以提供比较独特的视点来观赏周围景色。例如在坡度较陡情况下处于高一层次的建筑物往往可以透过窗户越过低一层次的屋顶而眺望远方景色。就这一点看采用外凸弯曲形式的布局其视野则更加开阔。

3 广西三江大田村，建筑物走向平行于等高线，并呈内凹的弯曲形式，具有向心和内聚的感觉，特别是在村南设有鼓楼，更加强了向心感。

4 贵州镇宁县某苗寨，沿等高线布置建筑，并呈外凸的弯曲形式，具有离心和扩散的感觉，视野开阔，通风条件良好。

1 位于山坳的村落，呈内凹弯曲形式，似有同心和内聚的感觉，以山为屏障能给人以更多的安全感。

2 呈外凸弯曲形式布局的村落，似有离心和扩散的感觉，视野开阔并有利于自然通风。

5 桂北某侗族村寨，布局呈内凹的弯曲形式，屋顶参差，层次和轮廓线均具有丰富变化。

7 依山而建的村镇，建筑物随山势而层层升高，当山势比较陡峻时，高一层次的建筑便可透过窗户越过低一层次建筑的屋顶而眺望远方景物。

6 桂北某侗族村寨，布局呈外凸的形式，层次和轮廓线也极富变化。

8 图示为从高一层次建筑物的吊脚楼越过低一层次建筑物的屋顶去眺望远方景物的实例。

○山地村镇（3）

　　与等高线相垂直布局的村镇，在景观上也有其特色。这种村镇其主要街道必然会有明显的高程变化，这就意味着每隔一段距离必须设置若干步台阶。这样就使街道空间具有起伏和变化，沿街两侧建筑则呈跌落形式，并与地面起伏相呼应。这样，沿街两侧由建筑物组合而形成街景立面的外轮廓线，必然是参差错落而富有韵律和节奏感。此外，由于街道有比较显著的高程变化，其街景画面的构图必然有仰视和俯视的差别，这就是说当由低处向高处走时，所摄取的图像呈仰视的效果。反之，当从高处走向低处时，所摄取的图像则呈俯视的效果，而随着街道地形的时起时伏，映入眼帘的画面则俯仰交替，变化万千。

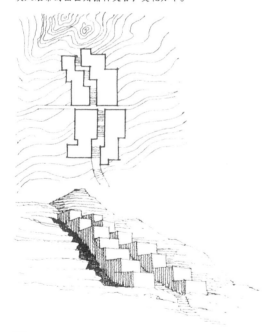

1　与等高线相垂直布局的村镇的示意，主要街道具有明显的高程变化，因而必须设置台阶，而台阶又会妨碍人们进入店铺或住户，为此，只能每隔一段距离设置若干步台阶，这将使沿街建筑呈跌落的形式，并与地平起伏相呼应。

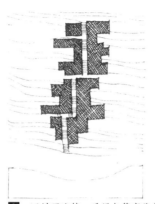

2　四川西沱镇，采用与等高线相垂直的布局形式，为适应地形变化，主要街道既曲折又有很大的起伏变化。

3　湘西某山村，位于山的脊背处，建筑物垂直于等高线布局，起伏错落的轮廓线十分突出。

4　湘西龙山县水坝镇，全村可分为两部分，分别跨过两个山冈，街道空间的起伏变化十分显著，人们可以不时地摄取仰视和俯视的街景画面。

5　若街道高程具有显著变化，当自低处走向高处时，所摄取的画面构图便呈仰视的角度。

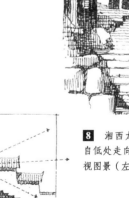

6　若自高处走向低处时，所摄取的画面构图则呈俯视的角度。

7　湘西龙山县水坝镇街景，自高处走向低处时所摄取的俯视图景（右下为分析示意图）。

8　湘西龙山县水坝镇街景，自低处走向高处时所摄取的仰视图景（左上为分析示意图）。

○山地村镇（4）

垂直于等高线布局的村镇，除街道空间具有起伏变化外，从外部看其整体景观效果也有其特点。如果说平行于等高线布局的村镇呈横向展开的话，那么垂直于等高线布局的村镇则呈纵向展开的形式。这就意味着后者的正面比较窄而侧面拉得长，这样，当从正面接近村镇时所摄取的图景就比较集中、紧凑，并呈竖向构图的形式，其魅力之所在主要是借助于建筑物重重叠叠而形成丰富的层次变化。若从远处观赏村镇的侧面时，所摄取的图景则比较逶迤、舒展，并呈横向构图的形式。这时最引人注目的却不是丰富的层次变化，而是高低错落的立体外轮廓和天际线，特别是在逆光的情况下，由于内部层次消失而呈黑白剪影时，给人留下的印象尤为深刻。

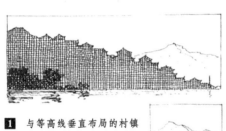

1 与等高线垂直布局的村镇一般均呈纵向延伸的形式，其景观特点是：正面狭窄、集中、紧凑，其层次变化异常丰富；侧面则逶迤、舒展，其外轮廓线颇富起伏变化和节奏感。

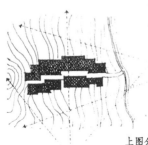

上图分别示侧、正面的景观特点，下图示纵向延伸的聚落平面。

2 湘西龙山县水坝镇，位于山的脊背处，并呈纵向延伸的布局形式，建筑物随山势而逶迤起伏，外轮廓线变化十分丰富。

3 湘西某山村，呈纵向延伸的布局形式，当从正面接近该村时，其层次变化异常丰富。

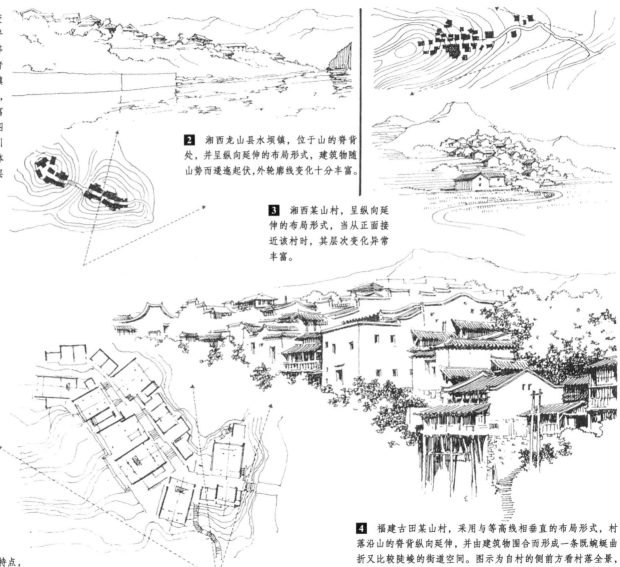

4 福建古田某山村，采用与等高线相垂直的布局形式，村落沿山的脊背纵向延伸，并由建筑物围合而形成一条既蜿蜒曲折又比较陡峻的街道空间。图示为自村的侧前方看村落全景，建筑物参差错落，不仅层次变化丰富，且外轮廓线富节奏感。

○背山临水村镇（1）

背山临水，也是非常适合人们聚居的地方，凡是有山有水的地区，人们都乐于选择在背山临水的地段来建造村镇。和在山坡上建造村镇一样应当把基地选择在山的阳坡之麓，但为求得临水，村镇则应逼近于水岸之滨。这样的村镇一般也呈带状的布局形式，但其形状一方面取决于山势，但更多地还是取决于水岸的走向，或平直，或转折，或屈曲，其形式变化多样。这种村镇视其规模和性质，可以在临水的一侧建造住房，也可在临水和靠山的两侧都建造住房，从而形成一个大体与水岸平行的街道。背山临水的村镇其整体景观效果也十分动人，既有远山作为衬托和背景，又有参差错落的屋宇横呈于山麓，而这些远山近景又倒影于水中，可以想象其层次变化是何等的丰富。

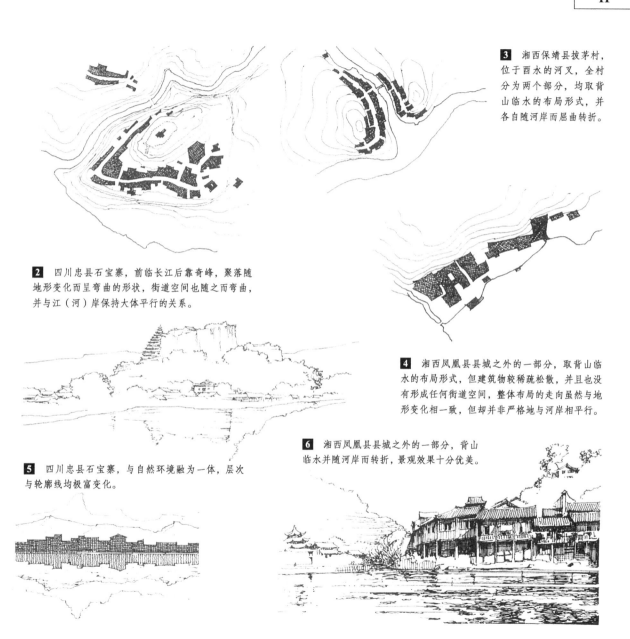

3 湘西保靖县拔茅村，位于酉水的河汊，全村分为两个部分，均取背山临水的布局形式，并各自随河岸而屈曲转折。

2 四川忠县石宝寨，前临长江后靠奇峰，聚落随地形变化而呈弯曲的形状，街道空间也随之而弯曲，并与江（河）岸保持大体平行的关系。

4 湘西凤凰县县城之外的一部分，取背山临水的布局形式，但建筑物较稀疏松散，并且也没有形成任何街道空间，整体布局的走向虽然与地形变化相一致，但却并非严格地与河岸相平行。

6 湘西凤凰县县城之外的一部分，背山临水并随河岸而转折，景观效果十分优美。

5 四川忠县石宝寨，与自然环境融为一体，层次与轮廓线均极富变化。

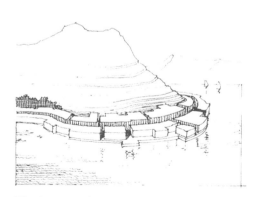

1 背山临水村镇的分析：上两图分别示意其平面布局和空间体量组合，平面随水岸呈弯曲的形状，街道空间与水岸保持大体平行的关系，并有巷道与水岸相通，右图示整体立面景观所具有的丰富层次变化。

○背山临水村镇（2）

背山临水的村镇还因特定的地形条件不同而呈其他的布局形式。前面已经分析的是较常见的一种类型，即整个村镇均背靠山麓并沿水滨而一字展开，但也有一些村镇虽然背靠山麓，却只是部分临水。这种情况多发生在水面转折或河的弯道处。这种类型的村镇一部分逼近水岸，另一部分便脱离水面而留下一块滩地。还有一些村镇一侧临水，另一侧则沿山麓向纵深方向延伸，从而形成"L"形的布局形式。这种类型的村镇多位于山麓坡度比较平缓的地方，或在山与水之间有一片开阔地的地方。后两种类型的村镇，由于仅是局部临水，与水的关系远不如前一种密切。然而由于在岸边留有一片比较开阔的滩地，妇女们可以在这里浣纱洗衣，渔民们可以在这里捕鱼晒网，牧童们可以在这里放牧牛羊、家禽，从而也可以使人感受到浓郁的生活气息。

1 背山临水的村镇建筑物全部沿河岸布置并一直逼岸边。这种类型的村镇与水的关系十分密切，临河而居的住户可以自家中台阶直接下至河边。

2 同是背山临水的村镇，但只是部分临水。另一部分便脱离水面而留下一片滩地。这片滩地可供妇女们洗衣，渔民们捕鱼晒网，牧童们放牧牛羊，从而具有浓郁的生活气息。

3 村镇的一侧临河，另一侧脱离水面向纵伸处延伸。这样的村镇也会在村边留下一片滩地，人们可以利用它作多种活动并使之富有生活情趣。

4 湘西凤凰，属县制，位于沱江之滨。其城外一部分民居建筑呈背山临水的布局形式，且直逼江边，建筑物与水的关系极为密切，山光水影，景色十分秀丽。

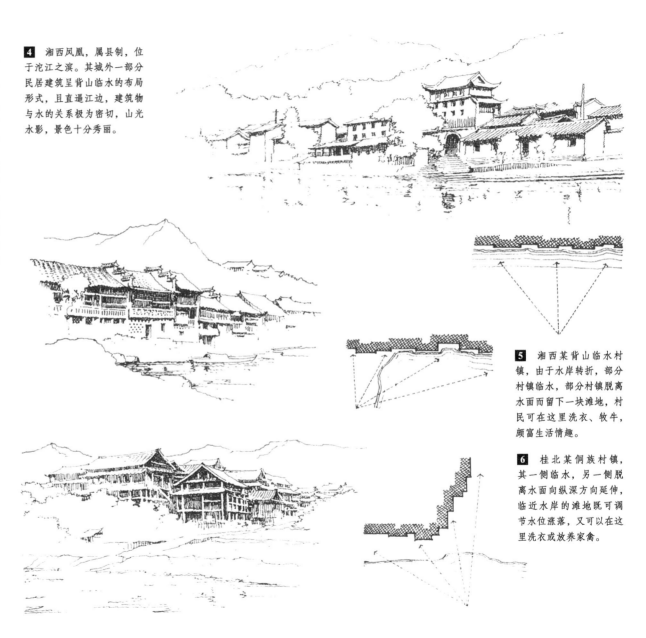

5 湘西某背山临水村镇，由于水岸转折，部分村镇临水，部分村镇脱离水面而留下一块滩地，村民可在这里洗衣、牧牛，颇富生活情趣。

6 桂北某侗族村镇，其一侧临水，另一侧脱离水面向纵深方向延伸，临近水岸的滩地既可调节水位涨落，又可以在这里洗衣或放养家禽。

○背山临水村镇（3）

背山临水的村镇，既然临水，则必须考虑水面涨落变化。为避免汛期遭到淹没，建筑物必须比正常水位高出一段距离。解决这一矛盾的方法之一是利用天然石料筑台基，使建筑物坐落其上；另一种方法是用木柱把建筑物高高地支撑起来，使之与水面保持一定距离。无论采用哪一种方法都各有其景观特点。筑台比较厚重，但为适应地形变化必然高低错落且屈曲盘回，当设石阶下至岸边时尚可供妇女洗衣、洗菜或停靠舟船。用木柱支撑则轻巧空灵，而且由于建筑物悬挑其上，更使人感到亲切宁静。即使仅留出一条缓冲地带，随着坡度由陡峻而平缓，或巨石参差，或浅滩平沙，均各有其景观特色。

2 湘西吉首猛洞河对岸之民居建筑，背山临水而建，为防止洪水淹没均坐落于高低错落的石砌台基之上。

1 设台基以调节水位的涨落：

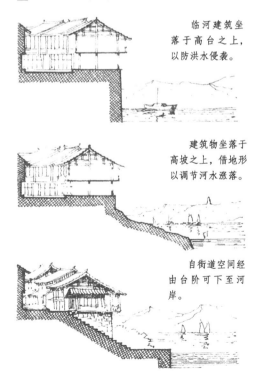

临河建筑坐落于高台之上，以防洪水侵袭。

建筑物坐落于高坡之上，借地形以调节河水涨落。

自街道空间经由台阶可下至河岸。

3 湘西某村镇，背山临水，为免于淹没，位于高坡之上，通过石阶可下至岸边。

4 吉首猛峒河对岸之民居建筑自河岸经过一长串台阶可进入一条小街。

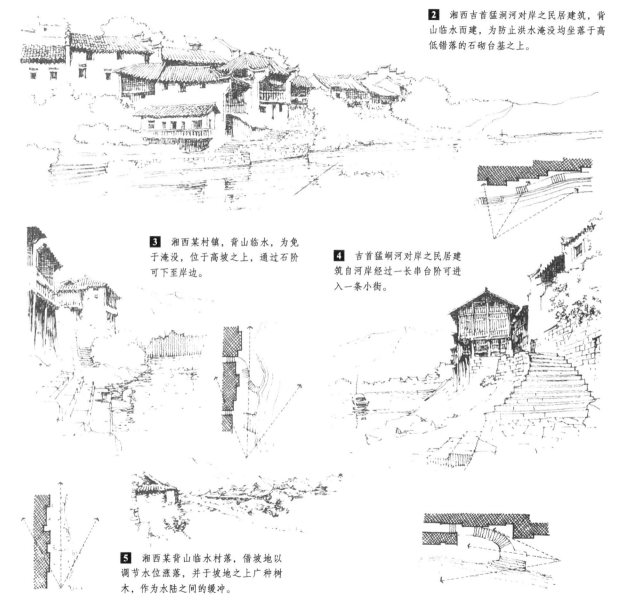

5 湘西某背山临水村落，借坡地以调节水位涨落，并于坡地之上广种树木，作为水陆之间的缓冲。

○背山临田畴村镇

背山而临田畴的村落也是最常见的一种类型。其组合形式和背山临水的村落颇为接近，所不同的是其另一侧为田畴，它可以一直延伸到村的边缘。这种类型的村落一般均以农业生产为主，其组合形式可以沿着一条街道的两侧排列建筑，还可以沿山麓稀疏散落地安排建筑。前一种似俨然，后一种则比较自然，更富有田园风味。田畴虽然平旷，但位于山麓的村落实际处于由山地向田园之间过渡的地段，总不免有起伏变化，加之农舍多顺应地形而随高就低，从总体看高低错落，颇具一种自然美。这类村落由于贴近田畴，而周围又多为菜圃，某些村落还有水塘穿插其间，水塘中又可喂养鹅鸭一类水禽。这样，一年四季随节令更迭，各种农作物交替成长，春华秋实，不免会呈现出一种农家乐式的田园风光。

2 湘西某村落，背山而临田畴，建筑物稀疏散落地布局。村前有一水塘，喂养鹅鸭等水禽，其整体景观参差错落，颇富生活情趣。

3 湘西某村落，背山而临田畴，坐落于地形起伏的坡地上，建筑物随地形而高低错落，充满了田园风味。

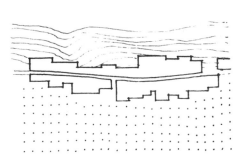

4 湘西三拱桥，为一背山临田畴的村落，建筑物沿山麓而展开，村前田畴平旷，村后青山如屏，农作物随时令变化而交替生长，春华秋实，不免会呈现出一种农家乐的田园风光。

1 背山临田畴村落的分析：上图示平面，建筑物沿山麓展开，田畴一直延伸到村的边缘。下图示整体景观，以山为背景和屏障，村前为田畴，既开阔平旷又富田园风味。

○散点布局的村镇

还有一些地区其村镇所采用的则是散点式的布局形式。云南西南部西双版纳一带的傣族人民的村寨就是十分典型的例子。这里地处亚热带，不仅气温高、潮湿多雨，而且经常处于静风状态。为满足通风要求，傣族人民所采用的干阑式民居建筑（又称竹楼）均呈独立的形式，且四面临空。这种形式的单体建筑不适合相互拼接，反映在群体组合上，便自然地成为散点形式的布局。村寨的形成，主要是借经纬交织的道路把基地划分成许多小块，每户人家各占据其中的一块，并用篱笆围成小院。这种村寨一般不设商业街，其主要的公共建筑为体量高大的佛寺。广东省的某些地区，也是因通风要求而采用类似散点式的村落布局形式，但却比较死板，不像滇西傣族村寨那样自由灵活。其他地区，特别是山地，由于地形陡峻、崎岖，也每每采用散点式的布局形式，以避免建筑物相互牵扯。

3 云南西双版纳的傣族村寨，由独立的干阑式民居所组成，呈散点式布局，每户以竹篱围成小院，道路纵横交织，寨的入口处为一佛寺。

8 广东潮汕地区某村落的平面布局示意，为争取良好的通风条件，也采用类似散点式的布局形式，但过于死板而缺少变化。

1 在湿热静风地区，通风问题既影响单体建筑的形式，又影响村镇的整体布局。散点式布局能为自然通风提供最有利条件。

4 独立的干阑式民居不适合相互拼接，而要求四面临空，各户人家又必须有单独的入口，反映在群体组合上必然呈散点式的布局形式。

9 位于地形陡峻、崎岖的山地村镇，也适合采用散点式的布局形式以避免建筑物之间的相互牵扯，图示为湘西某山村。

6 云南某傣族村寨景观示意，高耸而富有变化的屋顶掩映于树丛之中，一派南国风情展现于眼前。

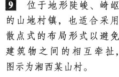

5 滇西南一带的少数民族，为适应独特的气候条件，其住宅均取独立的形式，底层架空，十分有利于自然通风。

2 就群体组合而言，它往往需要借助经纬交织的道路把基地划分为若干小块，每户人家各据一块。

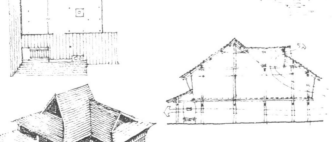

7 云南某傣族村寨景观示意，大同小异的竹楼式建筑一再重现，颇富韵律节奏感。

○渔村

渔民聚居的村镇必然是临于江河湖海之滨。为了减小风浪或潮汐涨落等因素的影响，渔村多选择在江河的河汊或海湾处，而为下水作业的方便，渔民的住宅多建于水边，有的甚至支撑于水中，并用跳板与岸相连。由于建造住房于水边或水中，凡气候较暖的地区便多选用木、竹等材料作为结构骨架，然后再覆以其他材料作围护，其造型十分轻巧。由于紧临河汊、海湾，其总体布局便常随海（河）岸线的变化而曲折蜿蜒，并且在多数情况下呈向内凹的带状布局形式。也有某些渔村与岸边保持一定距离，以免在涨潮时遭到淹没。这块作为缓冲的滩地，可供晒网或织补渔网之用。渔村的特色主要在于临水，特别是一些中小渔村，依水而建，水陆交错环绕，岸边曲折蜿蜒，加之渔船往返如梭，便自然地呈现出渔村所特有的情景。

2 广东番禺莲花山渔村。沿着一条河汊的两侧布局，其一侧较平直，另一侧则呈内凹的弯曲形式。

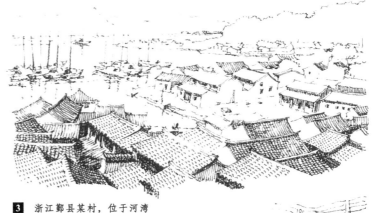

3 浙江鄞县某村，位于河湾处，建筑物沿河湾布局，村民颇多从事于渔业活动。

4 浙江鄞县陶公镇，四周为东钱湖所包围，村镇沿水岸布置，并可借沿岸附近的岛屿来起堤防作用。

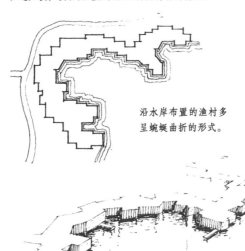

沿水岸布置的渔村多呈蜿蜒曲折的形式。

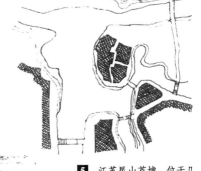

5 江苏昆山芦墟，位于几条河流的交汇处，村镇被水面分隔成几个部分，建筑物均沿河岸布置。

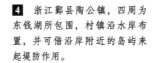

1 渔村的布局示意：为减小风浪或潮汐涨落等因素的影响，渔村多选择在能避风浪的河汊或海湾处。

6 广东番禺莲花山渔村，建筑物沿河岸的两侧布置，并随河岸而自由转折。渔民住宅均呈独立的形式，并借木柱支撑于水面之上，从家中可以方便地登船而进行水上作业。

○窑洞村镇（1）

西北黄土高原地区，干旱少雨，森林资源短缺，但土质却十分优良。这种气候及地质特点为窑洞式民居的发展提供了十分有利的条件。以窑洞民居组成的村落大体可以分为三种类型：一种称之为明庄子，即靠着壁崖开凿窑洞，为争取有利的日照条件，多选择在壁崖朝阳的一面。为用水方便，这种形式的村落最好位于背山临水的河谷，窑洞则呈毗邻式排列，即在同一等高线的部位一连开凿一列窑洞。另一种类型称之为暗庄子，即在平地上先开凿成下沉式的院落，然后再沿着院子的侧壁开凿供人居住的窑洞。这种类型的窑洞多处于平坦地段，或略有起伏的丘陵地带，依地形变化巧妙地形成下沉或半下沉式院落。再一种类型即为半明半暗式的庄子，它多分布于谷地，其特点是一部分为壁崖式的窑洞，而窑洞之前又建造一部分住房，并借围墙而形成院落，视气候变化，既可住于窑洞，又可住进房屋。

1 以壁崖式窑洞民居组成的村落示意。多位于山的南坡，在同标高的部位开凿一列窑洞，并设踏步以连接上下之间的交通。

2 以下沉式窑洞民居组成的村落示意。多位于平坦地段，先开凿下沉式院落，再沿其侧壁开凿窑洞，可经由踏步自地面下至院落，再进入各窑洞。

3 壁崖式窑洞民居的剖面示意，依山势变化而分层开凿窑洞，并用踏步以连接上下之间的交通。

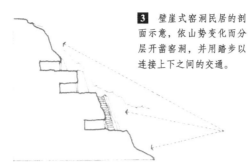

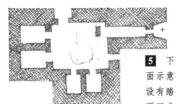

5 下沉式窑洞的平面示意，自入口经过设有踏步的甬道下至下沉式庭院，再进入各个窑洞。

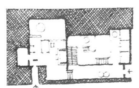

7 处于不同高程的窑洞之间，可借踏步来沟通相互之间的联系。

8 下沉式窑洞相互之间的组合关系示意。

4 壁崖式窑洞村落的整体景观效果示意，一列又一列的窑洞完全融合于地景景观的大环境中，能给人以粗犷质朴的感觉。

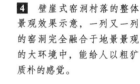

6 下沉式窑洞村落的鸟瞰示意，依地形变化而巧妙地开凿庭院，并使彼此之间有方便的交通联系。

9 壁崖式窑洞与地上建筑相结合的村落示意，每户人家既有窑洞，又有地上建筑与院落。

○窑洞村镇（2）

　　地处西北黄土高原的窑洞村镇，与其他地区的村镇相比，其外观虽不免简陋单调，但也另有一番独特的风情。例如壁崖式的窑洞村落，多位于河谷向阳一侧山崖上，并随地形的变化一列又一列地开凿窑洞，由于和大地融为一体，而大地本身的地景景观又极富变化，这样便会使窑洞村落不仅远近层次分明，而且还充满转折、错落等变化，并富有韵律、节奏感。下沉式的窑洞村落，仅从地上看当然是无景观可言，但是如果走到近处，也会借俯视角度来摄取某些富有生活情趣的景观图像。此外，某些下沉式的窑洞民居组合得十分巧妙，当人们自地面经过设有踏步的甬道而下至庭院，再由庭院分别进到各个窑洞时，其空间忽开忽合，光线忽明忽暗，将会使整个序列充满对比和节奏变化。

1 下沉式窑洞民居的空间组合示意，人们可经踏步自地面下至庭院，再进入各个窑洞。

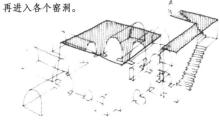

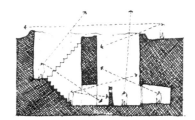

2 下沉式窑洞民居的剖面，图示为不同位置的人们均可摄取各有特色的景观图像，并具有强烈的对比和变化。

3 河南洛阳邙山某个下沉式窑洞住宅，图示为自地面俯视其下沉式庭院，院内种植花草树木，每至夏日浓荫覆地，可为人们提供一个良好的户外生活环境。

5 甘肃庆阳西锋镇窑洞民居，图示为下沉式庭院通往地面的踏步，经由它便可沟通上下之间的交通联系。

4 河南巩县某下沉式窑洞民居，窑脸以砖为护壁，并作简单装饰，院内设厨房、石凳等，颇富生活情趣。

6 结合地形使部分窑洞呈下沉的形式，其他部分则与地面建筑相结合。

○街（1）

　　自然村镇中的街，往往只有很少的商业活动，它的主要功能是起交通联系和公共交往等作用。加之村镇形成过程带有很大的自发性，所以从空间的限定方面看，远不像城市街道那样严肃和明确。例如某些街道仅一侧能借建筑物的限定而形成屏障，另一侧却稀疏散落。某些街道，即使有的段落其两侧均由建筑物所夹峙，但依然有很多地方却因建筑物的中断而留下豁口。还有一些街道，其中某些段落系由住宅前院低矮的院墙所限定，院内则花木葱茏，使人倍感亲切。某些街道，临于河的一侧，对岸仅三五人家掩映于远山近水之间，其自然情趣尤为浓郁。总之，这样的街道，看起来虽不免七零八落，但却能反映出乡村的特色，并和自然环境保持亲和的协调关系。

1 村镇街道的空间限定分析：

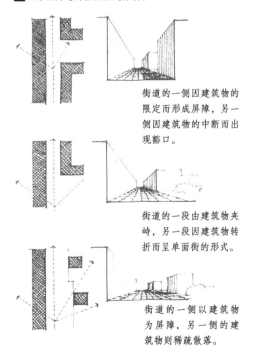

　　街道的一侧因建筑物的限定而形成屏障，另一侧因建筑物的中断而出现豁口。

　　街道的一段由建筑物夹峙，另一段因建筑物转折而呈单面街的形式。

　　街道的一侧以建筑物为屏障，另一侧的建筑物则稀疏散落。

2 湘西某小镇的街景示意，远处由建筑物的夹峙使得街道空间十分封闭，近处则因出现豁口而显得开朗。

4 湘西某小镇街景示意，远处的街道空间限定的很明确，近处则因一侧失去了限定而失去空间感。

3 浙江义乌街景示意，街道的某些段落由住宅前院的院墙所限定，既低矮又有树木衬托，使人产生亲切感。

5 浙江某临河小街，其一侧以建筑物为界面而形成屏障，河对岸的建筑物则稀疏散落，远山近水交相辉映，颇富有自然情趣。

○街（2）

某些商业活动比较频繁的集镇，对街道空间的限定比较明确，至于给人的感受，则因其高、宽之间的比例关系不同，有的十分封闭，有的则较开敞。一般地讲，寒冷干燥的地区如华北、东北等，其街道都比较宽，而炎热多雨的地区如闽、浙、皖、赣、湘等地区，其街道则比较窄。寒冷地区的街道虽然比较宽，但店堂部分必须保持封闭，炎热地区街道尽管相当窄，但店堂部分却十分开敞，这使街道空间可以一直延伸到店堂之内，从而使内外空间可以相互渗透。还有一些地区，街道两侧均为两层楼房，由于上层建筑向外悬挑，且出檐深远，致使街道空间呈下宽上窄的形式，街道上空只剩下了"一线天"，这样的街道即使在雨天，人们也可以得到很好的庇护。

1 街道空间的高宽比分析，地处寒冷地区的华北、东北均小于1∶1，华中一带常在1∶1左右。

2 炎热多雨的地区，由于街道窄而建筑多为两层楼房，其高宽比远远超过了1∶1。

街道呈上宽下窄的形式，给人以开敞的感觉。　下宽而上窄的街道空间使人感到封闭。

3 地处华北地区的山西某县城的街道空间示意，街道较宽而建筑多为单层平房，高宽比小于1∶1，给人感觉较开敞。

5 山西太谷街景示意。街道虽较宽，但建筑物却为两层楼房，高宽比接近于1∶1，街道空间的剖面呈上宽下窄的形式，依然可以给人以开敞的感觉。

6 炎热多雨地区的街道，其高宽比不仅远远大于1∶1，且呈上窄下宽的形式。

4 地处炎热多雨地区的街道，其高宽比远远大于1∶1，街道上只剩下了"一线天"。

7 湘西某镇的街景示意，不仅较狭窄，且两侧均为两层楼房，特别是上空还横跨许多横木，把街道空间限定的十分明确。

○街（3）

虽说某些集镇中以商业为主的街道空间比较完整但仍不能与城市中的街道相提并论。例如城市中的街道一般地讲其两侧的建筑都比较整齐地排列于街道的前沿，用今天的话讲，就是压"红线"而建，这将使街道空间的侧界面保持大体上的平整。而集镇中的街道却因建造过程的自发性，不可能做到整齐一律。相反，其两侧的建筑往往是参差不齐，这必然会使街道变得忽宽忽窄，甚至还会出现某些小的转折。笔直的街道和平整的界面，显然有利于交通，但其景观却十分单调，人们置身于其中往往会有一种茫然的失落感。针对这一点，当代某些建筑师极力强调街道景观的可识别性。为此，又回过头去研究历史，希望从中世纪的城镇中寻求启发。我国的村镇聚落由于受传统文化的影响，与欧洲的城镇确有很多不同之处。不过尽管如此，我国集镇那种忽宽忽窄的变化，依然有助于景观的可识别性。

1 街道空间侧界面的比较：

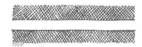

一般地讲，城市中的街道空间，或为了市容的整齐或为了交通的流畅，其两侧的建筑均排列得整整齐齐从而形成平整的界面。

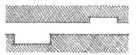

村镇中的街道空间则不然，由于建造过程带有很大的自发性，其两侧的建筑不可能做到整齐一律，致使街道空间忽宽忽窄。

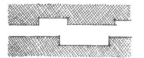

由于宽窄变化无常，将使街道空间出现小的转折。

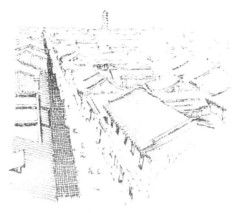

2 山西太谷古城完整而统一，街道空间平直，其两侧的建筑也排列得整整齐齐。

5 云南大理，也是历史上有名的古城，其主要街道既平直又严整。图示为一条次要街道，历经破坏和重建，其两侧建筑物已参差不齐，不能形成完整的界面。

4 苏南某小镇，带有明显的自发性，建筑物时凹时凸，街道空间忽宽忽窄给人的感觉虽不完整，但却另有一番情趣。

3 浙江富阳龙门镇，也是一个古老的小镇，由于两侧建筑物时凹时凸，致使街道空间忽宽忽窄，甚至还出现小的转折。

6 苏南某小镇，图示为其街道空间的片段，由于建造过程中有很大的自发性，其两侧建筑不可能排列得整整齐齐，因而不能形成平整的界面，其结果反而使街道景观充满了变化和情趣。

○街（4）

某些村镇，由于受特定地形的影响，其街道空间呈弯曲或折线的形式。这种情况在城市中是极为罕见的，但是在自然村镇中却屡见不鲜。与直线形式的街道空间相比较，弯曲或折线形式的街道也有其景观特点。直线形式的街道空间从透视的情况看只有一个消失点，按透视原理近处的景物大，远处的景物急剧变小，从而得不到充分的展现。曲线或折线形式的街道空间，其两个侧界面在画面中所占的地位则有很大差别：其中一个侧界面急剧消失，而另一个侧界面则得以充分展现。此外，如果说直线形式的街道空间大体上保持着对称形式的画面构图的话，那么弯曲形式的街道空间所呈现的则是不对称的画面构图。直线形式的街道空间其特点为一览无余，而弯曲或折线形式的街道空间则随视点的移动而逐一展现于人的眼前，两相比较，前者较袒露，而后者较含蓄，并且能使人产生一种期待的心理和欲望。

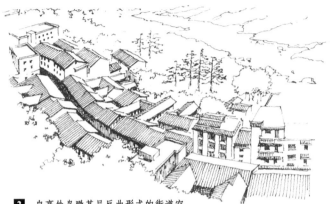

2 自高处鸟瞰某呈反曲形式的街道空间，当人们漫步于其中，便能感受到如同前面分析过的那种景观变化。

5 湘西某镇的街道空间，呈折线的形式，人们不可能一览无余，便期待着转折后能有所发现。

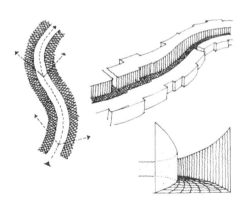

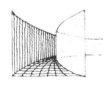

1 弯曲形式的街道空间分析：图示为"S"形的街道空间，自A处看左侧界面很快消失，右侧界面逐渐展现。当自A处走向B处时，其情况则正相反。

3 四川忠县石宝寨街景片段，顺应地形变化街道呈弯曲的形式，其右侧界面仅剩下一面山墙，左侧界面则逐渐展现于人的眼前，能使人产生期待感。

4 浙江富阳龙门镇，图示为一弯曲的巷道空间，与街道空间道理一样，由于呈弯曲的形式，从而产生引人入胜的感觉。

6 湘西某村镇的街道空间示意，由于街道呈折线的形式，其两侧建筑物马头山墙也随之而偏转，有助于活跃气氛并丰富轮廓线变化。

○街（5）

某些处于山区的村镇，其街道空间不仅从平面上看曲折蜿蜒，而且从高程方面看又起伏变化，特别是当地形变化陡峻时，还必须设置台阶，而台阶的设置又会妨碍人们从街道方面进入店铺，为此，只能避开店铺而每隔一定距离集中地设置若干步台阶，并相应地提高台阶的坡度，于是街道空间的底界面就呈平一段、坡一段的阶梯形式。这样的街道当然只适合步行，而且走起来还比较吃力，所以从功能方面看确实没有多少可取之处。但由于已经弯曲了的街道空间又增加了一个向量的变化，所以从景观效果看却极富特色。在前一章中已经作过分析，处于这样的街道空间，既可以摄取仰视的画面构图，又可以摄取俯视的画面构图，特别在连续运动中来观赏街景，视点忽而升高，忽而降低，间或又走一段平地，可以想象必然强烈地感受到一种节律的变化。

1 由简单到复杂的街道空间形式。

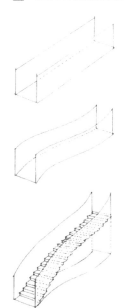

最简单的街道空间形式，呈一条直线，两侧由建筑物所界定，从而形成狭长封闭的带状空间。

因地形变化影响，由直线而改为弯曲形式的平面，其侧界面也随之而呈曲折变化。

不仅平面曲折，而且又有高程变化，其侧界面既曲折又起伏，从而形成复杂的街道空间形式。

2 湘西某山地小镇的街景片段，街道空间呈两个向量的变化，建筑物起伏错落，街景充满了变化。

3 同前例，自相反方向看。

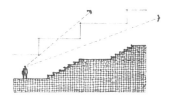

4 湘西某小镇街景片段，既曲折又陡峻，屋檐参差错落，虽凌乱，但富有活力和变化。

5 湘西某小镇街景片段，和前例颇相似，但这里所摄取的却是俯视的画面构图，层层跌落的屋顶极大地增添了空间的层次和变化。

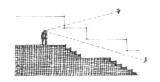

6 湘西某村镇的街景片段，由于地形陡峻而设置了踏步，为不妨碍进入店铺，尽量使踏步相对集中，并设桥以通往各店铺。

○街（6）

两条街道相交，便形成"十"字街的形式，这在城市中往往是最繁华热闹的地方，有的还在各街口设置牌楼，称四牌楼，有的则拓宽街道设置鼓楼。城市中的这些模式也或多或少地影响到村镇，特别是商业兴旺的大集镇，也每每模仿城市，在十字街处设置牌楼或高大的过街楼。但在多数情况下，由于城镇的发展带有自发性，各条街道本身就不一定平直，两条街道的相交则更难以严格地保持其垂直关系，这就意味着总难免有一些错位，从而呈风车的形式。就村镇而言这种错位相交的街道也饶有情趣。此外还有"丁"字和"人"字相交等形式。无论是哪一种相交形式，凡是相交处都是人流比较集中的地方，通常其景观变化也更丰富。

1 "十"字相交街道空间的各种形式比较：

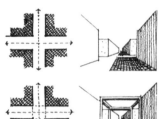

两条街道互相垂直相交而形成一种"十"字街。

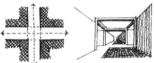

于十字街的四个街口各设一座牌楼称四牌楼。

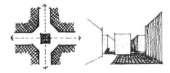

拓宽十字街口空间，设置高大楼阁，一般称鼓楼。

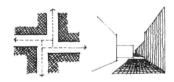

各街道错位相交，形成风车式的十字街口。

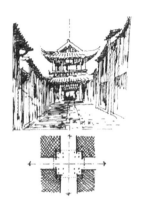

2 上图示山西平遥县过街楼，横跨于街道中央，其作用类似于钟鼓楼，左图示福建崇安城村跨越十字街口的过街楼。以上两者在街道景观中均占有突出的地位。

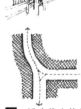

5 苏南某水乡小镇，街道、桥梁等错位相交，空间较曲折，街道有对景。

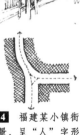

4 福建某小镇街景，呈"人"字形相交的形式，转角处的建筑可以作为街道空间的对景。

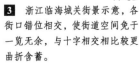

3 浙江临海城关街景示意，各街口错位相交，使街道空间免于一览无余，与十字相交相比较更曲折含蓄。

6 福建某城镇，街道呈"人"字形相交，常称之为"裤子街"。

○街（7）

在论述街道空间的宽窄变化时，曾经提到现代城市规划理论所特别强调的可识别性的原则，这条原则虽然可以通过空间的变化得以体现，但是在条件允许的情况下，借助于建筑物独特的体形或外轮廓线变化，将会取得更好的效果。由于中西文化传统不同，像欧洲中世纪城市中那些标志性极强的钟塔建筑，在我国传统村镇中当然是不会有的。但是借助于某些体形高大突出的建筑作为街道空间的底景，以起到丰富景观变化的作用看来还不是绝无仅有的。特别是在街道空间的交汇处，利用错位相交时所出现的拐角处，建造带有宗教、祭祀或其他公共性的建筑，以其高大突出的体量或独特的外轮廓线变化而起到街道空间的底景作用，不仅可以形成视觉的焦点和高潮，同时也可以大大地提高街道景观的可识别性。

3 云南大理三文笔，在街道空间交汇处，利用错位建造了一座两层高的魁阁，并使之成为街道空间的底景。

1 在街道空间的交汇处，选择错位相交时所出现的拐角处，建造体量高大突出、外轮廓线独特的建筑，将可以作为某些街道空间的底景。此外，还有助于提高街道景观的可识别性。

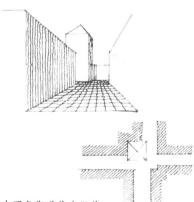

2 在两条街道的交汇处，只有错位相交，才能使某一特定建筑成为某一街道的底景。

5 云南丽江街景片段，街道略有弯曲，街道空间的侧前方横列着一幢建筑物，体量高大，外轮廓线富有变化，可以起到街道空间的底景作用。这里并非十字街，也非街道的转折处，但只要能使街道空间有景可对，都可以提高街道空间的可识别性。

4 云南大理，靠近洱海之滨的某白族人民聚居的村寨，在街道空间的转折处，正对着街道建造了一座魁阁，呈两层的楼阁形式，体量高大突出，外轮廓线变化独特，成功地起到街道空间的底景作用。

○街（8）

对景、借景等手法在古典园林中被普遍运用，但是由于村镇建造过程的自发性，却很少有机会借这种手法而获得效果。街道空间多呈狭长封闭的带状空间，视线只能沿着街道的走向凝视着前方，因而要把远方的景物引入街道空间则相当困难。通过实例分析，可以看出只有在一种条件下，可把远方景物引入街道空间之内，即远方景物必须处于高处，这就是说从街道的上空把所借景物引入画面之内。街道与景物之间的关系有三种可能：一、街道正对着所借景物，犹如园林中的对景；二、对于街道延长线的一侧，若似偶然性的巧合；三、街道呈弯曲形状，景物位于街道空间的一侧，这时无论是静观或是动观，画面构图均极富变化。特别是动观，远方景物时而处于画面左侧，时而移至中央，时而又转到右侧，与近景经常处于相对位移的连续变化过程之中，给人的印象极为深刻。

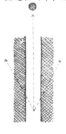

1 街道空间正对着远方的景物，犹如古典园林中的对景，这种情况极为罕见。

2 远方景物处于街道延长线的一侧，或街道呈弯曲形状，所借景物处于街道空间的一侧，这两种情况均可收到良好的借景效果。

3 浙江临海城关镇街景片段，街的前方正对着远处的山峦，山上建有双塔，收入画面后极大地丰富了景观效果，堪称对景的佳例。

4 浙江吴兴马军巷街景，在街道空间延长线的一侧山巅上建有高塔一座，可自街道的上空把远方景物收入画面，以丰富街景变化。

6 石宝寨街景之二，自街道的另一端，也可以看到远山上石宝寨阁楼的侧背。

5 四川忠县石宝寨街景之一，街道呈弯曲的形状，自街道的侧前方可以远借石宝寨阁楼。

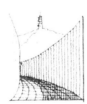

7 石宝寨街景之二，由于街道环山而建，几乎从任何一处都可看到石宝寨阁楼。

○街（9）

以农业生产为主体的旧中国，商品经济本来就不甚发达，特别是中小城市和农村，甚至直到近代也未能摆脱小农经济的影响。从这一历史背景出发，可以认为所谓的商业建筑，只不过是在原来民宅的基础上略加改造，就变成了所谓的店铺。不过既然要做生意，就必须与顾客保持方便的接触和联系，所以店铺必然要比一般的民宅显得更加开敞。此外，一般的民居多为两开间的形式，倘若把这些建筑排成一条直线，并以此来界定街道空间，岂非单调至极。所幸情况并非如此，大约是因为各家各户的本钱有大有小，对于经商的兴趣也不尽一致，个别人家甚至不以商业为生，致使沿街建筑无论在开间、面阔、层数、高度以及虚实变化等方面都有很大的差异。

3 图示为街口部分的景观示意，通过这里将由主要街道转入次要街道。两相比较，主要街道的沿街建筑较严整，而次要街道的沿街建筑则凌乱而稀疏散落。

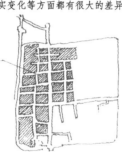

1 图示为云南大理古城的平面示意，贯穿南北的为主要商业街，这里选择一条次要街道为例，来分析其景观，特别是沿街建筑物的整体立面。

4 自街口进入店内，街道的一侧由于为住宅建筑，故以其前院沿街。另一侧以建筑物为界面，多为店铺，但间或也插进一些住宅建筑，其情况颇类似于村镇中的街道，从景观的角度看虽不免凌乱，但却有一种亲切的感觉。

2 云南大理古城某次要街道的街景立面片段，虽有商业活动但并不繁荣，店铺与民宅交替混杂地排列，各建筑物在开间、面阔、层数、层高、虚实、体形、轮廓线等各个方面均不相同，从而使街道景观富有变化。

○街（10）

街道景观在很大程度上取决于界定街道空间两侧建筑物的整体立面效果，它涉及的问题也是多方面的。例如建筑物的面阔，按民居建筑常规一般均为三开间，但因财力或经营特点所限，依然有不少店面取两开间或一开间的形式，由于宽窄相间，自然会产生某种不规则的韵律和变化。村镇不同于城市，居民即使临街也未必经商，这样的住户往往只在临街的一面插入一个又小又窄又矮的门头，并且经常是双扉紧闭。借这样的插入单元，便可因连续性的中断而加强其节奏感。还有每隔一定距离必须保留的巷口，它犹如文字中的句号或音乐中的休止符，以间空的形式来中断其连续性。再一点就是外轮廓线的变化，村镇中的建筑并无统一规划，因而在高度上也是各行其是，加之还有少数建筑以山墙临街，因而其整体立面的外轮廓线必然会因高低错落而有明显的起伏和变化。某些地区建筑物的细部处理也会赋予街景以乡土特色和多样性变化。例如南方一带所流行的马头山墙，就可以极大地丰富街景立面的外轮廓线。虚实对比也是构成街景变化所不可缺少的因素，例如以两层建筑为主的街道立面，由于底层敞开，上层比较封闭，于是上、下层之间就会产生虚实的对比和变化。此外，绝大部分店面均取开敞形式，若偶然有几家店面因为经营特点所限而比较封闭，这也会使街景立面借虚实的对比而求得更多的变化。

1 云南大理下关镇龙尾街系明清时所建，保留至今，虽历经兴废，但仍可依稀地看出其旧貌。顺应地形变化，街道的北部高，南部低，呈缓坡的形式。北端留下一座城楼，上图即系由城楼俯瞰街景的情况。

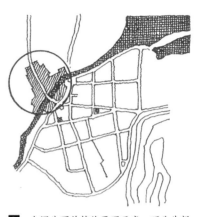

2 上图为下关镇的平面示意，可分为新区和旧区两部分。旧区以龙尾街为核心位于镇的西北部，并隔河与新区遥遥相望，龙尾街原为繁华的商业街，但因新区的发展已逐渐萧条，现虽保留了一些店铺，却远不比当年。

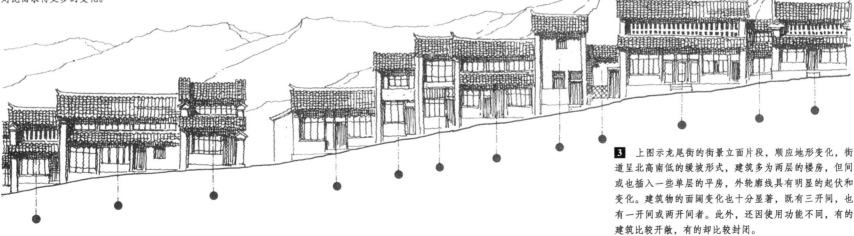

3 上图示龙尾街的街景立面片段，顺应地形变化，街道呈北高南低的缓坡形式，建筑多为两层的楼房，但间或也插入一些单层的平房，外轮廓线具有明显的起伏和变化。建筑物的面阔变化也十分显著，既有三开间，也有一开间或两开间者。此外，还因使用功能不同，有的建筑比较开敞，有的却比较封闭。

○街（11）

街道空间既然呈狭长封闭的带状空间，那么它必然有一个起点和终点，这里姑且称之为街口，它实际上就是街道空间的两个端部。由于村镇总是处于不断扩展的过程之中，这就意味着街口只不过是一种暂时的现象，由于街道的外延，现在的街口必然要被新的街口所取代，因而街口总是处于村镇发展的边缘。正是由于上述的原因，街口部分的建筑物多稀疏散落，甚至不能明确地界定出街道空间。尽管建筑物稀疏散落，但毕竟还是进入村镇的必经之处，人们常常从这里获得对该村镇的第一印象，所以从景观的意义上讲还是十分重要的。特别是从远处进入街口，最初人们看到的是村镇的远景，这时单体建筑并不重要，映入眼帘的是村镇的整体和外轮廓线。待走到近处，街口部分建筑物的体形和轮廓线变化，将会给人留下十分深刻的印象。

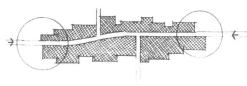

街口总是处于街道空间的两个端部，通常也是进入村镇的必经之路。

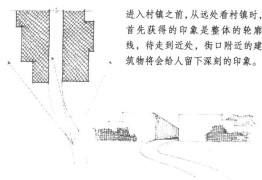

进入村镇之前，从远处看村镇时，首先获得的印象是整体的轮廓线，待走到近处，街口附近的建筑物将会给人留下深刻的印象。

1 关于街口部分的景观分析。

2 浙江天合永清门外的街口景观示意，建筑物的体形和外轮廓线极富变化，给人留下的印象十分深刻。

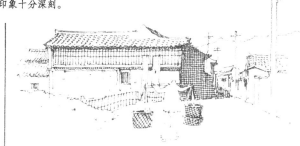

3 浙江慈城某街道的入口处，其一侧的建筑物较低矮凌乱，另一侧的建筑呈转角的形式，屋顶处理很有特色，有助于丰富街口部分的景观变化。

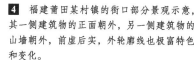

4 福建莆田某村镇的街口部分景观示意，其一侧建筑物的正面朝外，另一侧建筑物的山墙朝外，前虚后实，外轮廓线也极富特色和变化。

5 广西三江某村镇寨的入口部分，坐落于山坡之上，并设有牌楼明确界定空间的范域，其一侧建筑物依山傍水，造型轻巧空灵，自下向上看，其仰视效果极佳。

6 新疆某村镇的入口部分，随地形变化建筑物层层升高，界定入口空间的院墙也相应地呈台阶形式，层次和轮廓线都具有丰富的变化。

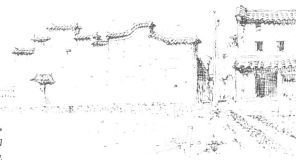

○街（12）

由远而近，村镇的整体印象消失，单体建筑的体形和街口部分的空间组合将更引人注目。这时的景观变化可按道路与街道空间的关系而分为以下两种情况：其一，道路与街道空间呈一条直线，或者说道路正对着街道。在这种情况下，随着距离的缩短，街道空间对人的吸引力越来越大。街口两侧的建筑物虽然在视野范围内占有很大比重，但人们依然目不暇接，把注意力集中于街道本身。由此可见，处于街口两侧的建筑物，只有在中远距离才能发挥较大的作用，因为它的体形和外轮廓线远比细部上的变化更为重要。其二，道路呈弯曲形状，先经过村口的一侧然后再转入街道空间。在这种情况下，人们走到近处时，街道空间反而消失了，首先看到的是街口一侧的建筑，只有当逼近街口时街道空间才突然出现于眼前。在通常情况下，街口一侧的建筑多呈曲尺形，并与弯曲的道路相呼应，这在客观上将起到引导的作用。至于街道空间本身，由于是在不经意的情况下突然呈现于眼前，因而也能使人产生某种兴奋的情绪。

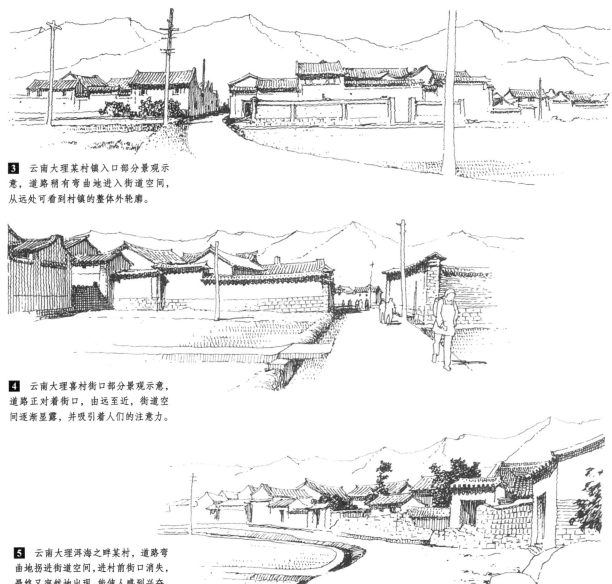

3 云南大理某村镇入口部分景观示意，道路稍有弯曲地进入街道空间，从远处可看到村镇的整体外轮廓。

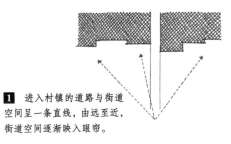

1 进入村镇的道路与街道空间呈一条直线，由远至近，街道空间逐渐映入眼帘。

4 云南大理喜村街口部分景观示意，道路正对着街口，由远至近，街道空间逐渐显露，并吸引着人们的注意力。

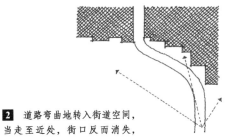

2 道路弯曲地转入街道空间，当走至近处，街口反而消失，最终又突然呈现于眼前。

5 云南大理洱海之畔某村，道路弯曲地拐进街道空间，进村前街口消失，最终又突然地出现，能使人感到兴奋。

○街（13）

临河的村镇，除可从陆地进入街道空间外，还专门设有通道通往水运码头。这实际上也是一个街口，不过它并不经常处于街道的两端，而多位于街道的一侧，并与街道垂直。临河村镇为防洪水侵袭必须建于高台之上，为调节水位涨落，则必须设置台阶，这将会给街口部分的景观变化增添许多特色。如前所述水路街口一般与街道保持相互垂直关系，而台阶则视地形条件既可夹于街口两侧建筑物之中，又可延伸到街口之外，甚至还可以有某些转折。但不论属于哪一种情况，都具有共同的景观特点：其一是自低处向高处看，呈仰视效果；其二，由开阔的自然空间走进封闭、狭长的街道空间。如果把这种情况逆转过来，即由街道空间经街口而下至河岸，便可居高临下一览自然风光。不论属于哪一种情况，都可以捕捉到许多有趣的景观画面构图。

1 通往水路的街口布局示意

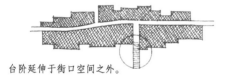

台阶延伸于街口空间之外。

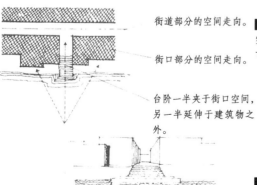

街道部分的空间走向。

街口部分的空间走向。

台阶一半夹于街口空间，另一半延伸于建筑物之外。

街口部分的空间体量组合示意。

2 浙江临海江厦街通往水路的街口，比较陡峻的台阶为街口两侧建筑物所夹峙，自下向上仰视两侧的建筑物，在体形、虚实和轮廓线等方面都充满了对比和变化。

3 福建崇安通往河边的街口，台阶上部插入街口空间，下部延伸至河岸，并逐渐扩展成喇叭形，既可用作码头，又可丰富景观变化。

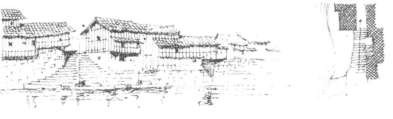

4 由于特定的地形条件限制，某些街口不允许垂直于街道空间布局，这时也可借街道空间的错位或转折，而使台阶顺着街道的走向插入街道空间。

5 湘西吉首某街道通往河岸的街口，台阶呈弯曲的形式，并斜向地插入街道空间，使街口部分的景观富有特色。

6 自街道的一端看街口，当由封闭、狭窄、光线暗淡的街道空间来到街口，便可居高临下地眺望自然景色，借强烈的对比作用，会使人获得豁然开朗的感觉。

○街（14）

为免遭洪水淹没，临水的村镇必须大大地高出正常
水位。为调节水位涨落并沟通上下联系，往往需要设置
很多步的台阶，至于台阶的形成，却因地形不同而千变
万化，最常见的一种就是自街口而一直至水边。不过
这样的台阶可能会拉得很长，不仅占地多且景观也比较
单调，所以在河岸紧逼于村镇的情况下，唯一的办法就
是使台阶顺应地形而转折。这种形式的台阶不仅占地
少，而且景观变化也更加丰富。如果台阶正对着街道空
间，在上台阶的过程中随着视点逐步提高，街道空间缓
缓地摄入画面，起始是仰视，然后将逐步由仰视变为平
视。与此同时，视线则向街道空间的纵深部分延伸，其
序列呈渐变的形式。如果台阶并非正对着街道，而是经
过转折之后才进入街道空间，那么循台阶拾级而上的人
其注意力往往为沿岸的建筑物所吸引，只有当人们走完
了台阶之后，街道空间才突然地呈现于眼前，这时人们
便忘却了先前映入眼帘的印象，而把注意力集中于街道
空间。与前一种情况相比，后者的序列则呈突变的形式。

1 在街口离河岸较远的情况下，可设台阶自街口
一直下至水边，台阶正对着街道空间，循台阶而上的
人，随视点升高将可逐渐地看到街道空间。

在街口离河岸很近的情况下，台阶必须随地形而
转折。在上台阶的过程中，最初看不到街道空间，只
有上完台阶后，街道空间才突然地呈现于眼前。

2 湘西吉首某通往峒河的街口，
建筑物直通河岸，台阶呈转角的形
式下至河边，上台阶后须转一角度
方可进至街内。

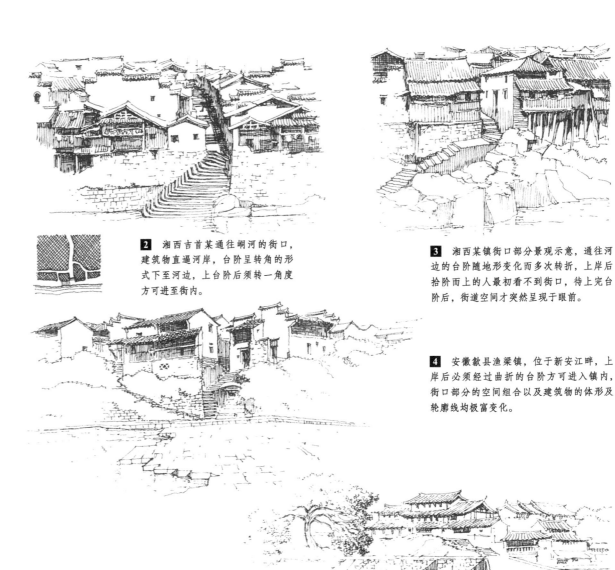

3 湘西某镇街口部分景观示意，通往河
边的台阶随地形变化而多次转折，上岸后
拾阶而上的人最初看不到街口，待上完台
阶后，街道空间才突然呈现于眼前。

4 安徽歙县渔梁镇，位于新安江畔，上
岸后必须经过曲折的台阶方可进入镇内，
街口部分的空间组合以及建筑物的体形及
轮廓线均极富变化。

5 福建新泉某街口景观示意，自
桥头经过台阶可进入村内，建筑物
体形和外轮廓线颇富变化。

○水街（1）

　　一般的河道由于不能形成空间感常使人感到平淡无奇，一旦形成了空间感便倍感幽深。例如长江，自源头一泻而下达9千多公里，唯三峡一段最能激发游兴，正是由于它夹于高峡深谷特定的空间环境之中。当然三峡之美出于自然，水街之美形成于人工，但就其形成空间感来讲则不无相似之处。倘使水街的高、宽比例关系失调，使空间感削弱，乃至消失，那么水街的独特情趣也将随之而化为乌有。古典园林有曲径通幽之说，水街亦然，为求得幽深，也是忌直而求曲的。此外，限定水街侧界面的街景立面也会影响其景观效果。既然临河，总不免会设有码头或供洗衣、浣纱、汲水之用的石阶，这些都有助于使建筑物获得虚实、凹凸的对比与变化。当然，水街的情趣还不仅限于其物质空间本身，而且还体现于人的联想与意念之中。不论细雨霏霏或月色朦胧，每听到汩汩的桨声或看到几盏灯火，都会激发人们的情思，使清新隽永的水乡景色萦绕于情怀。

1 水街剖面及侧界面的分析。

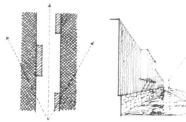

建筑物直逼河边，由此而形成封闭狭长的空间，部分建筑物悬挑于水面。

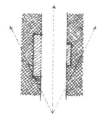

建筑物直逼河边，临河建筑物局部内凹，或设置空廊。

2 某水街景观示意，建筑直逼河边，空间狭长封闭，吊脚楼悬挑于水中。

3 江苏吴江周庄，建筑物夹河而建，远有拱桥，近有石阶自住户下至水边，河中可行驶舟船。

4 江苏昆山芦墟镇，沿河两岸建筑物参差错落，充满虚实凹凸变化。沿河两岸均设有码头，既方便居民用水，又可停靠舟船，以利于水上运输。

5 江苏吴江周庄，镇内河道纵横，图示为自水街看远方的富安桥。

6 下图所示为自富安桥上看另一侧水街。

○水街（2）

作为后街的水街，如果建筑物紧逼河岸，那么除了各家自建筑物的后门可以下至岸边外，其他人是难以接近水道的。这就是说一般的水街除了从桥上或行船于水中时是没有机会来领略水街的风光的，所以它的景观价值便受到很大的局限，还有一种形式的水街，其一侧的建筑物稍稍后退，在建筑物与岸边留出一条很窄的街道，它的一侧临水，水边可设置公共停船的码头，或设供浣纱、汲水的石阶，另一侧即为建筑，各家各户均可设门与之相通。这种通道既可起到沟通整个村镇交通联系的作用，还可为观赏水街景色提供更多的有利条件和机会。这样的通道一般也属于后街，它不像前街那样喧闹，但有时也间或有几家店铺，但总的说来还是保持着宁静的气氛，也有少数水街其本身兼有商业职能，在岸边的一侧或两侧，使建筑物后退一段距离，并在其内设置店铺。这样的水街实际上已由后街转化为前街，这时，后街所特有的宁静气氛已不复存在。

3 江苏苏州周庄水街景观片段，其一侧建筑物直逼水边，另一侧建筑物稍向后退，河岸一侧留出一条很窄的通道，从这里可以自由地观赏水景。

5 沿河通道较宽敞，卵石铺面，并于沿河一侧设有护栏，既利于交通、观景，又可作为公共交往场所。

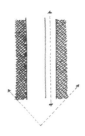

1 水街的一侧建筑物直逼河边，另一侧建筑物稍向后退，并在河的一侧留出一条很窄的通道。

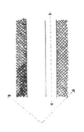

2 一侧建筑物直逼河边，另一侧建筑物留出一条通廊，既可遮阳，又可避雨。

4 沿河道的一侧留出一条通道，并设台阶可下至水边，既利于交通，又可丰富景观变化。

6 江苏昆山芦墟镇，沿河一侧建筑留出一条很窄的通道，其作用若似骑楼，既可遮阳，又可避雨。

7 某江南水乡集镇，其一侧建筑物直逼水边，部分建筑在临水的一侧设有空廊，另一侧则为商业街。

○水街（3）

江南一带多雨水，兼作商业街的水街往往还设有披檐以防止雨水侵蚀行人，或者于临水的一侧设置通廊，这样既可以遮阳，又可以避雨，颇方便于行人。这种通廊其临水的一侧全部敞开，为供人们休憩，间或设有坐凳或"美人靠"，人们在这里既可购买日用品，又可歇脚或稍事休憩，特别是自这里向外还可领略水景和对岸的风光。

水街沿岸的护坡、栏杆以及地面处理也会影响到景观效果。江南一带多以条石或卵石相结合的方法来铺砌地面。沿河岸边多不设护栏，这样可使人更接近水面。在缺少石料的地方则只好采用土坡，为防止滑坡，多在边坡上种植树木，以借其根蔓加固土壤的凝聚力。这种成行的树木既可起到庇荫的作用，还似乎在水陆交界线上又建立起一道虚拟的界面，并把整个街道空间一分为二，从而增添了一个空间层次。

3 浙江吴兴南浔镇，水街呈弯曲的形状，两侧建筑物临河而建，但均留出一条通廊，其作用犹如骑楼，可通行，也可眺望景色。

4 浙江吴兴百间楼水街景观示意，沿河建筑均设有骑楼式的通廊。

5 福建某临河小镇，一侧建筑物设有披廊，另一侧仅以土护坡，并设桥连通两岸。

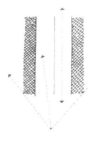

1 沿河一侧建筑物稍向后退，并设有披檐或空廊，既可遮阳，又可避雨，还可丰富景观变化。

2 沿河一侧建筑物稍向后退，河边留出一条通道，沿河植树，可将水街空间一分为二。

6 福建某临河村镇，其一侧建筑物临水而建，另一侧以土护坡，为防止滑坡，在边坡上又种植了树木，从而形成一个虚的界面，既可庇荫又可增加层次变化。

7 江苏苏州周庄，以条石围护河岸，岸边种植树木，从而丰富了空间的层次变化。

○水街（4）

与水街景观密切联系的还有码头，它可以分为两类，一类属于私家使用，另一类属于公共性使用。前者一般设于住宅的后部，后者多设于街口、路口或桥头等交通方便之处。虽说是码头，但并非专供停船之用。特别是私家独用的码头，停船的机会并不多，而主要是供洗衣、取水或倒泼污水之用。私家码头有的非常简单，仅在建筑物的后门之外设几步石阶下至水面即是。然而由于江南一带多雨，则多在码头之上局部加上一个披檐，这样，即使在雨天也不会妨碍使用。另一种形式即使码头凹入建筑物之内，这种码头比较正规，在建造房屋时已作考虑，而使之成为整体的一个组成部分。还有一些码头很讲究，不仅考虑到使用上的需求，而且在建筑上还作了必要的处理，犹如一个临水的敞厅，既可作水上入口，又可在这里凭栏眺望水景。尽管码头的形式多样，但一般多呈空灵内凹或敞厅的形式，加之与建筑物之间又有巧妙的组合，所以从沿河一侧的整体立面看，虚实、凹凸之间的对比十分强烈，借这种对比，将会大大丰富街景立面的变化。

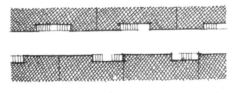

沿河私家码头的平面示意。

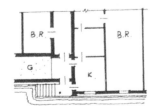

1 在前街后河的情况下，私家码头均设于住宅的后部，或自厨房下至码头，或使后院与码头相通。为不占河面，码头一般均凹入建筑物之内。

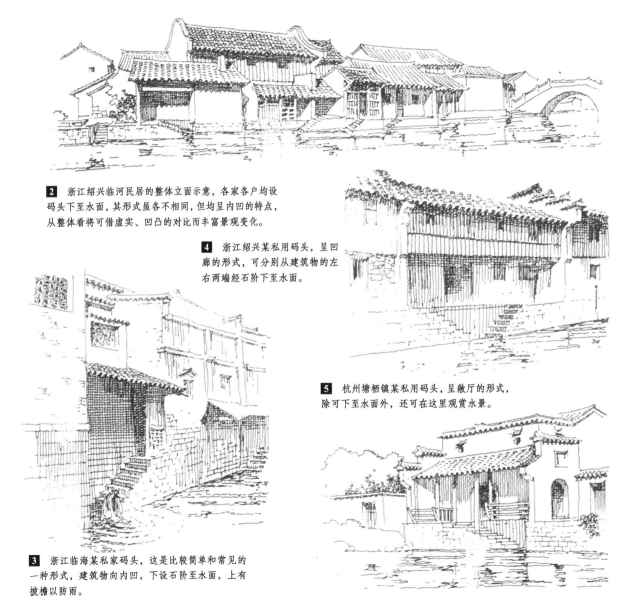

2 浙江绍兴临河民居的整体立面示意，各家各户均设码头下至水面，其形式虽各不相同，但均呈内凹的特点，从整体看将可借虚实、凹凸的对比而丰富景观变化。

4 浙江绍兴某私用码头，呈凹廊的形式，可分别从建筑物的左右两端经石阶下至水面。

5 杭州塘栖镇某私用码头，呈敞厅的形式，除可下至水面外，还可在这里观赏水景。

3 浙江临海某私家码头，这是比较简单和常见的一种形式，建筑物向内凹，下设石阶至水面，上有披檐以防雨。

○水街（5）

在水乡村镇中，除了各家各户设有私用码头外，还设有公共性码头。与私用码头不同，由于使用的人比较多，使用的范围又比较广，其规模与尺度均大于私家码头。为适合于公共使用，或方便于货物的装卸，公共性的码头多设在交通比较方便的桥头、街口或路口。其形式则依所在地点的具体条件而多种多样。和私家码头一样，为适应水位的涨落，也必须设置台阶，但是为了满足大宗货物的装卸或较多的人在这里洗衣、汲水之用，多在接近正常水位的地方设置较大面积的平台，如果水位上涨便任其淹没，水位下降，则须再下几步台阶才能接近水面。

公共性码头使用较频繁，也是人们进行公共交往的场所之一，它分布于村镇各交通要道的一侧，既方便停靠舟船，又方便生活，它不仅充满了生活情趣，而且还可起到点缀景观的作用。

2 浙江鄞州区鄞江镇，自桥洞看设于桥头附近的公共码头，既可停船，装卸货物，又可在这里洗衣、汲水。

3 浙江绍兴东双某桥头饭馆，于建筑物之前设有码头，顾客可自水路登岸后方便地来饭馆就餐，平时又可供人们在这里洗衣、汲水。

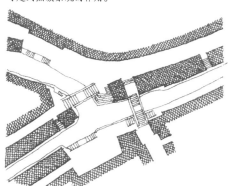

1 在水乡村镇中，公共使用的码头多分布于交通比较方便的桥头、街口、路口，既方便生活，又利于货物装卸。

为适应水位涨落，码头呈台阶形式，一直延伸至水中。

为方便生活通常在接近正常水位的地方设置较宽大的平台。

4 江苏苏州周庄，镇内河网交织，桥梁纵横，凡桥头、路口都设有公共码头，其中有的规模较大，但有的也很简单，仅几步石阶下至水面。

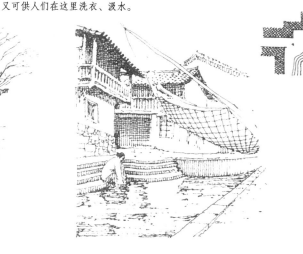

5 福建某镇，于街口设置公共码头，其规模较大，石阶部分平直，部分呈弧线形状，可以在这里停船，又可供洗衣或汲水之用。

○桥（1）

　　和码头一样，桥也是水乡村镇中不可缺少的设施之
一，并在景观中起着重要作用。桥，连同它的周围环境，
通常也是富有诗情画意的。"枯藤、老树、昏鸦，小桥、
流水、人家"的名句，千百年来脍炙人口。《清明上河图》
长卷，其焦点也集中在以虹桥为中心的那一段熙熙攘攘
过往于桥上的人群，桥作为公共交通设施，对于水乡村
镇至关重要。修桥、铺路历来被认为是慈善事业，有富者，
乐于好施，慷慨解囊捐助于修桥铺路者不乏其人。正因
为这样，有很多的桥都修得既精美又坚固。虽历经风雨、
战火，木构的民居建筑早已荡然无存，但石构的桥却安
然无恙，成为村镇的历史鉴证。桥的形式虽然多种多样，
但是最富有特色的要算是拱桥。这种桥，上可行人，下
可通舟，特别适合江南水乡，村镇中最常见的就是这种
形式的桥。江南水乡村镇，河网交织，常把村镇分割成
为块状的组团，各组团之间只有通过桥才得以沟通其间
的联系。而设桥又并非易事，因而它只有坐落于主要交
通要道之上才能充分发挥其交通联系作用，因而许多桥
梁都位于人流集中或商业兴旺的地区。

拱桥均为石砌，中部平缓，两端陡峻，
并设有台阶，两侧设置栏杆，制作精美。

1 江南水乡，河网交织，水路交
通运输频繁，为使行船方便，多取
拱桥的形式，上可行人，下可通舟，
其体形优美。

2 浙江鄞州区鄞江镇，于街道一
侧设桥通往对岸，呈拱形，桥的跨
度很大，但造型优美，体态轻盈。

3 浙江杭县塘栖镇，于河道
转折处设一拱桥，与周围环境
统一协调，有助于丰富水乡村
镇的景观变化。

4 江苏吴江周庄富安桥，河道
较窄，又为建筑物所夹峙，设桥
连通两岸，并在桥上置一方亭，
有效地丰富了水街的景观变化。

5 苏南某水乡小镇，于人流集中
的街口设一拱桥以连接两岸交通。

6 江苏吴江周庄，于河道交
汇处设一拱桥，景观效果极佳。

7 苏南水乡村镇同里，由于
石拱桥的设置，使水乡村镇的特
色更鲜明、情调更浓郁。

○桥（2）

　　水乡村镇中的桥，不仅本身造型优美，还可以为人们欣赏水景提供方便条件。江南水乡村镇，建筑物十分密集，尽管河道纵横交织，但由于沿河两岸均为建筑物所占据，人们很少有机会看到水景。然而一旦站立桥上，那么水乡村镇的景色便立即呈现于眼前。桥，虽然可以为欣赏水乡村镇的景观提供有利条件，但是桥本身作为景观对象，却不能站在桥上来观赏它自身，而必须另觅合适的观赏点。观赏桥的理想角度最好选择在它的侧面，换句话说就是沿着河道的方向来看桥。这里可能出现三种情况：其一，乘船从水中看桥，所见到的是桥的正侧面；其二，从远处的另一座桥上来看桥，所见到的也是正侧面，不过是远景；其三，从沿河一侧的河岸看桥，这时所见到的是桥的偏侧面，而且随着距离的缩短，其偏转的角度愈来愈显著。

1 站立于桥上观赏水街街景，与此同时还可以看到远方另一座桥。

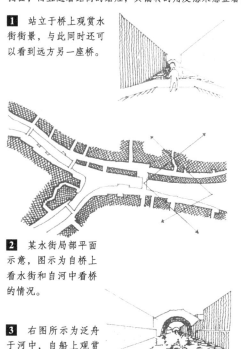

2 某水街局部平面示意，图示为自桥上看水街和自河中看桥的情况。

3 右图所示为泛舟于河中，自船上观赏桥及水街的景观效果。

4 江苏吴江周庄，河道较窄，建筑物密集，很少有机会看到水景，唯站立于桥上方可一览水乡景色。

5 站立于桥上，不仅可以观赏水景，而且在河道平直的情况下，还可以看到远方另一座桥梁。

6 绍兴米市街永久桥，呈折线拱的形式，处于闹市，并连接两岸街道，过往行人熙熙攘攘，自桥上可眺望两侧水街风光。

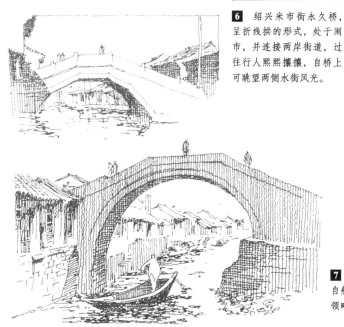

7 吴兴南浔镇河景，自船上透过高大的桥洞领略水乡村镇的风光。

8 湘西凤凰多孔大石桥，图示为自水中透过拱洞观赏其一侧民居建筑的情况。

○桥（3）

前面曾经提到从一座桥看另一座桥的情况，所指的系同一条河上的两座桥，而且河道又呈一条直线的形式。而江南水乡村镇往往是河道纵横交织，为便于交通，某些河道交错的地段几乎是几步一桥，于是人们便可以同时看到两座、三座甚至更多的桥。这些桥随着河道的转折，可相互垂直，或呈任意角度，或依然保持平行关系。这样，当人们从某个特定的地点观看时，有的桥正面朝着画面，而另一些桥则横向展开，或与画面呈一定倾斜角度。每当视点移动时，其相对关系便随之而转换：原来作为远景的桥逐渐变成了近景；曾经作为近景的桥忽然从画面消失；原来看不见的桥于不知不觉中悄悄地进入画面，于是在十分短暂的浏览中，便可以获得极多的各不相同的画面。

1 多座桥梁分布于水乡村镇，从而丰富其景观变化的情况列举。

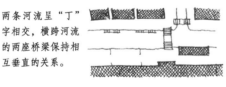

两条河流呈"丁"字相交，横跨河流的两座桥梁保持相互垂直的关系。

两条河流交汇于一处，三座大小不同的桥梁分别跨越其上，相互间呈垂直或平行的关系。

在丁字相交的河流上，两座桥相互垂直，当看到一座桥的正面时，必然会看到另一座桥的侧面。

2 江苏吴江周庄，河道纵横交织，桥梁星罗棋布，人们通常可以同时看到几座桥梁。如上图所示，为处在桥头时，又可看到远处的另外两座桥梁。

3 同前例，在两条河的交汇处，有两座桥分别跨越其上，并保持着相互垂直的关系，当人们看到一座桥的正面时，必然会看到另一座桥的侧面。

4 江南某水乡村镇，即使是同一条河，每隔一定距离也会各设一座桥梁，图示即为跨越同一条河上的两座桥梁，一远一近，层次分明。

○桥（4）

在水乡村镇中，桥头附近也是人们活动频繁的地段之一。过往于桥上的行人，无论上桥或下桥都要经过桥头，人们在桥上通常是一往经过，来去匆匆，并无逗留的闲情逸致。但在上桥或下桥时，却往往会萌生出停歇的意念。所以桥头附近总不免会有一些人滞留下来，或作为看客迎来送往，或下至河边悠闲地赏玩水景。耳聪目明的生意人深知人们的习惯和心理，便在这里摆摊设店以招揽顾客。特别是经营小吃或酒店，将更能吸引过往行人，致使桥头附近成为人们进行各种活动和交往的一块宝地。此外，桥头附近交通方便，过往行人川流不息，因而还适合设置公共码头用于停靠舟船、装卸货物。这些码头可供妇女们淘米、洗菜、洗衣、汲水，通过这些活动既可增进交往，又可以为村镇景观平添生活情趣。

1 在江南水乡村镇中，桥头一带往往是人流比较集中的地方，商业店铺和公共码头有时便设在桥头附近。

2 江苏吴江周庄富安桥，紧临桥头的两侧都设有商业店铺，尽管空间狭窄局促，但气氛却异常热烈。

3 江南某水乡村镇，从桥头看桥的景观效果。拱桥的桥面很高，往往在上桥之前就必须上若干步台阶方可登上桥面。图示为自正面上桥时的情况。

4 江苏吴江周庄富安桥，桥的另一端桥头，石阶须转直角后方可登上桥面。在桥头附近也设有商业店铺。

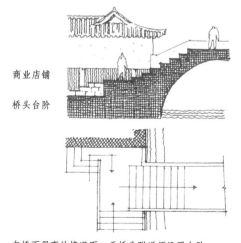

商业店铺

桥头台阶

在桥面很高的情况下，于桥头附近须设置台阶。

5 江南某水乡村镇，从桥头的另一侧看桥的特写镜头，石制的栏杆精细工整，虽历经风雨但依然完好无损。

6 浙江鄞州区鄞江镇桥头景观，其四周均为店铺，特别是陈宅，紧靠桥头，外观玲珑剔透，轮廓线极富变化。

○桥（5）

除江南水乡外，其他地区的一些村镇，尽管桥并不多见，但凡是有桥，均可以给村镇景观增添几分姿色，这主要是因为体形优美的拱桥必将为村镇整体环境增加一项独特的景观要素。此外，桥总是和水相联系的，特别是对于某些干旱缺水的地区来讲，水本身就十分令人神往，如果能够涉水过桥，自然会比履步平地要有趣得多。至于某些规模宏大、历史悠久、造型独特优美的桥，甚至还可以赋予村镇景观以决定性的影响。例如河北赵县城南的赵州桥，就是这样，它位于村落的北口，该村即因桥而命名为"大石桥"村，当然，作为历史名桥的赵州桥可以说是绝无仅有，但类似于这种情况的村镇却时有所见，即村镇濒临于河道一边，人们只有经过桥才能进入村内，桥成为村（镇）口的重要组成部分，并且又是进村前映入眼帘的第一印象，从而被认为是村镇景观的一种标志。

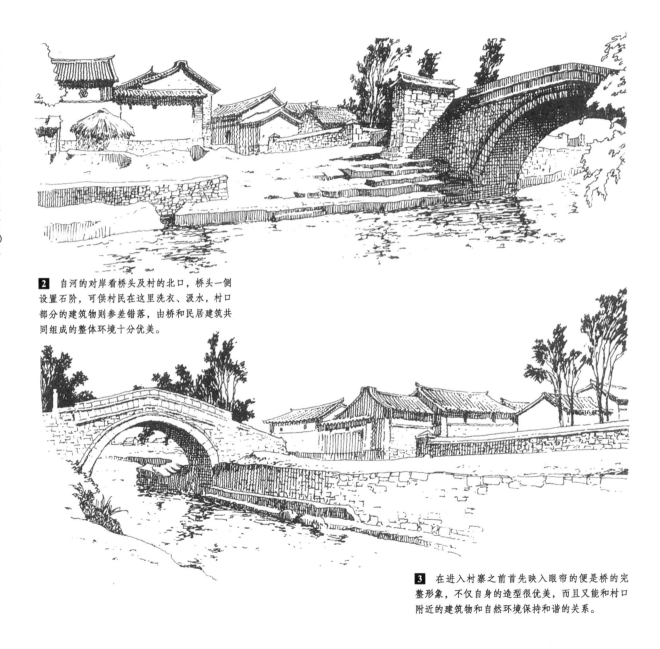

2 自河的对岸看桥头及村的北口，桥头一侧设置石阶，可供村民在这里洗衣、汲水，村口部分的建筑物则参差错落，由桥和民居建筑共同组成的整体环境十分优美。

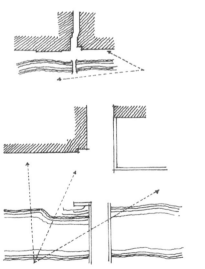

1 云南大理某白族村镇，位于苍山洱海之间，村的北口有拱形石桥一座横跨于溪流之上，是进村的必经之处，从而成为村镇景观的重要标志。

3 在进入村寨之前首先映入眼帘的便是桥的完整形象，不仅自身的造型很优美，而且又能和村口附近的建筑物和自然环境保持和谐的关系。

○桥（6）

　　某些村镇沿河岸两侧发展，从而被河道分割成为两个部分，再于河道之上设桥以沟通两部分之间的联系。这种村镇的格局犹如用一根扁担挑着两个担子，或者说是以桥作为纽带把两个部分连接成为一个整体。由于桥位于两者之间，就整体而言大体坐落于村镇的中心，加之桥的长度和规模都比较大，所以四面八方都可以看到。这样的桥，无疑对于丰富村镇景观可以起到十分巨大的作用。与这种情况相似，也是用桥来联系两个部分，但村落的主要部分位于河的一侧，尚有一部分住户稀疏散落地分布于河的对岸，这时虽然也必须设桥相通，但桥的规模和尺度都比较小，位置选择也比较自由。这种桥犹如一个环，连接着主从两个部分，这种格局与前一种相比，桥的位置虽不甚突出，但从某个局部看，却饶有风味。特别是当从主体村镇走出时，发现河的对岸尚有几户人家，可望而不可即，于是寻求通过的欲望便油然而生，一旦发现了桥便不期而然地产生一种心理上的满足和喜悦感。

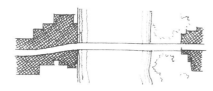

1 村镇沿着河岸两侧发展，被河分割成为两个部分，再于河上设桥以沟通两部分的联系。

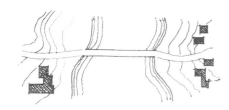

2 村镇的主体坐落于河的一侧，另有一部分住户稀疏散落地分布于河的对岸，并设桥以沟通两者之间的联系。

3 湘西吉首地区某村镇，跨越于河的两岸，为沟通两岸之间的交通联系，修建了一座单跨的拱桥。由于跨度大、曲率平缓，体态轻盈，从而为村镇景观增添姿色。

4 湘西凤凰，旧城位于沱江一侧，但其对岸仍有一片民居建筑，以多孔石桥横跨于沱江之上，图示为自桥孔看凤凰县城。

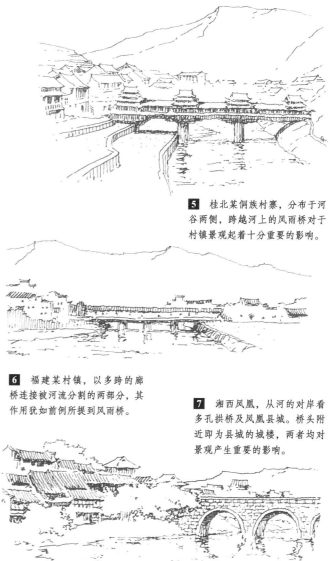

5 桂北某侗族村寨，分布于河谷两侧，跨越河上的风雨桥对于村镇景观起着十分重要的影响。

6 福建某村镇，以多跨的廊桥连接被河流分割的两部分，其作用犹如前例所提到风雨桥。

7 湘西凤凰，从河的对岸看多孔拱桥及凤凰县城。桥头附近即为县城的城楼，两者均对景观产生重要的影响。

○桥（7）

世界各地的桥梁，其形式之变化何止万千，但我国传统的拱桥却以它独特的风格而使人们倍感亲切。它遍布于全国各地，直到穷乡僻壤的每一个角落。它可以精雕细刻，也可以质朴而粗犷，尤其是后者，只要能与村落的整体环境，特别是独特的地景景观统一和谐地共处于一体，那么它将不仅可以以其自身优美的体形使人赏心悦目，甚至还可以借它的催化和触媒的作用，赋予整体空间环境以富有诗情画意一般的意境美。特别是在某些自然风景本身就十分优美的地方，三五人家参差错落地散布于峰峦怀抱的谷地，如果有一座小桥出现在村边的溪流之上，潺潺流水，缕缕炊烟，牧童饮牛于桥头溪边，这时桥便起到画龙点睛的作用，此时、此景，真不啻是一幅诗意盎然的天然图画。

2 上图所示为自北部走近该村前所看到的图景，小桥两侧烟村点点，远有青山叠嶂，近有潺潺流水，小桥居中，成为画面的焦点。

1 湘西吉首地区的德夯村，系一苗寨，四面环山，又有清澈的溪流绕村而过，自然风景十分优美。村落可分东、西两部分，有一座小桥横跨于小溪之上，从不同角度看，都可以成为画面构图的焦点。

3 从桥的南侧看小桥的近景，有羊肠小道经桥头而通往村的西部。

4 自北面河滩看小桥的近景，透过拱券看远方景物，更觉含蓄深远。

○桥（8）

位于村镇附近的桥，虽然与村镇的关系并不密切，但通常也是进村前所必须经过的地方，对于村镇景观也会产生某种影响。这种与村镇保持一定距离的桥，由于和建筑物关系较疏远，主要是处在自然环境之中，所以更加富有自然情趣。这样的桥一般都比较小，造型也比较简单。有时甚至仅用未经加工的木材所制成。

桥的最简单的一种形式便是用一块石板横跨于流水的沟洫之上。这种形式的桥多出现于村镇内部的排水沟上。这种沟有时沿街道或巷道的一侧，每隔一定距离就必须设置一块石板小桥以通往各户人家，这种桥虽然小，但俯拾皆是，对于点缀村镇景观也可以起一定的作用，特别是平行于街巷的沟洫，本身已经破除了封闭狭长空间所固有的单调感，若每隔一定距离又有小桥跨越其上，将会借此而加强韵律和节奏的变化。

2 湘西某村落，仅几户人家，但村外有一条小溪绕村而过，溪上设小桥一座，颇富有自然情趣。

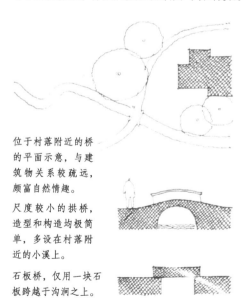

位于村落附近的桥的平面示意，与建筑物关系较疏远，颇富自然情趣。

尺度较小的拱桥，造型和构造均极简单，多设在村落附近的小溪上。

石板桥，仅用一块石板跨越于沟洫之上。

1 上图所示为尺度较小，造型简单的两种桥，一种呈拱形，多位于村外，颇富自然情趣。另一种为石板桥，多位于村内的排水沟洫之上。

3 福建某山村，自山下先经过一木桥后方可循石阶盘回而上并进入该村，桥虽简陋，但却富自然情趣。

4 福建永定地区某村落，村内有一条沟渠贯穿于建筑物之间，各户人家均以石板为桥跨越其上，既方便于交通，又能使人感受到静谧的气氛。

5 湘西某村镇，在贯穿村内的一条道路旁开凿了一条排除雨水的沟渠，每隔一定距离铺上一块石板当作桥梁。

6 湘西某村镇，一条既曲折又有起伏变化的巷道贯穿于村内，其一侧设有排除雨水的沟渠，在通往每户人家的地方设一块石板作桥梁。

○桥（9）

前面虽然介绍过几种桥的形式，但主要还是拱桥。中国传统的拱桥形式不仅从功能和结构上讲是合情合理的，而且从审美方面讲也是很富有诗意的。在古代，以石构筑的桥梁为争取较大的跨度，唯一可行的方法就是起拱。当时虽然不知道拱形结构的力学原理，但仅凭直观经验，匠人们也会认识到在相同跨度的情况下，曲率越大，拱的矢高也随之而加大，这样的桥将十分有利于桥下行船。但是拱形的桥毕竟砌筑比较麻烦，所以在行船要求不甚迫切的情况下，为了砌筑方便，也可以用条石搭成梁式的平桥。由于条石的长度有限，致使桥的跨度受到严格的限制，因而这种桥一般均为多跨的形式。这样，虽然单跨的长度有限，但就整体而言，长度反而可以自由伸缩。这种桥虽然无法隆起，但是为了便于行船，依然可以做成折线的形式，从而使中央部分可以得到适当的提高。当然，如果没有行船要求，最好还是使桥面保持水平，这样将有利于车行。

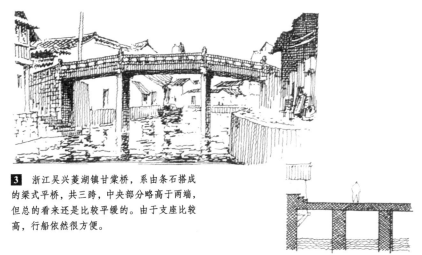

3 浙江吴兴菱湖镇甘棠桥，系由条石搭成的梁式平桥，共三跨，中央部分略高于两端，但总的看来还是比较平缓的。由于支座比较高，行船依然很方便。

5 湘西某村镇，图示为一多跨的平桥桥面由石板所搭成，并基本保持水平。由于街道地平高出桥面，过桥时尚须下几步台阶。

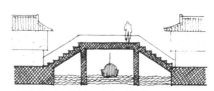

1 三跨折线形式的桥，以条石搭成，中央高，两端低，桥下可以行船，桥上可以走人。

2 以条石搭成的单跨平桥，因受条石的长度所限，桥的跨度很小，桥上既可走人又可行车，但行船却受到一定限制。

4 浙江吴兴某桥，呈三折形式，桥身虽然比较平缓，但却大大地高出地面，所以在桥的两端依然要设置若干步台阶。

6 湘西某村镇（同前例），从侧面看桥，与拱桥相比确实比较平淡，但不仅行走方便而且建造也比较容易。

○桥 （10）

从景观的角度看亭桥和风雨桥往往能引起人们的兴趣。所谓亭桥，即在桥的中央部分设亭以供行人休憩或观景，这种类型的桥在江南一带的村镇中比较常见。特别是设亭于拱桥的跨中部分，不仅使本来就十分轻盈的桥变得更加玲珑剔透，而且还可以丰富桥的外轮廓线和变化，并使之具有良好的虚实对比。所以从某种意义上讲，在桥上设亭就是给桥锦上添花，而使之成为村镇中的一景。风雨桥常见于我国西南广西一带的村镇之中。由于在桥上建起一条带有顶盖的通廊，从而起到防风避雨的作用，人们便称之为风雨桥。当然，风雨桥并非仅仅限于上述的功能考虑，而且在造型上也十分讲究。如果单纯为了防风避雨，仅在桥上建起一条通廊即可满足要求，但事实上绝大部分风雨桥其通廊的屋顶部分都处理得十分丰富，而力求使之具有观赏的价值。广西一带的村镇凡设有风雨桥，无不借其优美独特的外观而极大地丰富了其整体空间环境的景观变化。

3 浙江东阳叱驭桥，系一拱形的亭桥，桥身以乱石砌筑，桥上建一空廊，虚实对比强烈，外轮廓线变化丰富。

4 杭州霸子桥，为一座三跨桥，体态十分轻盈。桥的中部建一长方形歇山屋顶的亭子，其体态和轮廓线也十分优美。两者相结合，便有效地增进了周围空间环境的景观变化。

1 在拱桥的中央部分建造桥亭，既可供人们在这里小憩、观景，又可以丰富桥的变化。

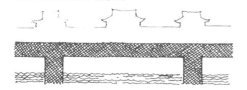

2 在桥上建造能够防风避雨的通廊，称之为风雨桥，广西一带常常借它来丰富村镇整体环境的景观变化。

5 广西某侗族村寨中的风雨桥，在木结构的桥上建一通廊，通廊的顶部凸出三个歇山式屋顶，造型极富变化。

6 同前例，图示为细部处理，全部为木结构，青瓦屋顶，某些部分还施以油漆，色彩较富丽。

○巷（1）

巷，在北方又称胡同，它与街共同组成交通网络，密如蛛网似地延伸到村镇的各个角落。在中小规模的村镇中，这种网络形同树状结构，它以街为主干，贯穿于整个村镇，而巷则如同树杈，由主干向四面八方延伸，并通过它来连接各家各户。与街相比，巷也是一种封闭、狭长的带状空间，但由于巷比街更窄，而且界定这种空间的又多为建筑物的山墙，按传统习惯，为保持宁静安全，几乎都是不开窗的实墙，致使巷道空间成为一种超狭窄、超封闭的带状空间。在巷道空间中，最引人注目的便是挟峙于其两侧的墙面，它多为建筑物的山墙，随着屋顶坡度的变化时起时伏，常具有优美的轮廓线。特别是采用马头山墙的形式，以青瓦镶边的墙头，或跌落或翘起，纵横交错，构成了极富韵律变化的两条天际线，而挟于其中的正是"一线天"。

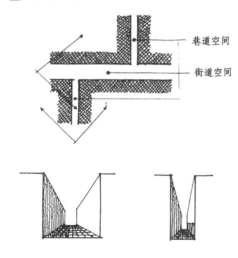

1 街道与巷道的关系和比较。

巷道空间
街道空间

同属封闭、狭长的带状空间，但街道却比较宽。

与街道相比，巷道空间则更加狭窄、封闭。

2 湘西某村镇，图示为其巷道空间的景观示意，既狭窄又封闭，上空仅剩下了"一线天"。

3 湘西某村镇的巷道景观，两侧由建筑物的山墙所界定，由于轮廓线充满起伏变化，能够给人以韵律节奏感。

4 湘西某村镇的巷道景观，平面较曲折，建筑物的起伏变化十分显著，封闭的感觉不甚强烈。

5 福建某村镇的巷道景观，侧界面很富变化。

6 福建某村镇的巷道景观，起伏跌落的马头墙，极大地丰富了巷道空间的景观变化。

7 湘西某村镇的巷道景观，平面曲折，侧界面又富有变化。

174

○巷 (2)

　　巷道空间对于村镇生活环境具有特殊的功能和审美意义。人们从村外经村口而进至街道空间，再由街道空间转入巷道空间，最终走到自己的宅院，可以说是经历了一个完整的序列。这个序列从空间形态方面看可以说是由漫无边际的自然空间进到经由人工限定的街、巷空间，从容量方面看则是由较宽敞的空间渐次转入越来越小的空间。而伴随着空间量的变化，其公共性逐渐减小，私密性逐渐加强，直至自己的宅院、居室、幕帐，可以说是达到了私密性的顶点。此外，人们在巷道中虽然是匆匆地经过，但也不免会留下一些瞬间或片段的印象，这种印象的叠合和连续，将会产生某种诱人的魅力，驱使人们继续前进。

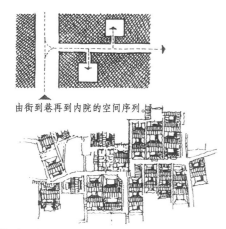

由街到巷再到内院的空间序列

1 街、巷空间的序列分析和景观比较。

具有商业和交往活动功能的街道空间，过往行人熙熙攘攘，人的注意力往往集中于店面。

转入巷道后，顿觉宁静，空悠悠的巷道空间反而能够引起人们的注意。

2 浙江丽水碧湖某村镇的巷道景观示意，平面较曲折，又有宽窄和起伏变化，两侧建筑物参差错落，景观变化十分丰富。

5 湘西某村镇的巷道空间示意，乱石铺地，能给人以质朴粗犷的感觉。

3 湘西某村镇的巷道景观示意，两侧建筑物虽十分封闭，但外轮廓线却充满变化，加之平面较曲折，也能产生引人入胜的感觉。

6 湘西某村镇的巷道空间，部分封闭，部分开敞，加之屋顶形式变化多样，景观效果很富有变化。

4 苏南某村镇的巷道空间示意，虽平直而狭窄，但间或设有店铺，兼有街和巷的两种特性。

7 湘西某村镇的巷道空间，就整体看十分封闭，但偶然也有一两户人家以吊脚楼对着巷道，从而有效地破除了单调感。

175

○巷（3）

在村镇中，一般巷道其一端与街道相连，另一端则通往村边，直至消失于田野之间。在规模较大的村镇中，也有一些巷道其两端均与街道相连，起着沟通两街之间交通联系的作用。除了以上两种情况外，还有一种巷道仅一端与街道相通，另一端则为住宅所封闭，这种巷道称死巷，在北方则称死胡同，仅供若干户人家出入之用。这种巷道视联系户数的多寡而可长可短，如果联系的人家很多，其巷道空间便长一些，有时甚至还比较曲折。如果联系的人家很少，其长度便短一些，有的仅自街道向内延伸很小一段距离，这样的巷当然不可能有什么曲折或变化。不过尽管如此，有时在它的端部也稍稍地使空间有所扩大，甚至还设有影壁。凡是死巷，由于不被穿行，就不存在过往人流的问题，因而显得特别幽静。

4 云南大理城关某死巷景观示意，一侧以乱石围墙为界面，其端部为一入口门楼，另一侧为建筑物，正面则以建筑物的山墙将巷道空间封死。

5 云南大理城关某死巷，很短促，仅联系几户人家，自街道空间稍向后延伸一段距离。

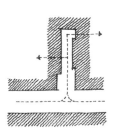

1 死巷的平面列举之一，与街口相连的部分较宽，向内则较窄。

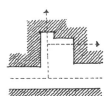

2 死巷平面列举之二，联系人家很少，仅自街道空间略向后凹。

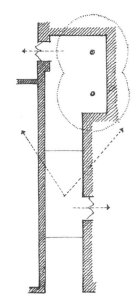

3 死巷平面列举之三，与街道相连的部分较窄，巷的端部空间略有扩大。

6 云南大理喜村某死巷景观示意，巷口部分较窄，端部空间略有扩大，有几户人家的入口便设在这里。

7 云南大理城关某死巷景观示意，巷口部分空间较窄，端部空间略有扩大。巷的底端是一户人家的入口，可以起到巷道空间的底景作用。

○牌楼·拱门·过街楼（1）

牌楼，乃属一种纪念性的建筑，本身并没有具体的功能使用价值，主要是用来纪念功德或宣扬封建的伦理道德观念，前者如功德坊，后者如贞节坊等。设在街口的牌楼犹如街道的入口，它标志着街道从这里开始，起着界定街道空间端头的作用。还有一些牌楼设在街的当中，它本身除了具有一定的观赏价值外，还可以起分隔空间、丰富空间层次变化的作用。一个未经分隔的街道空间，即使很长也不会有任何层次变化，然而一经设置牌楼，便立即被划分为远近两个层次。当由近处透过牌楼去看另一个空间层次的景物时，便会有含蓄的感觉。此外，牌楼本身又可以起框景的作用，从而使远处的景物犹如镶嵌在镜框中的一幅图画。从这个意义上讲，不单是牌楼，任何一个被分隔的空间，只要设门相通，都可以起到与牌楼相似的作用。如果不止一座牌楼，那么空间的层次变化就更加丰富了。例如设置两重牌楼，便会使街道空间具有远、中、近三个层次。这时，自近处穿过一重又一重的牌楼去看街景，自然要比一览无遗更具有吸引力。

1 在封闭、狭长的街道空间中，仅仅设置两根柱子，便可以形成一个虚的界面，从而把空间划分成为远、近两个层次。

2 如果不是两根柱子，而是一面实体的墙，并在墙上开凿一个拱形的门洞，那么给人的分隔感将更加强烈。

3 位于街口部分的牌楼，起着界定街道空间的作用，穿过牌楼将意味着进入街道空间，此外，像图示的这种牌楼还将以其高大的体形和精雕细刻的装饰作为整个村镇的标志。

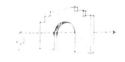

6 浙江临海城关镇东大街上的牌楼，在大面积的实墙上开凿一个拱门，分隔感很强，拱门可起框景作用。

4 位于街道当中的牌楼，便可以起到分隔空间并丰富空间层次变化的作用。

7 在封闭、狭长、曲折的街道空间中，如果设置一个门券，既可以丰富空间层次变化，又可借门洞的框景作用，使远处的景物变得含蓄而深远。

5 仅仅是一面极其简陋的墙面，如果在上面开凿一个门洞，它将和牌楼一样，可以起到分隔空间的作用。

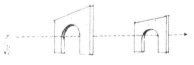

8 浙江临海城关镇东大街街景观示意，在同一条街道上设置了两重牌楼，空间可以划分为远、中、近三个层次，造成一种极其幽深的感觉。

○牌楼·拱门·过街楼 (2)

过街楼也是经常出现在村镇街巷中的一种建筑类型，和牌楼相似，也可以起到分隔空间的作用。如果说牌楼本身只不过是一维形式的平面结构，那么过街楼则是具有一定厚度的空间结构。这两者虽然都可以起到分隔空间的作用，但由于牌楼比较单薄、通透，人们从中穿过时留下的印象比较淡漠。过街楼则不然，它一般都处理得相当厚实，开口面积也远小于牌楼，因而以过街楼来分隔街道空间，其连通和渗透的成分必然小，而分隔的感觉则异常强烈，这样，当人们穿过时留下的印象必然要比牌楼深刻。此外，人们穿过牌楼时只不过经历两重空间层次。即由这一侧至另一侧，而当穿过过街楼时则必须经历三重层次：即由这一侧空间先进入过街楼下所含的空间，再由此而转入另一侧空间。这样，人的视野便经历由开至合、再由合至开；由亮至暗、再由暗至亮等过程。这些都将对人们的心理和视觉感受产生极其深刻的影响。

过街楼的形式之一，呈独立的形式，横向地截断街道空间，在其中央开凿一个较大拱形门洞。

过街楼的形式之二，仅在街道的上空横跨一条通廊，下部依然使街道空间保持连续性。

1 以过街楼分隔街道空间的视觉心理感受变化。

2 湘西凤凰某街道景观，由于设置过街楼而把街道空间分隔成这侧、洞内、那侧三个段落。

5 同前例，从另一侧看过街楼，其效果与前例同。

3 同前例，从相反方向看，借拱洞的框景作用而获得极好的景观效果。

6 山西阳城县的润城小城巷道景观，在巷道上空横跨着一座过街楼，透过它尚可看到远方另一座拱门，借助于两重门洞的分隔作用，从而有效地丰富了巷道空间的层次变化。

4 湘西某镇街景示意，以过街楼横跨于街道空间，使街道空间极度地收束。过此，将产生开与合的强烈对比。

7 天津市宝坻区孙家庄某巷道景观，位于巷道的末端设置了一座门楼，透过它看远方的田野，也会造成一种格外深远的感觉。

○牌楼·拱门·过街楼（3）

还有一种过街楼，它架设在很窄的巷道之上，这样的过街楼虽然尺度很小，但同样可以起到丰富空间层次变化的作用。这种过街楼有两种形式：其一，巷道两侧均以建筑物为界面，过街楼横跨于两侧建筑物之间，起着连通两者的作用。这样的巷道空间本来就十分狭长而封闭，设过街楼后则更加强了它的封闭性。特别是处在过街楼下的那一瞬间，人们的视野极度收束，待穿过之后，借助于对比作用，又能产生一种开朗的感觉。其二，巷道的一侧为较高的建筑物，另一侧为较低、较单薄的墙垣，过街楼仅一侧与建筑物相连通，而另一侧则支撑于墙上。与前一种相比，这样的巷道空间似稍开朗，然而由于两侧的界面一高一低，多少会有一种不平衡的感觉，借助于过街楼的设置除可增强空间的层次变化外，尚有助于达到视觉上的平衡。当然，这种平衡乃属非对称的平衡，比前述的一些过街楼，可能更活泼而富有个性。

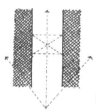

1 界定巷道空间两侧的建筑物均为两层楼房，过街楼横跨于巷道上空，起着连通两侧的作用。

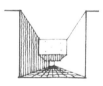

2 过街楼与巷道一侧的建筑物相连通，另一侧则支撑于低矮的墙垣之上。

3 山西阳城润城某巷道景观示意，在巷道空间的上空有一过街楼跨越于两侧建筑物之间，从而在过街楼下形成了一个幽暗的小空间，并把原巷道分隔成远近两个层次。

4 苏南某村镇巷道景观示意，在极狭窄的巷道上设有过街楼，更加增强了封闭感。但穿过之后借助于对比作用又可使人稍感开朗。

5 新疆地区某少数民族村镇的巷道景观，于过街楼上设置双塔，既丰富了空间层次变化，又给巷道景观增添了浓郁的地域文化色彩。

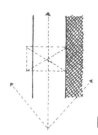

6 新疆地区某村镇的巷道景观，过街楼一侧与建筑物相连通，另一侧支撑于低矮的墙垣之上，并且呈多重的层次，从而给人以无限深远的感觉。

7 过街楼一侧与建筑物相连通，另一端支撑于低矮的建筑物上，呈不对称的构图形式，巷道空间较开朗，气氛也较活泼、轻松。

8 新疆地区某少数民族聚居的村落，图示为一条巷道，远处有一建筑物跨越于巷道上空，从而形成过街楼，并将巷道空间分出层次。

○牌楼·拱门·过街楼（4）

与过街楼相似的另一种情况是依附于建筑物一侧的门楼，它的一侧与村镇其他建筑物相连接，另一侧临水或临陡坡，当中则留有可供通行的门洞。这样的门楼一般设于村口或村周，起着限定空间范围的作用。它不像城门那样森严，也不像设于街巷之中的过街楼那样实实在在地起着分隔空间的作用。由于其一侧临空，所以起不到界定空间的作用。但是它毕竟横跨于道路之中，因而就道路而言，依然可以起到划分空间领域的作用。如果没有门楼，人们便不会明确地意识到自己置身于何处，但一经设置了门楼，便立即产生置身于内、外的差别。由此可见门楼本身便是一种标志，穿过它将意味着由一个领域跨进另外一个领域。正是由于门洞可以起到上述的特殊作用，在传统村镇中，这种门楼也不是随心所欲任意设置的，相反，它多选择在一些关键部位，并通过它来界定村镇或某个特殊场所的范围。

3 湘西凤凰，沿沱江对岸有一片旧的民居建筑，在其临江的岸边设有两座门楼，其一侧紧靠建筑物，另一侧延伸到岸边，上图所示为进入该地段的入口。

4 本图所示为两座门楼之中的另一座，可以认为是出口，与入口相比，体形和轮廓线都比较简单。

1 门楼的形式列举之一，一侧依附于建筑物，另一侧濒临于陡坡或水边，门楼本身呈不对称的形式，给人的感觉似乎并非是一个独立的建筑物。

5 苏南某水乡村镇，在沿河一侧的通道上，借助于建筑物的延伸而形成过街楼，经过这里视野将短暂地收束，过此，将意味着进入了一个新的范围。

6 图示即为图3所介绍的入口，这是从相反方向来看的景观效果，处于一条弯道之上，过此，将意味着离开这个特定的地段。

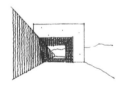

2 门楼的形式列举之二，一侧依附于建筑物，另一侧临空，但基本保持对称并呈独立的建筑物。

7 浙江天台城关镇永清门外应台门城楼，实际上也是一个门楼式的建筑，但是与前几例相比，显得更加独立、完整。对于一般村镇可以说是庄严有余而轻巧活泼不足。

○牌楼·拱门·过街楼（5）

在分析牌楼时曾经提到它的框景作用，其实除牌楼外过街楼、门楼、乃至一切开口，都可能起到框景的作用。框景一词，源于古典园林，在园林中这种处理显然是经过精心地推敲，使人们站在某个特定位置，透过特意设置的"景框"去观赏某一景物。在村镇中，虽然设置了牌楼、过街楼或门楼，但在多数情况下却并非出于框景的考虑，所以通常是没有一个确定的观赏对象恰置于"景框"的中央，这就意味着所框的"景"系泛指，它可以是建筑屋宇，也可以是自然山水。而"框"则有明确的形式，并且在构成景观效果时起着主导的作用。由于村镇形成过程的自发性，即使取得了某些较好的框景效果，也多少带有一些偶然性，而无景可框，或所框之景平淡无奇，当然也就不足为奇了。至于观赏点的选择，由于没有经过周密地安排，也会出现位置不当等缺点。例如，并非人们必经之处，或人流过于频繁而不允许驻足观景等现象都是在所难免的。

1 透过门洞去观赏景物，洞口犹如镜框，景物则如同一幅图画镶嵌于镜框之中。

2 由于门洞口的形状变化，即使同一景物也会产生不同的效果。

3 最常见的一种框景形式便是透过半圆形的拱门去观看某些景物。

6 福建某渔村，透过门洞可以看到远山近水和屋宇、渔船，若似一幅图画镶嵌于框中。

4 透过半圆形的拱门看建筑物的内院，内院另一侧还有一个拱门可起框景作用。

7 广西三江某村镇，自门洞向外看，由于门洞的形状极富变化，尽管所框的景物平淡无奇，但依然可以获得很好的框景效果。

5 自一个长方形门洞看外部景观的效果，处于逆光情况下的门洞十分暗淡，外部景物则沐浴在绚丽的阳光之下。

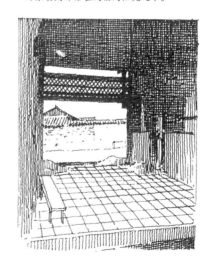

8 自建筑物内向外看的景观效果，由于洞口上方的木装修花格，从而获得较好的框景效果。

○牌楼·拱门·过街楼（6）

在村镇中，举凡私人的门道、穿廊、敞厅乃至院墙上的开口等，均有可能构成框景的效果。尤其是某些开口其形状极富变化，这将为框景创造更加有利的条件。特别是当从内部向外部看时，逆光的景框仅仅成为黑白剪影，而套于其中的景物则色彩明快斑斓，显得格外集中、深远。此外，某些木构架的民居建筑，其底层不加任何围护，从而成为完全透空的支柱层。人们透过建筑物下部的支柱层去看另外一侧的空间景物，也可以获得某种类似于框景的效果。如果说有什么不同的话，那就是起着框景作用的支柱层其边框轮廓虽然不像一般门洞那样集中、完整，但由于支柱林立，却有助于增加空间的层次变化和景深。特别是当视点移动时，远近两个层次发生相对的位移和变化，将更能给画面注入活力和生机。

站在建筑物的一侧，透过建筑物下部的支柱层去看另一侧的景物。

1 从建筑物的这一侧透过建筑物的底层去看另一侧时的框景效果。

2 走进建筑物后自建筑底层之内去看另一侧时的框景效果。

3 广西某侗族村寨，穿过建筑物的底层可以进至村内。图示为自建筑物的支柱层看其另一侧的外部空间，支柱层可以起到框景作用。

5 广西某侗族村寨，自建筑物下部支柱层看一内向水院，虽然景框并不十分规则完整，但却另有一番情趣，透过它看水院将有助于获得宁静的气氛。

4 广西某侗族村寨，自建筑物的支柱层看外部空间的景物，在逆光的情况下近景（框）成为黑白剪影，而外部空间则阳光明媚，两相对比，更能突出外部空间的景观效果。

6 苏南某镇，自桥下看街景，其效果犹如自建筑物下部支柱层看外部空间景物。

○广场（1）

广场在村镇中主要是用来进行公共交往活动的场所。我国农村由于长期处于以自给自足为特点的小农经济支配之下，加之封建礼教、宗教、血缘等关系的束缚，总的说来公共性交往活动并不受到人们的重视。反映在聚落形态中，有相当多的村镇根本没有可供人们进行公共活动的广场。随着经济的发展，特别是手工业的兴旺，商品交换才逐渐成为人们生活中不可缺少的要求。在这种情况下，某些富庶的地区如江南一带，便相继出现了一些以商品交换为特色的集市。这种集市开始是出现在某些大的集镇，后来才逐渐扩散到比较偏僻的乡村。与此相适应，在一部分村镇中便成了所谓的广场。以商品交换为主要内容的集市广场一般多位于村镇的中心部位，并且常常借商业店铺的围合而形成封闭性的空间。此外，为了交通运输的方便，凡是临河的村镇，一般都使广场尽可能地靠近河边。

1 位于村镇之中的集市广场，一般均与商业街相结合，并借商业店铺的围合而形成封闭性的空间。

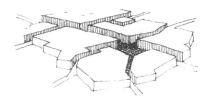

交易广场的空间、体量组合示意。

交易广场的平面布局示意。

2 浙江鄞县梅墟镇商业中心广场，周围均为商业店铺，并借建筑物的围合而形成封闭性的空间。其一角通往码头，另一角通往渡口。

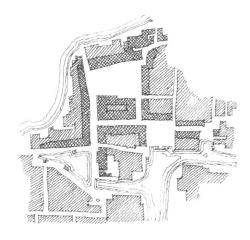

3 某桥头广场，三面由建筑物围合，一面通往桥头，交通方便，适合于进行商业贸易。

4 江苏东山石桥广场，平面呈长方形，四周由建筑物所界定，与商业店铺相结合，共同形成为一个商业贸易中心。

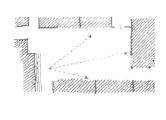
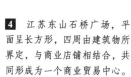

5 浙江绍兴小皋埠集市广场，与街道空间相结合，但比一般的街道开阔，周围均为商业店铺，每逢集市附近乡民均集中在这里进行商品交易，热闹非常。

6 福建省泉州某商业集市广场，周围均为商业店铺，在店铺之前集中了许多摊棚，进行各种形式的商品交易。

○广场（2）

依附于寺庙、宗祠的广场主要是用来满足宗教祭祀及其他庆典活动的需要，它多少带有一些纪念性广场的性质。这种广场并非完全出于自发而形成的，而是在建造寺庙或宗祠时就有所考虑并借助于各种手段来界定广场的空间范围。寺庙广场在平时作用并不明显，但是每逢庙会便热闹非常。按照传统习惯，庙会既是宗教信徒的节日，又是世俗群众进行各种交易的一种集市形式，另外还兼有各种喜庆娱乐活动。各种庙会都有一定的时间规定，虽然时间短暂，但却名副其实地是一种群众性的交往活动，寺庙广场只有在这个时候才真正体现出它的多种功能及作用。依附于宗祠的广场与寺庙广场的情况十分相似，宗祠主要是用来祭祖的，这从某种意义上讲就是一种"家庙"。由于供奉者仅限于一家一族，而且功能又比较单一，所以其规模将受到一定的限制。

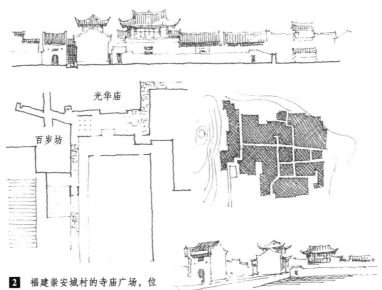

光华庙

百岁坊

2 福建崇安城村的寺庙广场，位于村镇的周边，借光华庙与百岁坊的围合而形成广场空间，广场空间之外还有一个长方形的开阔地。

3 广西大田村的鼓楼广场，靠近鼓楼，并设有戏台，四周以建筑物围合，是侗族人民交往集会的场所，其性质相当于汉族的宗祠广场。

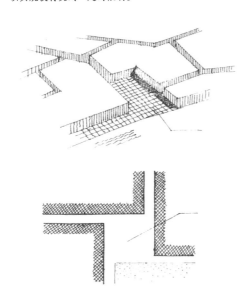

1 依附于寺庙、宗祠的广场，多随寺庙、宗祠或位于村镇的当中，或位于村镇的周边。前者较封闭，后者较开敞。

4 浙江天台城关镇应台门一侧的广场，属于公共活动和文娱性质的广场，正面设一戏台，每逢年节，群众性的娱乐活动就在这里举行，平时也可进行其他公共活动。

5 寺庙或宗祠广场，气氛都比较严肃，一般均呈对称的布局形式，中央以山门或其他建筑物作为背景，左右两侧以牌楼或墙垣围合空间，上图所示即为这种广场的典型实例。

○广场（3）

某些少数民族地区，如云南大理一带白族人民聚居的村镇和湘、黔一带的苗寨，他们分别崇拜不同的树木，村落常常选择在有某种树木的地方，并在其周围形成公共活动的场地，从而以广场和树为村寨的标志和中心。例如，白族，他们常把一种高山榕树称之为风水树，认为它是生命和吉祥的象征，并加以崇拜和保护。这种树根深叶茂，树冠硕大如巨伞，当地村寨常以这种树为中心，并用建筑环绕着它围合成广场，于广场中设置戏台、井台、照壁等。平时可以在这里进行农副业商品交易，或供人们在树下庇荫、休憩，到了节日则可举行各种庆典活动。这样的广场差不多村村都有，个别大的村寨甚至还不止一处。它们有的位于村寨的中心，并大体保持对称的格局，有的则位于村边，其布局灵活多样。

2 从广场的东口看广场的景观示意，由于东口通外，人们自东口进入广场时首先获得的印象即如上图所示。

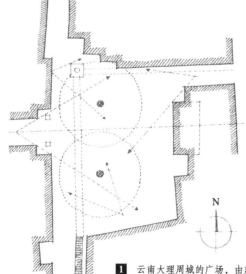

3 自广场的西口看广场，正对着画面、并且夹于两棵大树中央的是戏台。上图所示为自轴线的西端向东看，近处有两座石狮，更加增强了轴线对称和空间的封闭感。

1 云南大理周城的广场，由建筑物四面围合而形成封闭性的空间，内有两棵高大的榕树，还设有戏台和井台，沿戏台形成一条轴线，一直延伸到村内的纵深处。

4 自广场的南部向西北看，枝叶繁茂的榕树犹如一把巨伞，树下浓荫覆地，平时村民在这里庇荫、休憩，每逢集市便聚集在树下进行各种农副产品的交易活动。

5 自广场西北角看广场的东入口，近处为一井台，石板铺面的下部为一条沟渠，自广场的南口流入广场，再经西、北两边由东口流出广场。村民经常在井口汲水、洗衣，生活气息十分浓郁。

185

○广场（4）

与汉族相比，某些少数民族似乎对公共活动的要求还要强烈一些。这反映在聚落形态上就是有相当多的村寨都设有公共性的广场，例如，苗族人民，他们所崇拜的是枫树，常把它作为村寨的标志，并在其周围留出场地。每当芦笙节，村民们聚集在这里迎接新春，祝福来年，所以人们又把这种广场称之为"芦笙场"。这种广场一般位于村头，虽然未经严格限定，但对居民却有很强的吸引力，据此，可以把它看成是一种心理场。黔、桂一带的侗族人民，则常把广场与鼓楼相结合，举凡村中大事都由族长在这里议定并昭示于村民，这样，广场便成为集会的场所。但前两种形式的广场似乎都不如云南白族人民的广场建造完整，前面介绍的周城广场自不待言，其实除周城外，其周围一带的白族村寨几乎都拥有自己的广场，这些广场尽管规模有大有小，形状也有很多差异，但都建造得相当完整。其共同的特点是：以巨大的高山榕树为中心，并借它在广场中投下大片的阴影；通过戏台引出一条轴线，并以戏台作为轴线的终端和底景；以建筑物或照壁来界定广场空间，由于上述三点，广场便当之无愧地成为全村各种公共和社交活动的中心。

2 进村之前首先进入广场，上图所示即为进入广场时所摄取的画面构图，近处为一株巨大的榕树，远处为一戏台，造型端庄稳重，左右两侧均以建筑为界面把广场空间界定得既明确又完整。自广场可以通过各个巷（街）口而分别走进村寨的各个部分。

3 自广场东南角的巷口看广场，右侧的近景为戏台八字墙的一角，远处的建筑物为广场的西界面（即戏台的对面），建筑物的屋顶纵横交错，整体外轮廓线极富节奏感和变化。

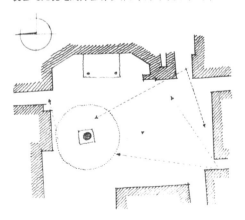

1 云南大理某白族村镇广场，一颗巨大的高山榕树位于广场之中，广场正面为一戏台，连同左右两侧的八字形照壁，把广场空间界定得十分完整统一。

4 从广场西南角巷口看广场，位于画面右侧的戏台连同其左右两侧的八字墙，不仅主从分明，造型优美，而且还被装饰得很华丽，这一切都有助于加强广场空间的方向性。

○广场（5）

广场的设置，以及它在村镇中所处的地位、规模的大小、布局形式、周围的界定情况等，往往都和某个地区人民的宗教信仰、伦理道德观念以及生活习俗有着紧密的联系。汉族人民多信奉佛教，但是由于佛寺一般并不设在村内，所以在村中就不需要设置广场。云南大理一带的白族人民虽然也信奉佛教，并且在苍山洱海之间建造了许多佛寺和佛塔，但是却很集中，并且独立于村寨之外，因而对村寨的聚落形态并无显著的影响。所不同的是，白族人民除信奉佛教外还信奉"本主"，并把他当作保护神，以保佑一村或一方的吉祥和安宁，这样便和村寨发生了直接的联系。加之白族人民又把高山榕树看成是生命和吉祥的象征，于是和本主庙相结合，并配置戏台、照壁等，从而形成为供村民进行公共活动的广场和中心。平时可以在这里乘凉、交往或从事集市贸易，每当节日还可以举行宗教庆典活动，即便是死了人送葬时也要绕树一周以示哀思。

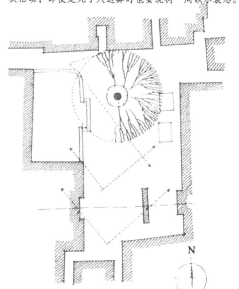

1 云南大理上关村某白族村寨的广场平面示意，呈长方形，高大的榕树位于广场的北部，广场之南设有影壁，并形成一条轴线。

2 广场位于村的东侧，图示为自广场的西北口（即主要入口）看广场。画面右侧为院墙，高大的榕树屹立于广场之中扮演了重要角色。相对于入口的是一条巷道，由此可走出村外并通往洱海之滨。

4 自广场的中部向北看的景观效果，由于广场的面积较大，且建筑物比较低矮，能给人以开朗的感觉。

3 由入口走进广场后向南看，榕树位于画面右侧并形成近景，远处为一照壁正对着一幢合院式住宅的正门，榕树之下浓荫覆地，村民们常聚集在树下进行各种交往活动，从而赋予广场以浓厚的生活气息。

5 自广场南端看广场，由建筑物和照壁界定的空间较狭窄、封闭，可与广场北部比较开敞的空间形成对比。当由广场北部来到这里，将会获得亲切的感觉，这一部分空间也可以看成是由广场至住宅之间的过渡空间。

○广场（6）

在云南大理一带的白族村寨中，还有一些广场似乎与宗教信仰并无多少联系，它们之中有的位于村寨中心，村民们常常聚集在这里进行农副产品的交易，或于劳动之余在这里小事休憩、聊天，这种广场的功能主要在于交往或交易。另有一些广场位于村寨的入口，其功能似若"门厅"，当由外部进入村寨前首先来到这里，这样的广场通常在其迎面的地方设置照壁，并且装饰得十分华丽，好像是村寨的"门面"。除以上两种情况外，某些大的村寨如前面已经介绍过的周城，它不止一个广场，除主要广场比较严整而作为全村公共活动中心外，还有若干次要广场，这样的广场不仅规模较小而且布局也比较自由，与主要广场相比气氛则更为轻松。

1 大理某村的广场平面示意，位于村寨中心，供交往用。

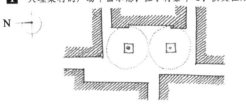

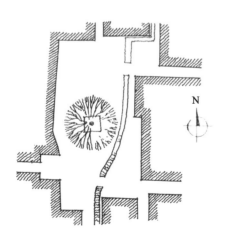

2 大理周城村南的次要广场平面示意，与主要广场相比不仅规模较小，而且气氛也较为轻松。

3 云南大理洱海之滨某白族村寨的广场一角，在村的中心部分，留出一个规模不大的场地，场内植有两株大树，树下设有坐凳，人们可以在树荫下纳凉、聊天并进行农副产品交易（平面参看图1）。

4 同前例，从另一个角度看广场的景观示意。图示为自街道空间的南口看广场，人们穿过狭窄、封闭的街道空间来到这里，空间豁然开朗，精神为之一振。

5 云南大理三文笔村的入口广场，位于村的东侧，进村之前首先必须经过这里，以左右两侧的建筑物来限定广场空间，正面设置一面高大的照壁，并作了丰富的装饰处理。

6 大理周城次要广场景观示意，呈长方形，中央为一株高大榕树，另有一条沟渠自其一侧穿流而过，村民在此洗刷衣物，颇富生活情趣。

○广场（7）

对于某些村镇来讲，广场的功能还不限于宗教祭祀、公共交往以及商品交易等活动，而且还要起到交通枢纽的作用。特别是对于规模较大、布局紧凑的某些村镇来讲，由于以街巷空间交织成的交通网络比较复杂，如果遇有几条路口汇集于一处时，便不期而然地形成一个广场，并以它作为全村的交通枢纽。这样的广场虽然规模不大，但却连接着若干街口、巷口或路口，由于人流比较集中，这样的广场一般均比较嘈杂，而围合广场的建筑物又均为住宅建筑，为保持宁静与私密性，各户人家都力求以院墙、门楼等次要部分面向广场，以期起到过渡或隔离的作用。个别人家甚至在入口之外还特意加上一重"L"形的照壁，以保证入口的隐蔽并防止外界的干扰。由于以上种种原因，这类广场不仅平面曲折，而且围合空间的界面也相当封闭，此外，由广场通往各个街口，巷口的关系也不尽相同，例如，通往主要街口的衔接部分为方便交通一般都比较通畅，而通往巷道的巷口有时便曲折蜿蜒，凡此种种，对于村镇的景观都会产生这样或那样的影响。

2 从村外进入广场后看广场的景观效果，一部分界面为院墙及入口门楼，另一部分为入口之外的"L"形照壁，界定广场空间的界面不仅充满凹凸变化，而且多为不开窗的实墙面。

3 通往次要巷道空间的巷口，平面曲折蜿蜒，并且还设置了若干步台阶，加之建筑物形体充满变化，能给人以幽深的感觉。

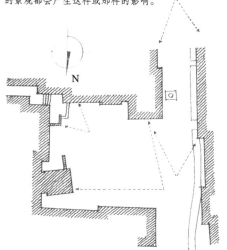

1 昆明近郊某村镇广场平面示意，有三条路口汇集于这里，其中有两条是主要巷道，一条为次要巷道，广场平面较曲折，围合广场空间的界面也比较封闭。

4 自广场看主要巷道的景观示意，巷口部分较通畅，有助于将人们引导至村落的纵深部分，并经由巷道空间而进入各家各户。

5 深入主要巷道之后回头看广场，由此向前进入广场后将会产生豁然开朗的感觉。

○广场（8）

一般人心目中的广场概念，多半源于古代或中世纪的欧洲，即凡广场都必然借建筑物的围合而形成比较确定的空间。前面列举的一些村镇广场，虽然在规模、尺度围合情况以及建筑物的体形和轮廓线处理等方面都不能和欧洲的广场相提并论。但是就形成广场的一些起码条件和基本概念，例如，以建筑物围合成确定的空间以供人们进行各种户外公共活动来讲，却多少还有一些共同之处。然而由于东西方文化传统的差异，我们毕竟不能像欧洲人那样器重广场，并精心地加以推敲处理，特别是在某些边远的地区，由于种种条件的限制，往往便因陋就简，仅在村镇的边缘划出一片空地当作广场，在这里进行各种农副产品的交易，这样的广场虽和村镇聚落的形态没有多少联系，但是对外的交通却十分方便。对于这一类的广场来说，村镇聚落仅仅只能给它提供一个依托，就景观而言，其作用只不过相当于舞台上的布（背）景。

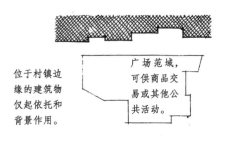

位于村镇边缘的建筑物仅起依托和背景作用。

广场范围，可供商品交易或其他公共活动。

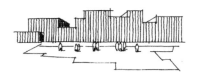

1 位于村镇一侧的广场，仅在村镇的边缘划出一块场地，建筑物不加以围合，仅仅起到依托和背景的作用。

2 新疆地区某集市贸易广场，空间未加严格的围合和界定，但位于广场一侧的建筑物的体形和外轮廓线却很富有变化，这对于广场来讲无疑可以起到依托和背景的作用。广场之内则摊棚林立，人流熙熙攘攘，进行农产品和手工业产品的交易。

3 新疆地区某集市贸易广场，以建筑物为依托，沿着建筑物的前沿搭起摊棚，并进行各种各样的商品交易，与建筑物相对的一面则为一块空旷的场地，每逢节日或集市，商品交易的活动范围便可以扩大到这里。

4 新疆地区某广场示意，建筑物呈"L"形式的围合，广场的另外两边临空，呈半封闭半开敞的形式，平时人们的活动多集中在邻近建筑物的一侧，待节日大量人流涌入时便扩大到整个场地。

○水塘（1）

在村镇聚落中，如果能够见到一方池塘，那么多少也会使人感到心旷神怡。可能正是出于这样一种经验，在许多村镇中，都力求借助地形的起伏，贯水于低洼处而形成池塘。有的甚至把宗祠、寺庙、书院等少有的公共建筑环列于其四周，从而形成村镇的中心。例如皖南黟县的宏村就是一个规模宏大、布局井然有序的明代遗留下来的村落，这个村落的中心部分景观效果极佳，以一个半圆形的"月塘"代替广场，于月塘的北面安排了宗祠、书院等体量高大的公共建筑作为背景，其他三面则以民居建筑相围合，从而形成一个以月塘为中心的既开阔又宁静的空间环境。在这里，水波不兴的池塘代替了嘈杂或者空旷、枯燥的广场，人们漫步于岸边微微弯曲的石板路面上，眺望倒映于水中的远山近景，自然会感受到一种盎然的诗意。

1 池塘在村镇中所处位置以及与建筑物关系的比较，主要可分两种情况：其一是位于中心位置，四周以建筑相环绕；其二是位于村边，仅部分周边邻近建筑物。

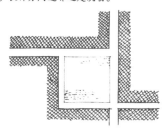

位于中心的池塘布局类型

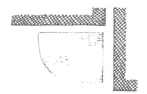

位于村边的池塘布局类型。

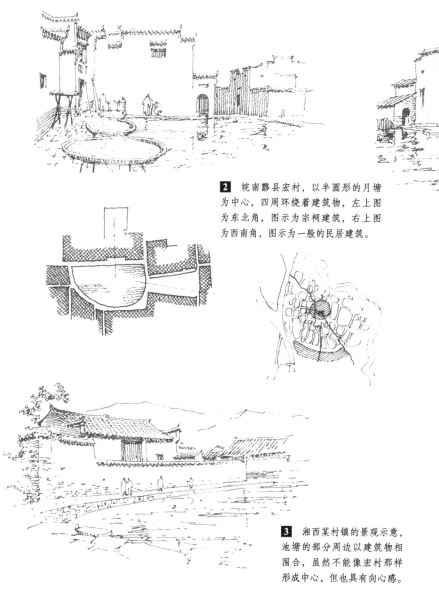

2 皖南黟县宏村，以半圆形的月塘为中心，四周环绕着建筑物，左上图为东北角，图示为宗祠建筑，右上图为西南角，图示为一般的民居建筑。

3 湘西某村镇的景观示意，池塘的部分周边以建筑物相围合，虽然不能像宏村那样形成中心，但也具有向心感。

4 湘西某村镇的景观示意，与宏村的情况相类似，池塘的形状较规整，建筑物又紧临池塘的周边，沿岸以石板铺成的路面较平整，漫步于岸边微微弯曲的道路上，便会使人感到心旷神怡。

○水塘（2）

和宏村相类似的还有安徽省青阳县境内的九华镇。它位于我国四大佛教圣地九华山之麓，是香客赴九华山朝圣的必经之地。镇的中心也设有一个半圆形的水塘，塘北为化成寺，塘南为一小广场，其周围环列着旅馆、饭店、小卖等商业店铺，从而形成以水塘、广场为主体的镇中心。此外，广东潮汕一带的村落一般也取对称的布局，并在中轴线南端设有半圆形水塘，所不同的是水塘四面临空，不能形成任何中心。上述几种情况，可以认为都是出于有意识的安排，不仅水塘形状规整，位置选择适中，并且形成向心性很强的中心。但是对于大多数村镇来讲，由于建造过程的自发性，虽然受特定地形影响而使村落环绕水塘四周布置，但却不像前述的几种情况具有明确的轴线对称和强烈的向心性。然而尽管如此，毕竟由于水面本身所具有的特性，只要建筑物环绕着水面的周围，即使比较凌乱，也往往能够形成某种潜在的中心感。

2 湘西吉首地区大兴寨，寨内有一较大的水塘，建筑物环绕着水塘的四周布局，但却各自为政，并不追求一种向心的关系。尽管如此，由于水面本身的特性，依然可以形成一种潜在的中心感。

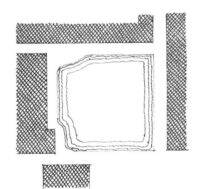

1 建筑物虽然也环绕着水塘的周围布置，但由于建造过程的自发性，各单幢民居建筑却比较凌乱，并不追求一种向心的关系。

3 云南昆明地区某村落，村内也有一个较大的水塘，建筑物虽然环列于水塘的周围，但却网开一面，且建筑物多以其侧背对着水塘，向心的感觉微弱。

4 同前例，图示为水塘另一侧的景观示意，建筑物并不紧临于水岸，而在其间插入一个楔形的地带，致使建筑物与水塘的关系欠紧密，形不成明显的向心感。

○水塘（3）

在很多情况下，村镇的内部虽然因为地势低洼而设有水塘，但是在建造房屋的时候却并没有考虑到这一地貌特点，只是由于住房越盖越多，最终便不期而然地把水塘包围于建筑物之中。这种自发的发展过程，当然不会使建筑物与水塘之间发生任何内在的联系，其结果必然是建筑物各自为政，根本不理会水塘的客观存在而独立自在，它们有的可能离水塘很近，有的则离水塘较远；有的可能与水塘的周边保持大体平行的关系，但多数却呈任意倾斜的角度；有的可能面对着水塘，但多数却以山墙或后背对着水塘，如果遇到地形有起伏，各个建筑物的基面甚至也随地形而高低错落。此外，虽说是"包围"，但却并不严密，往往留有很多或很大的缺口，加之水塘本身的形状又很不规则。凡此种种，自然不能和宏村那种经过周密安排的情况相提并论。但是尽管如此，只要水面本身比较集中，而建筑物大体环列于水面的四周，却均可借水塘本身的内聚性而具有某种潜在的中心感。

2 这里提供的几张插图分别表明水塘周围建筑物的体形和布局情况，上图示水塘右侧的建筑，处于高台之上，下图示水塘左侧的建筑物，离水塘很近，吊脚楼甚至悬挑于水面之上。

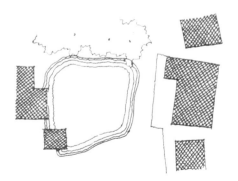

1 湘西吉首地区小兴寨的局部平面示意，建筑物尽管稀疏散落地环列于水塘的周围，但是由于水面比较集中，某些缺口部分又可以借树木的围合来作补偿，依然可以具有某种潜在的中心感。

193

○水塘（4）

还有一些水塘，位于村落旳周边，建筑物沿着水塘的三面围合，但与水塘的周边并不完全吻合，其间插入一条狭窄的地带，起着缓冲和过渡的作用。地带本身既曲折又有起伏变化，村民们常常利用它当菜圃，或者种植各种树木，或者用篱笆围成各种形式的小院。这样，便像是给池塘镶上了一条绿边。敞开的一面则设有供妇女们洗衣之用的石台，此外，水塘之中还可以喂养鹅、鸭之类的水禽。这种靠近村边的水塘，除可以为附近的居民提供某些方便的条件外，还有助于形成既优雅宁静又充满生活气息的空间环境气氛。这种位于村边的水塘还有一个特点，即它的某些部分镶嵌于建筑物之中，而另外一些部分却融合大自然或田园之中，从而起到由人工至自然的过渡作用。有这种过渡和没有这种过渡，对于村镇的景观效果还是很不相同的。例如皖南黟县的宏村，它的中心部分除有月塘外，村的边缘还有一个南湖，来到村前，全村几乎都倒映于其中，其景色之美，实在是令人赞不绝口。

1 位于村镇周边的水塘，它的一部分周边为建筑物所包围，而另一部分则融合于大自然之中，从而起到由人工到自然之间的过渡作用。

2 云南大理洱海之滨某白族村寨，村的东边有一池塘，它的西半部分深入到建筑群之中，其三侧均为建筑物所包围，但在建筑物与水塘之间却插进一条狭窄的地带，并种植了树木，加之杂草丛生，颇富有自然情趣。

3 与前例相邻的另一白族村寨，水塘位于村边，形状较曲折，周围既有菜圃又有供妇女洗衣之用的石台，加之树木葱茏，景观变化既丰富又充满生活情趣。

○水塘（5）

在村镇建造时，由于技术条件所限，建筑物与水塘之间一般都要保持一定的距离，从而使水面不致侵蚀到建筑物的基础。但是也有少数村镇其水塘直逼建筑物的墙基，致使水塘的形状与建筑物周界紧密地嵌合，而呈某种规整的形式。这样的水塘由于水面与建筑物直接接触而不留任何缝隙，因而建筑物与水的关系便十分亲和，似航船漂浮于水面，这样的景观效果似乎和经过建筑师经心设计的水池颇为相似。如果使建筑物与水塘之间保留一条过渡地带，则将有可能利用它来作绿化处理，这时水面和建筑物虽然被隔开，并且由此而使两者失去了亲和的关系，然而从另外一个方面看却也有其优点，即建筑物显得比较含蓄而富有层次变化，两相比较，可以说是各有利弊。

3 福建永定地区某村落景观示意，村边有一水塘，直逼建筑物的边缘，池塘的另一边为一条弯曲的小路，高低错落的建筑物倒映于水中，景观极美。

4 同前例，从另一个角度看。水塘的一角其周边由建筑物所限定，并呈规则的几何形状，水面与建筑物之间保持着十分亲和的关系。

1 水塘的一部分直逼建筑物的边缘，并呈规整的几何形状，另一部分呈自由曲线。

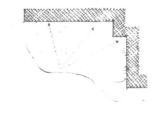

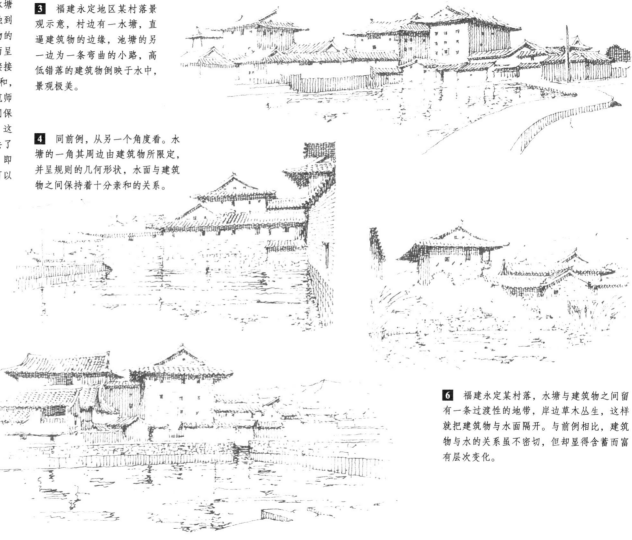

6 福建永定某村落，水塘与建筑物之间留有一条过渡性的地带，岸边草木丛生，这样就把建筑物与水面隔开。与前例相比，建筑物与水的关系虽不密切，但却显得含蓄而富有层次变化。

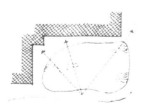

2 水塘与建筑物之间保留一条过渡性的地带。

5 同前例，从另一个角度看，由于水面紧逼建筑物的边缘，从而使建筑物与水之间的关系极其密切，建筑物似一条航船，漂浮于水面。

○水塘（6）

还有一些水塘，实际上是由穿过村镇的溪流所形成的，这种水塘如果位置适当，而且与周围的建筑物又能和谐地共处于一体，也可以起到活跃村镇景观气氛的作用。这里有两种可能：其一是溪流从村镇的中心部位穿过，并且在比较适中的部位形成河湾或使水面有所扩大，从而形成水塘。在这种情况下，邻近的建筑物虽不沿着水面的周边而形成围合的态势，但总不免会因为水塘、溪流的存在，而必须"让出"一部分空间。这对于某些建筑物比较密集的村镇来讲，自然会显得相对开敞，特别是从封闭、狭窄的街巷空间来到这里，甚至还可能产生豁然开朗的感觉。加之村内的妇女还经常利用水面来洗刷衣物，这样便可能形成村内实际上的社交中心和感官上的心理中心，其二是溪流仅从村镇的一角穿过，并在村内某个次要部分形成河湾或使水面有所扩大从而形成水塘。与前一种情况相比，后者对于村镇整体景观的影响不免要小一些，但由于位置比较偏僻，其气氛则可能更加幽静。

2 云南大理洱海之滨某白族村寨，由一条小溪横穿其内，在寨的中心部位水面有所扩大，从而形成一个不规则形状的水塘，塘的西侧为一石桥，两端连接着街道空间，人们经由街道来到这里，便不期而然地产生豁然开朗的感觉。

1 溪流从村内穿过，并在适当的部位由于水面的扩大而形成水塘，建筑物虽不取围合的态势，但因空间有所扩大，会相对地给人以开敞的感觉。

3 同前例，自水塘南岸向西看，近处为石桥的栏板，背景为民居建筑及影壁，体形和轮廓线均极富变化，特别是在静风的情况下，倒映于水中的景色尤为优美。

○水塘（7）

　　某些独立于村落或建筑物之外的水塘，只要它比较邻近村镇，即使对村镇整体景观并无甚大影响，但至少也可以起到衬托建筑物的作用。这里也可以分为若干种情况：例如有的水塘贴近建筑物的边缘，水塘的面积虽然不大，但形状却比较曲折，特别是在邻近建筑物的一侧又有护坡、石阶、曲径或小桥之类作为点缀，其景观要素十分丰富，池塘之中又喂养了水禽，这样，便可以形成一种浓郁的自然情趣和田园风光。又如某些水塘，虽然位于村镇的外围，但水面面积却很大，本身的景观要素虽不丰富，但在风平浪静的时候，水面像是一面镜子，每当从远处看村镇时，整个村镇几乎都可以倒影于水中，若隐若现，自然会情趣倍增。再有一种情况即水塘虽然邻近建筑物，但却自成一体，与建筑物关系不甚紧密，单就建筑物或水塘本身来看，其景观效果都十分平淡，但是两者结合，建筑物可以作为水塘的背景，而水塘却可以起到烘托建筑物的陪衬作用，于是景观效果就会由单调变得丰富起来。

1 位于村外并邻近建筑物的水塘，其一侧可借护坡、石阶等来丰富景观变化。

2 位于村外大水面的水塘，建筑物为水塘的背景，水塘则起衬托建筑物的作用，建筑物倒映于水中，景观效果极佳。

3 湘西某村落，村边有一水塘，面积虽小但形状自由曲折，邻建筑物一侧有护坡、台阶，相对的一侧为一条弯曲的小径，水中喂养水禽，颇具自然情趣和田园风光。

4 云南某村镇，村外有一水塘，其面积很大，在静风的情况下，水平如镜，建筑物倒映水中，意趣盎然。

5 浙江某民居建筑，前面有一水塘。建筑物和水塘本身虽较平淡，但两相结合却可以获得较好的景观效果。

6 浙江温岭某民居建筑，前临水塘，借水面的衬托而获得良好的景观效果。

7 浙江萧山某民宅，高低错落的建筑物倒映于水中，景观效果极佳。

○井台（1）

在日常生活中，水是人们不可缺少的自然资源之一。那么水从哪里来呢？在经济不发达的农村，只能从井中去汲取，于是井便成为村镇中不可缺少的构成要素之一。井，除了可以提供饮水外，还可以提供其他生活用水，如洗衣、淘米、洗菜等。由于家家户户都离不开井，因而它就成为联系各家各户的纽带。特别是妇女，有许多活动都必须在这里进行，因而它便理所当然地成为妇女们进行交往活动的重要场所。为方便汲水或洗刷衣物，井的周围多用石条砌筑成井台，如果是坐落在街头巷尾，还必须为之让出一个较为宽敞的空间。这样，既方便人们在这里汲水，又不致影响过往行人的交通，于是就形成了一个小小的井台空间，这些空间或凹入街巷的一侧，或镶嵌在街港的转角处。总之，都是借周围的建筑物围合成为一个半封闭式的空间。如果周围的建筑物尚不足以起到界定井台空间的作用，还可以通过设置矮墙或照壁等方法来加强其空间领域感。

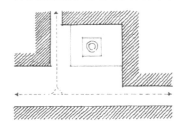

1 位于巷道转角处的井台和街巷交汇处的井台，建筑物向内凹而让出一个井台空间。

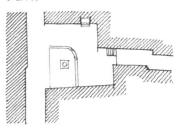

2 云南大理附近某村落的井台空间处理，该井台位于村内中心部位，在主要巷道空间的一侧，利用民居建筑的院墙围合成一个半封闭的井台空间，地面以片石铺砌，妇女们常在这里汲水、淘米、洗衣，从而成为村内交往活动的中心。

3 云南大理喜村的井台空间示意，沿街道空间一侧使建筑物内凹而形成井台空间，以装饰富丽的影壁为背景，从而突出了井台的重要性。

4 皖南某村镇的井台空间示意，以体量高大、轮廓线富有变化的建筑围合而形成井台空间，既方便使用又具有优美的景观效果。

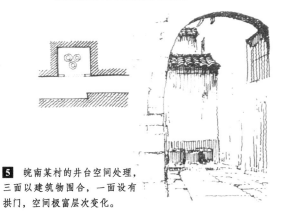

5 皖南某村的井台空间处理，三面以建筑物围合，一面设有拱门，空间极富层次变化。

○井台（2）

处于村内的井台，一般均可借建筑物的围合而形成半封闭的井台空间。然而某些坐落于村边的井台，由于四周比较空旷，没有现成的建筑物可以依托，如果不加处理的话，便难以形成井台空间。而为了避风向阳，特别是防止冬季井台结冰，多在西、北两侧砌筑矮墙，从而专门为井台界定出一个空间领域。当然，因条件所限，或气候温暖的地区，也有某些井台四面临空，不作任何围护。

井台空间的形成，虽然是出于使用要求，但在村镇中却可以起到丰富景观变化的作用。一般的街巷，其空间异常封闭狭窄，人们处于其中总不免有单调的感觉，如果能穿插一些小的节点空间，便会打破单调而增强其节奏感。街巷空间呈"线"状空间形态，具有很强的连续性，井台空间则属于"点"状的空间形态，两者相结合，犹如文字中的标点符号，可借以划分出段落并加强其抑扬顿挫的节奏感。

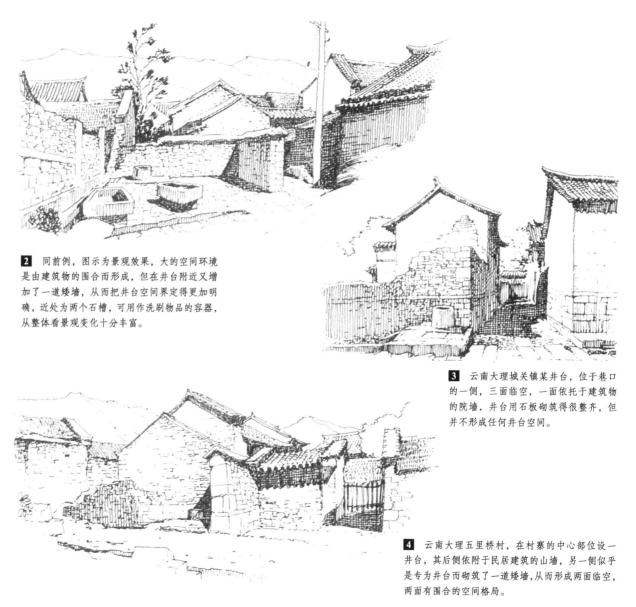

2 同前例，图示为景观效果，大的空间环境是由建筑物的围合而形成，但在井台附近又增加了一道矮墙，从而把井台空间界定得更加明确，近处为两个石槽，可用作洗刷物品的容器，从整体看景观变化十分丰富。

3 云南大理城关镇某井台，位于巷口的一侧，三面临空，一面依托于建筑物的院墙，井台用石板砌筑得很整齐，但并不形成任何井台空间。

1 云南大理洱海之滨某白族村寨，图示为该村村边某井台平面示意，由建筑物围合的空间过于空旷，为此又在井的西北设置"L"形矮墙，既可避风，又可形成尺度合适的井台空间。

4 云南大理五里桥村，在村寨的中心部位设一井台，其后侧依附于民居建筑的山墙，另一侧似乎是专为井台而砌筑了一道矮墙，从而形成两面临空，两面有围合的空间格局。

○路径（1）

当一条道路从村边通过的时候，就会出现建筑与道路两者之间的关系问题。从城市景观的角度看，临近路边的建筑就应当与之相呼应，例如使建筑物的周边与道路保持相互平行的关系，如若斜对着道路，便会使人感到别扭。这兴许是城市景观所必须恪守的美学原则，但是在农村却不受任何"清规戒律"的约束。人们可以自由自在地建造房屋，既可以与道路平行，也可以与道路垂直，而且在绝大多数情况下，则是既不平行也不垂直，而是歪歪斜斜地呈任意角度。那么后果如何呢？不仅不会使人感到别扭，而且还会使人感到自然、活泼而富有变化。究其原因，主要是农村建筑不仅体量小而且体形变化比较复杂，反映在平面上其轮廓线多呈犬牙交错的折线形式，这样，与道路之间的冲突就得到了缓和。此外，在建筑物的外围还有许多附属的东西如院墙、篱笆、猪圈、牛栏、草跺乃至菜园、水塘、沟、坎等，它们夹在建筑物与道路之间，犹如一个富有弹性的"软组织"，可以起到过渡和缓冲的作用。

1 在城市中，建筑物与道路或平行，或垂直，总之，必须保持某种严格呼应的关系。

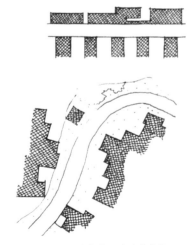

2 农村的情况则不然，建筑物不受道路的约束，可以与道路呈任意关系，即使建筑物歪歪斜斜地对着道路，也不致给人以别扭的感觉。

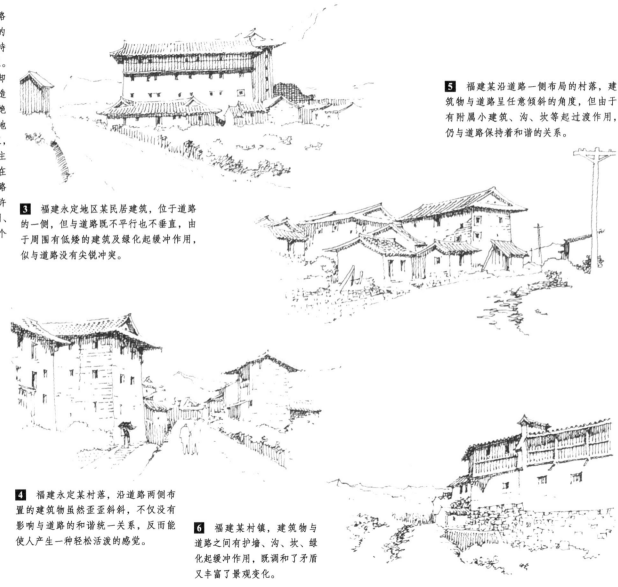

3 福建永定地区某民居建筑，位于道路的一侧，但与道路既不平行也不垂直，由于周围有低矮的建筑及绿化起缓冲作用，似与道路没有尖锐冲突。

4 福建永定某村落，沿道路两侧布置的建筑物虽然歪歪斜斜，不仅没有影响与道路的和谐统一关系，反而能使人产生一种轻松活泼的感觉。

5 福建某沿道路一侧布局的村落，建筑物与道路呈任意倾斜的角度，但由于有附属小建筑、沟、坎等起过渡作用，仍与道路保持着和谐的关系。

6 福建某村镇，建筑物与道路之间有护墙、沟、坎、绿化起缓冲作用，既调和了矛盾又丰富了景观变化。

○路径（2）

通进村镇的道路，起着把人们由村外引导至村内的作用，对于村镇景观也具有一定的影响。假定一位陌生人第一次来到某个村镇，那么他所获得的第一印象就是通过这条道路而获得的。起初，他所看到的是村镇的远景，映入眼帘的仅仅是整个村镇的一片朦胧的轮廓，继续向前，层次便逐渐清晰起来。如果通过村镇的是一条笔直的大道，由于距离渐渐缩短，建筑物便越来越大，直至充满整个视野，但是由于透视角度没有明显的改变，因而画面构图依然不会发生显著变化。如果所走的是一段弯弯曲曲的小径，这时，其视点将会发生两个方向的位移：一是向村镇靠近；另外，还时而偏左，时而偏右，偏转的角度越大，画面构图的变化则越显著。从这个意义上讲，进村的道路越是盘回曲折，所摄取的画面效果将越富有变化。如果进村的道路经过一个大的回转，起初，当人们在远处时，很可能看不到村口，而只是在接近村镇之际才峰回路转，于不经意之中突然发现村口，这种突然地发现，比之慢慢地接近，给人留下的印象更加深刻。进入村镇的道路有时还有高程的变化，当人们从远处看时由于仰角很小，建筑显得比较平缓，而临近时，仰角便随之加大，这时所摄取的图像便具有仰视的效果。

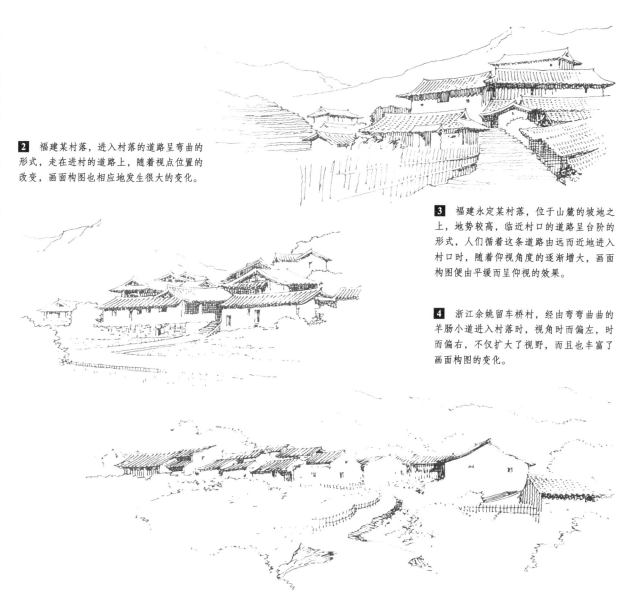

2 福建某村落，进入村落的道路呈弯曲的形式，走在进村的道路上，随着视点位置的改变，画面构图也相应地发生很大的变化。

3 福建永定某村落，位于山麓的坡地之上，地势较高，临近村口的道路呈台阶的形式，人们循着这条道路由远而近地进入村口时，随着仰视角度的逐渐增大，画面构图便由平缓而呈仰视的效果。

4 浙江余姚留车桥村，经由弯弯曲曲的羊肠小道进入村落时，视角时而偏左，时而偏右，不仅扩大了视野，而且也丰富了画面构图的变化。

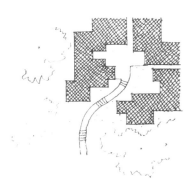

1 为了沟通内外联系，每一个村镇都必须有通往外部的道路，人们循着这条道路进入村镇时，便不期而然地获得村镇整体景观的第一印象。

○路径（3）

道路进入村内后，便更加曲折自如了。这是因为民居建筑的整体布局本身就没有一定之规，而村内的道路又必须联系各家各户，特别是地处丘陵地带的村落，建筑物多因地形的影响而呈不规则的布局形式，作为交通联系的路径，既受地形影响，又必须通往每一户人家，便只好迂回曲折地穿插于各建筑物之间。这些道路时而开阔，时而为建筑物所挟持，时而借助矮墙、绿篱作为依托，总之，其变化异常丰富。特别是在一些盛产石料的山区，常常用天然的片石或卵石来铺砌路面，既方便行走，又可以把路面明确地强调出来，加之道路本身又曲折蜿蜒，犹如一条纽带，借助它将有助于把七零八落的单体民居建筑连接成一个整体。

2 湘西茶园某民居建筑，由于建筑物的布局很不规则，致使通往各户人家的道路也相应地随弯就曲，并随地形的起伏而错落有致。

3 吉斗寨景观示意之一，图示为由大块片石铺砌的村内道路，随建筑物的转折而曲折自如地通往各家各户，有助于丰富村寨的景观变化。

4 吉斗寨景观示意之二，村内道路时而开阔，时而为建筑物所挟持，图示为遮拦将所挟持的一段路面拦截的情况，并利用它喂养家禽。

5 吉斗寨景观之三，穿插于村内的道路其一侧以矮墙为依托，另一侧的路基则高出于地面，并随地形缓缓地向下倾斜。

1 图示为湘西吉首地区吉斗寨的平面示意，全村坐落在地形起伏的丘陵地带，建筑依地形变化而作自由布局，村内道路曲折蜿蜒地穿插于各建筑之间。

○路径（4）

然而，在相当多的情况下，因条件所限，村内的道路多以土为路面。这些道路有时比较明确，有时便与其他土地连成一片，以致消失于土地之中。这样的土路，凡是以建筑物、墙垣或沟、坎等为边界时，人们便能清晰地感觉到它的存在，若与土地连成一片时，道路的边界就变得十分模糊。如果说有所区别的话，那就是由于长时期的碾压，路面部分的泥土比较实，而未经碾压部分泥土则比较松。这种时隐时现的土路虽不引人注目，但依然可以起到连接各单体建筑的作用。特别是因为它没有明确的周界，将更容易把各种孤立零散的要素融合在一片混沌的大地之中。不过土路也有它的致命弱点，则是在雨天的时候泥泞不堪，这不仅从功能上讲十分不便，而且从村镇整体面貌和景观上看也显得简陋和不雅观。

1 在村镇中，以土为路面的道路其边界往往不甚明确，这种土路如果以建筑物、墙垣为边界便可以被人们明确地区分出来，否则便会消失在一片大地之中。

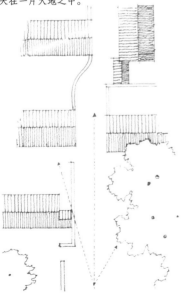

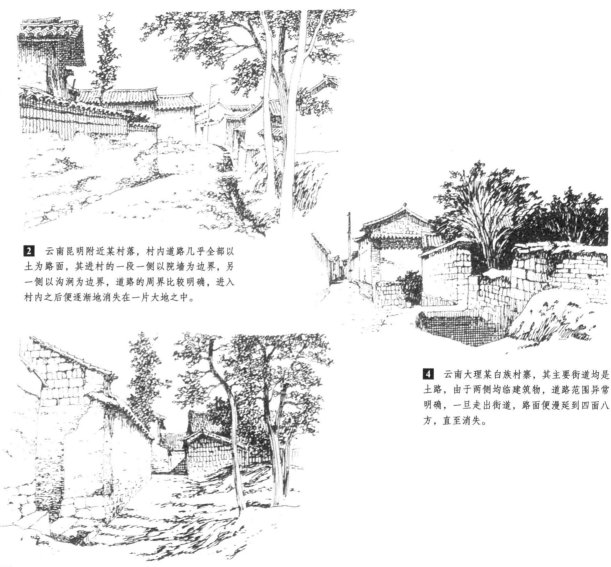

2 云南昆明附近某村落，村内道路几乎全部以土为路面，其进村的一段一侧以院墙为边界，另一侧以沟涧为边界，道路的周界比较明确，进入村内之后便逐渐地消失在一片大地之中。

4 云南大理某白族村寨，其主要街道均是土路，由于两侧均临建筑物，道路范围异常明确，一旦走出街道，路面便漫延到四面八方，直至消失。

3 云南大理某白族村寨，图示为一条村内的土路，一侧临建筑物的院墙，另一侧在高程上略有起伏，前者的边界较明确，后者则比较模糊，但仍可依稀地感觉到路面的范围。

○路径（5）

坐落于地形陡峻的山村，其道路必然呈台阶的形式。为就地取材，多以不规则的石块来砌筑路面。这种道路视地形变化某些段落比较陡峻，非设置台阶便难以攀登，某些段落比较平缓，兼或可以采取缓坡的形式。至于路基，为防止雨水冲刷，一般均高出地面。这样的道路须顺应地形变化而随弯就曲，加之时而陡峻，时而平缓，所以无论在平面或高程两个向量上都会有多种多样的变化。由于路面不平，走起来不免崎岖，但却充满山村所特有的自然情趣。另外，从视角方面看，每当从低处沿着弯弯的山道向上攀登时，所看到两侧的建筑均为仰视的角度，虽然说不上巍峨壮观，但多少也能使人感到气势轩昂。但回过头来，则又可俯视身后的景物，由于居高临下，致使视野十分开阔。总之，与行走在平地相比，其景观变化确实要丰富得多。

1 坐落于地形陡峻的山地，建筑之间的高程变化很大，起着交通联系作用的道路，若不设置台阶便难以攀登。

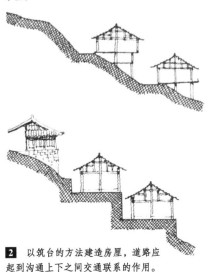

2 以筑台的方法建造房屋，道路应起到沟通上下之间交通联系的作用。

3 桂北某侗族民居屋，位于十分陡峻的山地，以筑台和支撑相结合的方法建造房屋，通往村内的岔路便呈台阶的形式。由于当地盛产石料，路基和路面均以乱石所砌筑。

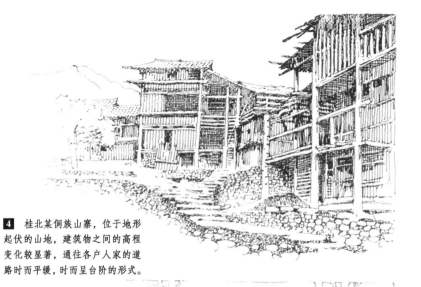

4 桂北某侗族山寨，位于地形起伏的山地，建筑物之间的高程变化较显著，通往各户人家的道路时而平缓，时而呈台阶的形式。

5 浙江临海某山村，地处陡峻的山坡之上，为顺应地形变化，通往山村的道路也必须随弯就曲，并呈台阶的形式。

6 浙江杭州地区某山村，背山临水，并用筑台的方法建造住房，有一条弯弯的山道自河边通往村内，景观效果极为优美。

○路径（6）

某些采用与等高线相平行的布局形式的山村，由于建筑物的走向大体上与等高线相平行，因而随着山势的起伏，建筑物的高程便依次地层层上升。在这种情况下，村内的路径便明显地呈现出一种主次分明的树状结构的秩序感。这就是说，自山麓开始便有一条通往山上的主要道路。其作用如同树干，姑且把它称为干道。然后，每上升一定距离，便分别向左右引出一条次要的道路，其作用如同树权，姑且把它称为支道，经由它便可把人流引导至不同高程的住户。由于干道的走向大体垂直于等高线，这就意味着它必然陡峻，因而必须呈台阶的形式，而支道则大体平行于等高线，所以比较平缓，一般均无须设置台阶，只是在通往各家各户的门前时，设少量台阶便可以方便地通往各户人家。以这种主次分明、纵横交织的树状结构的交通网络系统来连接各单体民居建筑，不仅秩序井然，而且从局部景观方面看也充满了多样性的变化。特别是在与沟、坎、围墙等自然或人工要素相结合的情况下，其景观变化尤为丰富。

2 湘西茶园局部景观示意，主干道呈台阶形式，并自左至右逐级升高，图示为自其一侧的支道看主干道及另一侧的支道，为适应地形起伏变化，近处的支道较平缓，远处通往住户的支道也呈台阶的形式。

4 湘西茶园，自主干道向下看，由于居高临下，不仅视野开阔，远山近水尽收眼底，而且屋顶参差，鳞次栉比，层次变化十分丰富。

5 湘西吉首吉斗寨，图示为一条通往山上的主干道，呈台阶形式并曲折蜿蜒，颇有引人入胜之妙趣。

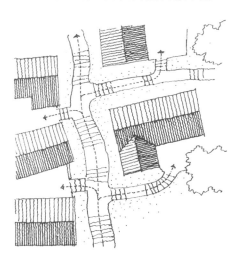

1 湘西茶园局部平面示意，建筑物走向大体平行于等高线，内部道路呈树状结构，主次分明。

3 湘西茶园局部景观示意，图示为一条通往各户人家的支道，虽较平缓，但某些段落依然设置了不少台阶。道路的左侧依附于院墙，两侧的建筑参差错落并富有层次变化。

○路径（7）

还有一种山村道路，其一侧依附于建筑物壁立的台基，另一侧则随山势顺坡而下。由于台基呈跌落的形式，山道也随之而时陡时缓。这样，每当走完一段台基，便可获得短暂的停歇。台基平缓的段落犹如楼梯中的休息平台，经由这里又可方便地连接各户人家。这种时而陡峻，时而平缓的山道，无论是看上去或是行走其上，均可获得某种韵律节奏感。为了减缓道路的坡度，某些山村还常使道路呈盘旋的曲线形式，这就是说用增加道路长度的方法，来降低道路的坡度。假如原来的地形并不十分陡峻，借上述的方法将有可能用坡道的形式来取代台阶。即使地形比较陡峻，至少也可以部分地使用坡道来取代台阶，或者减小台阶的高宽比，这样既方便行走，还有助于把人的注意力从紧盯于脚下转移到观景。此外，由于行走的方向不断改变，从而有效地扩大了视野范围。

2 浙江黄岩某村，位于地形较陡峻的山坡之上，用筑台的方法建造房屋，有一条山道紧紧依附于建筑物的台基，时而平缓，时而陡峻，每至住户的门口便比较平缓，既可作短暂停歇，又可以方便地走进各户人家。

3 湘西某村镇，地形较陡峻，道路一侧临空，另一侧紧紧依附于建筑物的台基，时陡时缓，颇富韵律节奏变化。

4 浙江宁波某村，地形十分陡峻，用筑台的方法建造房屋，从而使建筑物呈跌落的形式，建筑物的对面也用挡土的方法筑台，进村的山道夹于两者之间，既封闭又陡峻，但每隔一定距离便设台以通往各户人家。

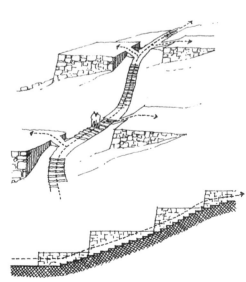

1 一侧依托于建筑物台基的山道，时而陡峻时而平缓，每走完一段台阶将获得短暂停歇，并有助于加强韵律感。

○路径（8）

　　前面已经提到在地形陡峻的情况下，弯曲形式的道路可以用拉长距离的方法来降低路面的坡度，因此，绝大部分山村道路均呈弯曲的形式。但是还有某些山村，不仅地形十分陡峻，而且建筑物又相当密集，两列建筑物虽然前后檐紧紧相连，而在高程上却相差数米，几乎没有任何回旋余地来减缓道路的坡度。面对这种情况，便只能采用曲折的"之"字形道路来解决村内的交通联系问题。这种道路不仅台阶陡峻，而且多夹于两建筑物基座之间，其景观的特点是：视野十分狭窄，但仰视或俯视的角度很大，转折异常明显，因而常可获得某些构图十分独特的画面效果。

2 皖南九华山某山村，顺应山势以弯曲的形式来减缓路面的坡度。

3 浙江宁海某山村，处于地形比较陡峻的坡地上，进村的道路呈反曲的形式，曲折自如。

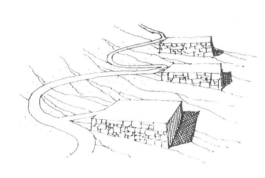

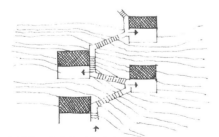

1 上图所示为曲线形式的山村道路，下图示"之"字形山道，两相比较，各有其景观特点。

4 福建永定某村落，为适应地形变化其道路呈十分陡峻的台阶形式，并夹于建筑物之间，颇具有独特的景观效果。

5 皖南某山村，地形既陡峻，建筑物又相当密集，村内道路多呈"之"字形转折，某些段落又夹于建筑物之间，景观效果颇具特色。

○路径（9）

　　盘桓于村内的道路，还经常与排除雨水的沟洫相结合，不仅是地处山区的村落如此，即使是平地上的村落往往也是这样。例如地处山区的村落，雨水必须经过集中、汇合等过程然后再寻求一条自上而下的通路排到山下或附近的河流中去。这条通路便经常与道路相平行，即沿着道路的一侧留出排水的沟洫。这种沟洫由于坡度很陡，经常处于干涸状态，如果遇到雨天便水声潺潺，犹如一条多级的泻泉。每当山洪暴发，则一泻而下，更具有一种磅礴的气势。在地势平坦的情况下，与道路平行的排水沟渠，经常是贯注满盈，犹如一条清泉，伴随着小径，萦绕盘回于弯弯曲曲的巷道空间，从而使气氛饱含着湿润与清新。

1 排水沟洫与道路相结合的情况，上图为剖面示意，下图为平面示意，为防止排水沟洫（渠）切断交通联系，每隔一定距离便设置一块石板小桥以通往各家各户。

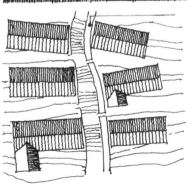

2 浙江富阳龙门镇，以明沟排水，路、沟并行，气氛宁静优美。

3 湘西某苗寨，路、沟并行，图示为俯视效果。

4 同前例，自下向上看的仰视效果。

5 浙江富阳龙门镇的巷道景观示意。

○路径（10）

　　山道的台阶一般均由石料所砌筑，但加工的情况却有很大的差别，有的粗糙，有的则相当精细。偏远的山村，经济上比较贫困，没有充裕的财力、物力来发展修桥、补路等公共设施，便只好直接使用未经加工的天然石料，这样的台阶虽然不甚整齐，却也朴实自然，颇能与竹篱茅舍之类的民居建筑保持和谐统一而自成天然之趣。经济富裕的商业集市，则有条件把天然石料加工成方方正正的条石来砌筑台阶。这样的道路不仅方便行走，看起来也见棱见角，十分整齐。还有少数地区不仅经济富庶，而且从文化层面上讲又注重典雅，不仅民居建筑精雕细刻，而且连街巷的地面也铺陈得整整齐齐。如果需要设置台阶，同样是认真对待，不仅砌筑得相当精细，而且还按照行走习惯来区分踏步的尺寸，以分别适应老幼病残人的行走。除此之外，甚至还留出一条坡道以方便车行的需要。

1 各种形式台阶的加工砌筑情况。

利用未加工的天然石料砌筑的台阶，虽然不甚整齐，但却朴实自然，自成天然之趣。

把天然石料加工成为方方正正的条石，然后再砌筑成台阶，看起来十分整齐。

不仅加工精细，而且还按照不同人的行走习惯来区分台阶的尺寸，甚至留出一条坡道以方便车行的需要。

2 安徽屯溪阳湖镇，不仅地面铺陈整齐，而且台阶也砌筑得十分精细，并把踏步的尺寸区分成几种类型以分别适应不同要求。

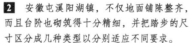

4 湘西地区的王村，街道地面铺陈整齐，各处台阶均用加工精细的条石所砌筑，既方便行走，看上去又很整齐。

3 桂北某侗族村寨，利用未经加工的天然石料砌筑的道路呈台阶形式，看起来朴实自然，并与建筑物保持和谐统一的关系。

5 湘西吉首地区的小兴寨，经济上较贫困，村内道路及台阶均以未经加工的乱石砌筑，虽不整齐，却很富自然情趣。

○溪流（1）

溪流，不同于江河，没有它们那种浩荡的气势；也不同于池塘，不像它们那样静谧、安详。它小巧、蜿蜒，但却充满了活力。王维的诗句"明月松间照，清泉石上流"正是以静和动的对比，道出了溪流所独具的诗情和画意。在村镇中，某些民居建筑如果能够临溪而居，确实可以利用溪流的有利条件，获得极为优美的自然环境。正因为溪流所具有的这一特点，在传统的民居建筑中，有相当多的实例可以说明因为坐落在溪流之畔，从而获得良好的环境及景观效果，虽然它的主人未必有意识地为追求景观效果才把自己的住宅建造在溪流之滨。溪流与村镇的关系不外有两种情况：一种是沿着村落的边缘涓涓地流过，另一种是贯穿于村镇的中间，这两者均各有其景观特色。

1 流经村边的溪流与建筑物的关系示意。

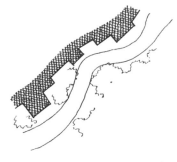

图示为平面，临溪建筑物的转折大体与溪流相呼应，但却并不完全吻合。

图示为剖面，溪流沿建筑物的一侧有护坡，可起缓冲作用。

2 福建永定地区某村镇，村边有一条小溪绕村而过，溪流两侧的边坡上灌木丛生，加之建筑物参差错落，景色十分优美。

3 福建永定某村镇，村边有一条溪流，建筑物紧紧地临溪流而建。建筑物凹凸转折极富层次变化，在溪流的衬托下，其景观效果优美。

4 福建永定某村镇，溪流涓涓地从村边流过，其两侧花木丛生，并有踏步通往岸边，临溪而建的民居建筑体形和轮廓线均极富变化，两相衬托，其整体环境既静谧又优美。

5 福建某村落，溪流呈转折的直线形式，并以天然石块砌筑护坡，虽缺乏自然情趣，但也有助于丰富景观变化。

○溪流（2）

濒临溪边的人家，常可得"近水楼台"之利，他们不仅可以充分利用溪水来方便生活，而且还可以使生活更加接近自然，从而获得浓郁的山石林泉等自然情趣。这是因为溪流本身有宽有窄，而且又比较曲折蜿蜒，随着水位的涨落还会出现形状多变的滩地。这就意味着在很多情况下它与陆地之间并没有一条明确的边界或河岸。其次，沿溪流两侧的民居建筑不仅参差错落，而且与溪流之间往往还保留一条宽窄不等的过渡地带，这个地带的地形变化也比较复杂，可以是缓坡，也可以是陡坡，或者成台地的形式。为了沟通上下之间的交通联系，或使人们可以循着台阶而下至溪边，尚可设置各种路径。加之溪流两侧或佳木葱茏，或乱石林立，或平沙浅滩，或卵石铺陈……总之，其自然情趣之迷人，远非一般村镇可以与之相比拟。特别是某些分散独立的村落，建筑物稀疏散落地分布于溪流的两岸，其整体空间环境之优美尤其令人神往。故人们都十分乐于临溪流而择居。

2 杭州中天竺某村落，村边有一条小溪，溪水清澈，涓涓地从村边流过，溪边乱石林立，佳木葱茏，自然情趣十分浓郁。

3 杭州灵隐某山村，坐落于溪流之畔，并有小桥跨越其上，岸边虽有乱石砌筑的挡土墙明确地界定河岸，但在枯水位时依然有部分滩地露出水面，且乱石纷陈，杂草丛生，"小桥、流水、人家"的诗句，正是这景观特色的写照。

1 溪流的水位涨落无定，意味着没有一条固定的水陆交界线或河岸，加之地形千变万化，从而充满了自然情趣。

4 浙江富阳龙门镇，镇内有溪流穿过其间，临溪的民居建筑体形与外轮廓线均充满变化，而溪流又很富有自然情趣，两者共处，便可将人工美与自然美融合为一体。

○溪流（3）

　　贯穿于村镇中的溪流，其两侧均为建筑物所围合，与从村边绕过的溪流相比，其自然情趣总不免有所逊色，但是它却又不同于以前所分析过的江南水乡中所提及的水街或水巷。水街或水巷，虽然也是由建筑物沿着一条水道的两侧围合而形成空间的，但是由于水道本身就比较规整，特别是建筑物直逼水道的边缘，而且又十分严密地形成一道若屏风一般的界面，这样，就界定出一条既规则又封闭、狭长的带状空间。不言而喻，这种空间纯属人工围合，没有多少自然情趣可言。即使个别水街在其一侧留出一条狭窄的通道，但依然保持着比较严整的格局，就整体气氛而言还是缺少自然情趣的。临溪的建筑与水街相比则有很大的差别，首先，溪流本身不仅时宽时窄，而且又比较曲折蜿蜒，随着水位的涨落，不时地还会露出形状多变的滩地，特别是溪流两侧的边坡，其地形、地貌的变化又特别丰富，这些都是水街或水巷难以比拟的。再就建筑物来讲，由于溪流本身就不甚规整，临溪的建筑物也不可能像水街、水巷那样严密地围合成为封闭狭长的带状空间。相反，必然是随弯就曲、疏密相间、高低错落和参差不齐，这些，都要比水街、水巷更富变化和自然情趣。

3 同前例，在水位下降时，便露出一块块的滩地，妇女们常常循台阶而下到滩地上浣纱洗衣，从而增添了生活情趣。

2 浙江富阳龙门镇，临溪两侧的建筑物参差错落，疏密有致，有的甚至坐落于溪流之中，与水街相比，显然更富有浓郁的自然情趣。

1 湘西茶园，有溪流从镇中穿过，图示的一段接近于镇的中心区，虽然比较规整，但从整体气氛上看依然比水街更富变化和自然情趣。

○台地 (1)

　　台地，主要是指因地形起伏，建筑物顺应地形变化而分别建造在不同高程的台基之上，从而形成多种多样的景观变化。地处山区的村镇，由于耕地短缺，村落多选址于地形起伏的坡地，加之建造过程的自发性，村民多随机应变，只要选中一小块能够满足他独家居住、比较平坦的地段，便不再耗费更多的劳力去改造自然地形。因而，单就一家一户而言，便基本处于同一高程，至于户与户之间能否拉平，便不再是人们所关心的问题。基于上述原因，凡处于山区村镇，便不可避免地会出现重重叠叠的台地，而民居建筑便坐落在这一层层高低错落的台地之上。

1 台地建筑的高程变化比较：建筑物处于较低台地上，常可在相邻较高台地之间形成某种空间感。

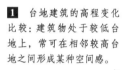

建筑物处于较高的台地上，因为没有遮挡，视野比较开阔。

建筑物处于中间水平的台地上，两台地之间可能因为地形变化而形成某种空间感。

2 湘西某村镇，筑台以建造民居建筑，图示为建筑物与相邻的台地之间所形成的一条狭长的空间。

3 湘西某村镇，利用台地的高程差异而形成丰富外部空间变化，有助于克服村镇景观的单调感。

4 湘西某村落，建筑物处于较低的台地上，与相邻的台地之间形成一条窄巷。

5 湘西某村落，部分建筑坐落于较高台地上，其另一侧的建筑物则处于较低的台地上，两者之间错落有致。

6 福建永定某村落，座落于高台上的建筑物不仅参差错落，而且视野十分开阔。

○台地 (2)

筑台, 就是对自然地形的一种加工和修整, 一般均按就地取材的原则, 利用天然石块或稍经加工的石块, 顺应地形的变化, 先砌筑挡土墙, 然后再填以土石, 夯实之后再以比较平整的石板铺面。这些加工虽然比较粗糙, 但对于村镇整体空间环境以及景观变化却可以起到很大作用。首先, 它可使村镇整体具有高低错落的变化。平地上的村镇, 建筑物基本处于同一高程之上, 建筑本身虽然有高低错落变化, 但是人们在户外活动, 却依然处于同一个基面之上。在高低错落的台地上建造民居建筑, 即使建筑物本身没有明显的高低变化, 但由于所处基地的高程不同, 其外轮廓线依然参差错落, 而不致流于单调。如果建筑物本身又富有变化, 再加上基地的错落, 那么其变化将更加丰富。其次, 这种变化的取得, 主要是顺应地形的起伏而取得的, 从整体环境看, 它必然与周围的自然景观保持统一和谐的有机联系, 和单纯用人工的方法来改变地形相比, 它必然会自成天然之趣。

2 湘西吉首地区的大兴寨, 左右两侧的建筑物分别处于高程不同的台地之上, 尽管建筑物本身的高度相差无几, 但从整体上看其落差则相当悬殊。

3 湘西吉首峒河东岸某民居建筑群, 以道路为分界, 左右两侧的台地高差相当悬殊, 从而赋予景观以独特的变化。

5 湘西吉首德夯村, 道路两侧建筑物分别处于不同高程的台地之上, 从而使景观富有变化。

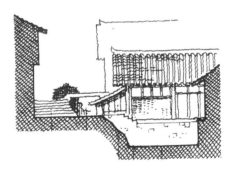

1 在高低错落的台地上建造民居建筑, 由于所处基地的高程不同, 即使建筑物本身没有明显的高低变化, 也会产生参差错落的效果。

4 湘西吉首地区的吉斗寨, 右侧的建筑物可利用台地的落差围合成院落空间。

○台地（3）

在高程充满变化的台地村镇中，人们的户外活动并非处于同一基面，而是在高程变化不同的各个台地之上，各台地之间，有的相差甚小，仅几步台阶，或者仅以坡道即可相连，有的则相差数米，几乎与下一层的屋顶持平。在这样的村镇中，人们的户外活动必然经历着错综复杂的变化以至忽而登高，忽而就低，时而又处于平坦的台地之上。与活动在同一个基面上相比，给人造成的心理和视觉上的变化显然要丰富得多。例如处在高处时，由于视野比较开阔，从而可以获得某种开朗与舒展的感觉。而处于低处时，由于视野受到阻隔，便会产生封闭、局促的感觉。概括地讲，前者主"开"，后者主"合"，时高时低，便意味着忽开忽合，这种开与合的交替转换，必将对于人的视觉心理产生某种激荡的作用，从而有助于打破单调，并获得抑扬顿挫的韵律节奏感。

2 湘西吉首德夯村局部景观示意，相邻的几幢建筑分别坐落在高程不同的台地上，从而加强了参差错落的变化和节奏。

4 同前例，在台地落差的地方，因地势低注而形成一条狭长的水池，能给人以幽雅宁静的感觉。

1 湘西吉首德夯村局部平面示意，由于地形起伏，大部分建筑均筑台而建，景观效果极富变化。

3 同前例，从台阶形式的道路上看其一侧的建筑群，分别坐落在一高一低的台地上，而建筑物之间不仅地形富有变化，而且又有挡土墙和沟渠，这些都有助于丰富景观变化。

5 同前例，两幢极为邻近的建筑物，因处于不同高程的台地上，虽然形成了一条狭长的带状空间，但却并不使人感到十分封闭。

○台地（4）

　　由于人们活动的基面充满了高与低变化，由此
摄取的景观图像有时呈仰视的角度，有时呈平视的
角度，有时则呈俯视的角度，或者在同一个画面上
兼有以上三种图像。即使是很平淡无奇的民居建筑，
由于视角的变化，也会形成各具特色的画面构图。而
且随着视点的移动，这些角度又处于一种相互转换
的过程中。例如当登高时，原来仰视的构图渐次地
转化为平视；平视的角度稍稍地转化成俯视；原来俯
视的角度则随着视点的升高而加大了它的俯视角度。
反之，当由高处走向低处时，其变化的情况则正相反。
这些丰富多彩的画面构图，恐怕只有在地形多变的
台地上建造的村镇才能见到。此外，借助低矮的挡
土墙或照壁，也可以丰富台地村镇的景观变化。

1 在台地上建造的村镇，由于人们
活动的基面充满了高与低的变化，所摄
取的图像便会有仰视、平视和俯视之分。

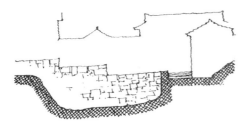

2 借助于低矮的挡土墙
或照壁，也有助于丰富台
地村镇的景观变化。

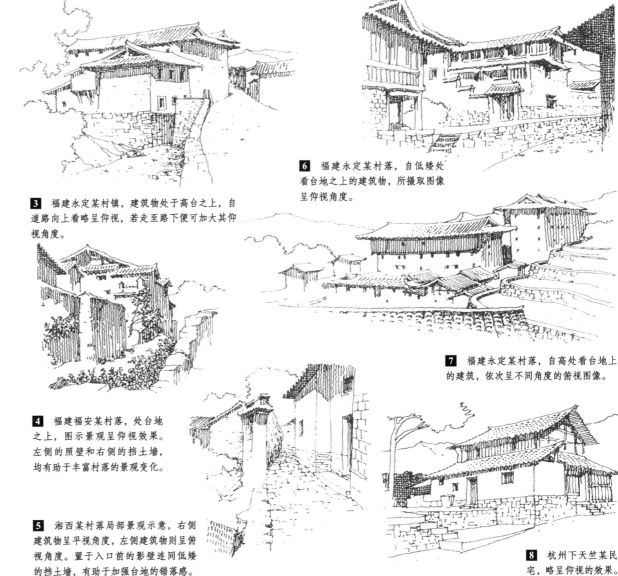

3 福建永定某村镇，建筑物处于高台之上，自
道路向上看略呈仰视，若走至路下便可加大其仰
视角度。

4 福建福安某村落，处台地
之上，图示景观呈仰视效果。
左侧的照壁和右侧的挡土墙，
均有助于丰富村落的景观变化。

5 湘西某村落局部景观示意，右侧
建筑物呈平视角度，左侧建筑物则呈俯
视角度。置于入口前的影壁连同低矮
的挡土墙，有助于加强台地的错落感。

6 福建永定某村落，自低矮处
看台地之上的建筑物，所摄取图像
呈仰视角度。

7 福建永定某村落，自高处看台地上
的建筑，依次呈不同角度的俯视图像。

8 杭州下天竺某民
宅，略呈仰视的效果。

○台地（5）

对于一般的村镇来讲，它的外部空间主要是借建筑物的围合而形成的。处于台地上的村镇，除了以建筑物的围合而形成空间外，还增添了另一种类型的外部空间：即顺应地形变化而筑台之后形成的一系列的外部空间。这种外部空间一半是出于地形变化，所以带有明显的拓扑形式空间的特点；另一半则是出于人工的调节和修整，因而又兼有欧氏几何的特征。由于另一种外部空间的出现，以地处台地上的村镇与一般村镇相比，前者的外部空间变化必然要大大丰富于后者。应当强调的是，以上两种类型的外部空间并非相互隔绝而自成体系的，相反，却是相互贯穿，渗透并融为一体的。所以增加了一种空间类型便意味着多了一重变化的基因，两者相互排列组合，不言而喻，其变化之多样是难以估量的。

上图为建筑物连同台地的剖面示意，下图为其所形成的外部空间示意。

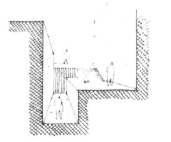

1 建造在台地上的村镇，除以建筑围合外部空间外，台地本身也可形成形式多样的外部空间。

3 福建永定某村落，以建筑物所围合的外部空间已经很富变化，加之台地的高程差异，又进一步增加了外部空间的变化。

2 福建永定某村落，两座土楼之间所夹的外部空间，因台的高差而获得极其丰富的变化。

4 福建永定某村落，三幢民居建筑分别坐落在高程不同的台地上，由建筑物连同台地所形成的外部空间充满变化。

6 湘西某村落，由于路面左侧的下沉，从而丰富了外部空间的变化。

5 单纯由建筑物本身形成的外部空间虽然平淡无奇，但连同台地所形成的外部空间并把它当作一个整体，其景观效果却并不单调。

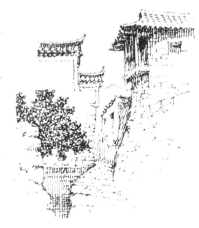

○屋顶（1）

民居建筑的屋顶，虽然不可能像官式建筑那样华丽和精雕细刻，但是就其形式的自由活泼和组合的多样性和变化性却有过之而无不及。屋顶形式和平面布局关系极为密切，平面布局越是自由灵活，其屋顶形式的变化便越丰富。例如浙江民居，虽然也有不少仍采用四合院的布局形式，但是在地形起伏的山区，其平面布局却十分自由灵活，这样便给屋顶变化创造了有利的前提。由于平面充满了曲折和凹凸变化，反映在屋顶形式上往往是纵横交错，相互穿插，而随着各部分的宽窄不等，屋顶的高度、屋脊的位置、举架的大小、天沟的走向等均各不相同。局部凸出的地方则随凸出的程度而使披檐具有宽窄或高低的变化。这样单就一幢建筑物的本身来看，其屋顶形式便充满了千变万化，要是再从群体组合看，其变化将更为丰富。

2 杭州下天竺某民居建筑群，由于屋顶纵横穿插、高低错落，从而极大地丰富了建筑物的体形及轮廓线变化。

3 浙江吴兴甘棠桥某民居建筑，在"人"字形山墙上借助披檐的重复和变化，从而形成韵律和节奏感。

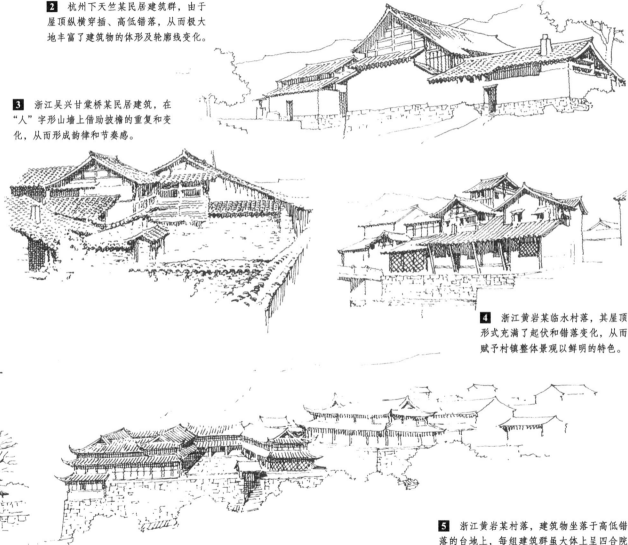

4 浙江黄岩某临水村落，其屋顶形式充满了起伏和错落变化，从而赋予村镇整体景观以鲜明的特色。

1 某浙江民居，由于平面布局自由灵活，其屋顶形式便充满了变化。上图所示为立面图，下图所示为透视图。

5 浙江黄岩某村落，建筑物坐落于高低错落的台地上，每组建筑群虽大体上呈四合院式的布局，但屋顶却呈相互交错的重檐歇山形式，加之翼角起翘，外轮廓线变化十分优美。

○屋顶（2）

　　福建民居其屋顶形式的变化也是十分丰富的，虽然在一个省的范围内，由于各地区的地理、气候及风土人情的不同，其屋顶的构造做法和外部形式都带有明显的地域特色。和浙江民居相似，福建民居的平面布局也比较自由灵活。尽管某些地区的民居建筑多采用四合院的布局形式，但某些地处山区的民居建筑却往往随着地形的变化而采用自由布局的形式。这样，便给屋顶形式的变化提供了多种多样的可能性。即使某些建筑物的平面布局比较简单，其屋顶形式也极尽变化之能事。这样看来，民居建筑也并非像一般人心目中所认为的那样，即把民居建筑仅仅看成是一种能够遮风挡雨、御寒暑的掩蔽体。否则的话，我们就无法解释，人们为什么会不惜花费大量的人力、物力在屋顶上大做文章，而把它建造得那样优美。无怪亚历山大在他的《模式语言》一书中高度地评价了屋顶对于建筑物的象征意义，他写道："屋顶在人们的生活中扮演了重要的角色，最原始的建筑可以说是除了屋顶之外而一无所有"。

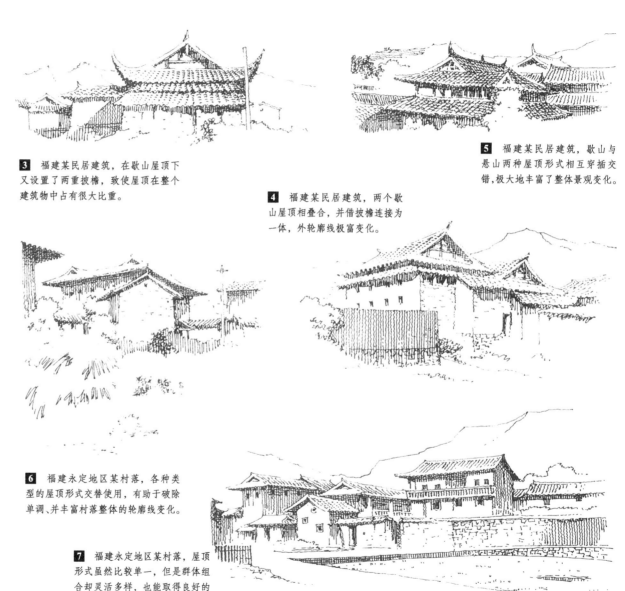

3　福建某民居建筑，在歇山屋顶下又设置了两重披檐，致使屋顶在整个建筑物中占有很大比重。

4　福建某民居建筑，两个歇山屋顶相叠合，并借披檐连接为一体，外轮廓线极富变化。

5　福建某民居建筑，歇山与悬山两种屋顶形式相互穿插交错，极大地丰富了整体景观变化。

1　福建某民居建筑，呈四重檐的歇山屋顶形式，层层叠摞，造型极优美。

2　某福建民居，平面呈简单的矩形，但屋顶却很富变化。

6　福建永定地区某村落，各种类型的屋顶形式交替使用，有助于破除单调，并丰富村落整体的轮廓线变化。

7　福建永定地区某村落，屋顶形式虽然比较单一，但是群体组合却灵活多样，也能取得良好的景观效果。

○屋顶（3）

前面所讨论的主要还是从单体建筑的角度来看待屋顶形式变化对于景观效果的影响。从村镇的整体景观角度看屋顶作用的大小还取决于建筑物的群体组合方式。群体组合越是自由灵活，屋顶形式的变化便越丰富。反之，群体组合越是程式化，其屋顶形式便越单调。例如北京地区的四合院民居建筑便属于后者。北京地区四合院，由于采用一正两厢的布局形式，所以从外部看其屋顶形式变化并不丰富。云南的一颗印民居建筑，虽然也呈四合院布局形式，但正、厢房之间的屋顶则连接成为整体，特别是正房部分屋顶高于两厢，而两厢的形式又呈一坡长一坡短的偏脊形式，与北京四合院建筑相比，其屋顶形式变化则较为丰富。但总的来说总不如非对称，特别是自由灵活布局的村镇其屋顶形式变化来得丰富。这里列举了一些福建地区的村镇，正是由于群体布局相当自由灵活，从而给屋顶变化创造了极其多样的可能性。

A 单体民居建筑的屋顶形式变化。

B 单体民居建筑的屋顶形式变化。

A+B 群体组合的屋顶形式变化。

1 A和B分别表示单体民居建筑的屋顶变化，A+B则表示群体组合的屋顶变化。就村镇而言其范围更大，这就意味着其屋顶形式变化将更加丰富多彩。

2 福建福安某村落，图示为两幢民居建筑，各自的屋顶形式都具有丰富的变化，但也体现出某些共同的特点。

3 福建福安某村镇，建筑物的屋顶主要分歇山和悬山两种形式，但由于纵横交替地运用这两种屋顶形式，不仅不使人感到单调，反而能形成一种韵律节奏感。

4 福建永定某村落景观示意，在大量横向展开的屋顶中，间或出现一些小的歇山式山尖，使村镇的整体景观既统一和谐又富有变化。

5 福建永定某村落景观示意，借助屋顶形式的重复和变化，极大地增强了村镇的整体景观效果。

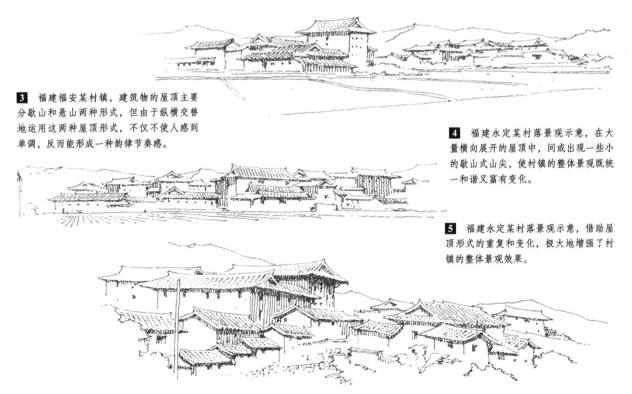

○屋顶（4）

　　屋顶形式的变化，首先有赖于各单体建筑，即力求各单体建筑物本身的屋顶就富有多样性的变化。但是即使单体建筑的屋顶形式比较单一，如果群体组合灵活多变，依然可以借此弥补单体建筑之不足，甚至还可以使得村镇整体景观借屋顶的纵横交替或高低错落的排列组合而获得多样性的变化。例如福建永定地区的民居建筑，其屋顶常呈歇山的形式，出檐极为深远，但坡度却比较平缓，这种屋顶形式不仅看上去轻巧，而且外轮廓线也相当优美。总之，很富有个性和乡土特色，但是单就屋顶本身来讲其形式却比较单一，然而通过整体组合，特别以纵横交替和高低错落的方法来重复使用大体相似的同一种屋顶形式，却也可以获得极丰富和多样性的变化。

1　福建永定地区的民居建筑，其屋顶形式虽然比较单一，但是却很有个性和乡土特色，加之造型轻巧优美，特别是纵横交替、高低错落地重复使用一种类型的屋顶形式，便会使群体组合获得极其丰富的变化。

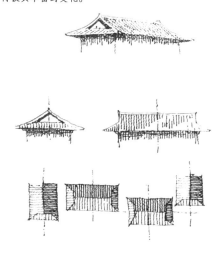

2　福建永定某村落，单体民居建筑的屋顶形式比较单一，但是群体组合却富有变化。特别是有两幢建筑物的体量比较高大，从而使屋顶外轮廓线具有明显的起伏变化。

3　福建永定某村落，除左侧一幢建筑物的屋顶形式较复杂，其余建筑物的屋顶形式均大同小异，但从整体看却不单调。

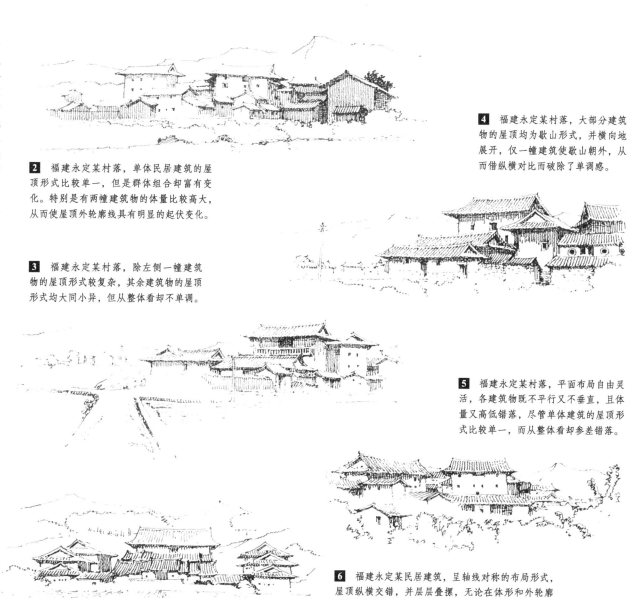

4　福建永定某村落，大部分建筑物的屋顶均为歇山形式，并横向地展开，仅一幢建筑使歇山朝外，从而借纵横对比而破除了单调感。

5　福建永定某村落，平面布局自由灵活，各建筑物既不平行又不垂直，且体量又高低错落，尽管单体建筑的屋顶形式比较单一，而从整体看却参差错落。

6　福建永定某民居建筑，呈轴线对称的布局形式，屋顶纵横交错，并层层叠摞，无论在体形和外轮廓线上都充满了起伏变化。

○屋顶（5）

还有某些地区，不仅单体民居建筑的形式比较单一，而其本身又简单而缺少变化，如果就单体建筑的造型而言确实很难引起人们的美感，但是在群体组合中由于大量重复出现，每每也能形成某种节奏和韵律感。例如广东的茶阳，其屋顶既陡峻又较短促，就单体建筑来讲确实单调，但是在沿河的群体立面组合中，由于大量重复地出现却也能形成某种变化和错落感。与此相类似的还有福建崇安。如果有两种要素交替重复出现，例如以普通的两坡屋顶和马头墙交替重复出现，那么其韵律感将更为强烈。不言而喻，组合的要素越多，其变化将越丰富，然而过多的变化也难免会杂乱无章，因而如果希冀出现某种韵律和节奏感，那么其组合的要素便不宜过多，而且在排列上最好能有规律地重复出现。

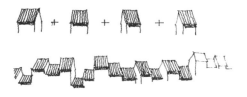

1 一种简单的屋顶形式，如果孤立地看不免单调，但是大量地重复出现，便可产生某种韵律节奏感。

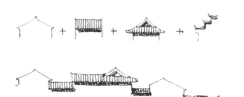

2 组合的要求越多，其变化将越丰富，但变化过多也难免会杂乱无章，只有使组合要素有规律地重复出现，才能获得某种韵律节奏感。

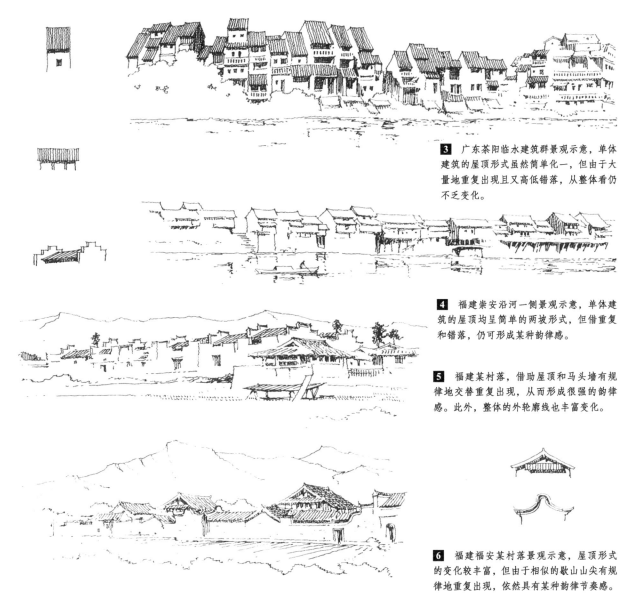

3 广东茶阳临水建筑群景观示意，单体建筑的屋顶形式虽然简单化一，但由于大量重复出现且又高低错落，从整体看仍不乏变化。

4 福建崇安沿河一侧景观示意，单体建筑的屋顶均呈简单的两坡形式，但借重复和错落，仍可形成某种韵律感。

5 福建某村落，借助屋顶和马头墙有规律地交替重复出现，从而形成很强的韵律感。此外，整体的外轮廓线也丰富变化。

6 福建福安某村落景观示意，屋顶形式的变化较丰富，但由于相似的歇山山尖有规律地重复出现，依然具有某种韵律节奏感。

○屋顶（6）

广西的民居建筑，由于广泛地使用木构架，其屋顶形式不仅富有变化，而且对建筑物外观所起的影响也是很大的。例如桂北一带的民居建筑，主要也是借群体组合而充分显示丰富多彩的屋顶变化的。与其他地区不同，桂北民居屋顶变化的主要特点突出表现在层层叠叠的披檐的运用上。桂北民居以木结构为骨架，通常采用多层的形式，每升高一层便略向后收进，这样便自然地出现一条披檐。有时为遮阳的需要，即使不向后收进也挑出一条披檐。甚至于一层之内出现两条披檐。于是随着建筑物层数的增多，便自然地出现层层叠叠的披檐。此外，由于当地的气候比较闷热，对于通风的要求便十分迫切，而木构架又有可能使建筑物保持最大限度的空灵和通透，这便使建筑物的外观呈现出极强烈的虚实相间的横向分割的构图特点。其中的虚，即为透空的格栅，而屋顶则扮演着实的角色。在这种情况下，间或出现一些山尖，便可以打破因过多水平分割而可能导致的单调感，并借对比以求得变化。

2 桂北某村落入口部分景观示意，屋顶部分在景观中占有很大比重。屋顶多呈横向展开的形式，虚实相间，水平分割感很强。

4 桂北某民居建筑，在屋顶多呈横向展开的情况下，偶尔出现画面中的山尖便异常突出，并可借对比而求得变化。

1 比较典型的桂北民居建筑，全部以木结构为骨架，除屋顶外，正、侧两面均设有披檐，加之四周呈透空的形式，于是产生虚实相间的水平分割感。

3 桂北某村落景观示意，建筑物呈转折形式的布局，屋顶多横向展开，即使山墙部分也设置了多重披檐，依然可以形成水平方向的分割感。

5 广西某侗族村寨，位于山坡上并逐层上升，横向伸展的屋顶重重叠叠，极富层次变化和韵律节奏感。

○屋顶（7）

　　湘、黔一带的苗族、土家族的民居建筑，其屋顶形式变化可以说是兼有前面所分析过的两方面的特点：其一，单体民居建筑本身的屋顶形式变化比较丰富；其二，或者说更为主要的是通过群体组合而使得屋顶形式得以充分地显示出其景观的价值。湘、黔一带多为山区，特别是贵州，素有"地无三尺平"之说，由于地形变化无常，无论是单体建筑或群体组合都必然要顺应地形而随机应变。加之少数民族的文化传统和生活习俗对于住宅和聚居的要求又比较灵活，致使一部分民居建筑的平面和体形均有可能打破常规而呈独特的式样，这反映在屋顶上必然是形式多样。即使是按一般常规建造的住宅建筑，也多在其一端悬挑出一个吊脚楼，这反映在屋顶上便需在其一侧插入一个小小的歇山式屋顶，从而便有效地丰富了屋顶形式的变化。再就群体组合来讲，由于村寨多处山区；其总体布局往往是随高就低而蜿蜒曲折。与平地村镇相比，各种屋顶形式不仅可以充分地展现，而且必然是层层叠叠又参差错落。

2　湘西某少数民族村寨，建筑物的平面比较独特，反映在屋顶上便使屋顶形式呈多种多样的变化。

3　湘西某少数民族民居建筑，由于建筑物的平面打破了矩形的常规，从而给屋顶形式带来了新的变化。

4　在一般常见的两坡式屋顶上开了一个气楼，也可以增加屋顶形式的变化。

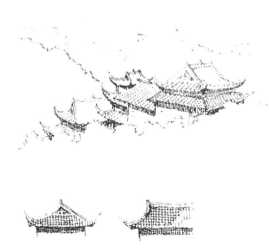

1　地处湘、黔一带的少数民族的民居建筑不仅屋顶形式变化多样，而且又可以得到充分的展现。

5　依山而建的村镇，由于建筑物随山势起伏错落，从而使各种形式的屋顶得以充分的展现，并获得丰富的层次和外轮廓线变化。

○屋顶（8）

还有某些民居建筑呈独立的形式，其屋顶结构和形式自然也互不关联。例如广东潮汕一带的渔民住宅就属于这类类型，由于建筑物的平面多呈规则的矩形，其屋顶式自然也不可能有多少变化。云南西双版纳地区少数民族的干阑式民居建筑，虽然也呈独立的形式，但是其屋顶形式却独具特色。这和当地的气候以及结构方式也有某种内在的联系，这种以竹子为骨架的民居又称竹楼，其屋顶既陡峻又十分高大，并带有一个很小的歇山。由于建筑物被支撑于地面之上，并且经常沿着建筑物的一侧或两侧搭出宽大的挑台，为了覆盖挑台便使屋顶向下延伸，或单独设置披檐，于是其屋顶形式就随之出现了许多变化。干阑式民居建筑不仅屋顶既高又大、形式变化多样，特别是由于建筑本身既低矮又空灵通透，所以屋顶部分便显得格外突出。还有少数民居建筑以草覆盖屋顶，这种所谓的"茅"屋虽不免简陋，却异常质朴，甚至可能富有诗情和画意。

1 广东潮汕地区的渔民住宅，其屋面形式一般均较简单。

2 滇西南干阑式民居建筑的屋顶结构示意。

3 广东潮汕地区某渔村，建筑物呈独立的形式，屋顶结构也十分单一，加之又均匀地排列，看似单调而缺少变化。

4 同前例，但少数渔民住宅其屋顶呈歇山的形式，且于披檐之下又为一空廊，借虚实对比，有助于突出屋顶的轮廓线变化。

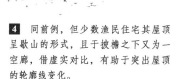

5 同前例，从侧面看，屋顶形式虽然比较单一，但借助于山尖的一再重复，似乎能给人以韵律节奏感。

6 云南少数民族的干阑式民居，屋顶十分陡峻，并呈歇山的形式，两部分屋顶又相互衔接，加之局部地设置披檐其屋顶形式极富变化。

7 云南少数民族的民居建筑，其茅草屋顶不仅富有变化而且在整个建筑物中占有极大的比重，从而给人异常突出的感觉。

○马头墙（1）

马头墙和屋顶的关系十分密切，从某种意义上讲，它本身就属于硬山屋顶的一个组成部分，只不过比北方地区广为流行的硬山屋顶山墙更高、更突出、更富有装饰色彩和变化。马头墙在村镇景观中的作用主要表现在三个方面：一，极大地丰富了村镇的立体轮廓线变化；二，具有强烈的韵律节奏感；三，具有引人注目的动势感。之所以能起到这些作用，无疑与马头墙本身的形式特征有紧密的联系。为了满足防火要求，马头墙必须大大地高出屋面，加之它本身的外轮廓线多呈跌落的台阶形式，这不仅可以丰富单体建筑的外轮廓线变化，更为重要的是有助于丰富村镇整体的立体轮廓线（即天际线）变化。跌落、台阶形式的马头墙，除具有起伏变化外，还能给人以强烈的韵律感，这在单体建筑中虽有所体现，但并不强烈，然而在群体组合中由于一再重复地出现，其效果则更加明显。此外，由于马头墙的形式不受功能、气候等条件的约束，不同地区的马头墙便可按当地人民的审美习惯做成不同的形式，从这一意义上讲，马头墙往往最能反映一个地区民居建筑的特色和风貌。

2 皖南黟县宏村的景观示意。皖南一带的马头墙多呈跌落的阶梯形式，装饰不多，外轮廓线一般均呈横平竖直的曲尺形状，但却显得朴素高雅。

3 同前例，随着建筑物墙面的转折，马头墙也呈不同程度倾斜的交角，从而极大地丰富了建筑物外轮廓线的变化。

4 皖南徽州地区某民居建筑，由于马头墙呈多阶的跌落形式，便可给人以强烈的韵律感。

6 皖南徽州地区某民居建筑群，以横纵交错的马头墙与屋面两种要素，错综复杂地交织在一起，从而使屋顶部分充满变化。

1 皖南徽州地区某村镇，由于广泛地使用呈跌落形式的马头墙，不仅单体建筑的形式富有变化，而且从群体上看也充满了韵律和节奏感。

5 皖南某村落，借助跌落形式马头墙与山尖的交替使用，以使外轮廓线具有起伏变化的节奏感。

226

○马头墙（2）

正如前面已经提到的，由于马头墙的主要功能在于防止火灾的蔓延，因而它必须大大地高出屋面。在满足这一基本要求之后，关于它的轮廓和形式便不受任何约束。这样，人们便可以按照自己的爱好随心所欲地选择形式，而不像其他建筑要素如屋顶、门窗、台基等往往由于气候、功能或结构方法等诸多因素的制约而大同小异，甚至千篇一律。正是基于这种原因，不同地区的马头墙便各有自己的特色，即使是同一地区的马头墙也千变万化而没有一定之规。例如在前面介绍的皖南地区的民居建筑，其马头墙多呈简单的台阶形状，而在福建省的各个地区其马头墙的形式则千变万化不拘一格。当地人民在马头墙的创造上倾注了很大的热情和精力，他们尤其偏爱各种曲线形式的马头墙。其中有一种被称为"猫拱背"的马头墙，其外轮廓呈反曲的形式，能给人以强烈的动势感。即使采用跌落形式的马头墙，其脊背也呈曲线的形式，并且两端还高高地翘起，与皖南民居的马头墙相比，显然更富动势感。

2 福建境内某村落，以跌落形式的马头墙与弧线形式的马头墙相结合的方法来围合、分隔建筑物的屋顶，可使建筑群的外轮廓线刚柔相济，充分显示各自的特点。

3 福建境内某村落，由于采取了曲线形式的马头墙，特别是借它的多次重复出现，从而使村落整体景观充满了活力和动势感。

5 福建某民居建筑，与例3相似，曲线形式的马头墙极富起伏的韵律感。

6 福建境内某村落，马头墙的形状及轮廓线变化自如，不拘一格，有效地丰富了村落入口的景观变化。

4 福建境内某民居建筑，其侧立面是由曲线形式马头墙组成，既柔和又富有起伏的节奏感。

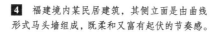

7 福建境内某民居建筑，独具一格的民居建筑侧立面，在很大程度上取决于其曲线形式的马头墙。

1 福建境内不同地区其马头墙的形式均各有其特色。总的看来他们比较偏爱曲线形式的马头墙，借这种马头墙将可以获得某种动势感。

○马头墙（3）

马头墙虽然出于防火要求，但其形式处理却带有浓郁的地域和乡土特色。这主要表现在两个方面：其一是形状和轮廓线；其二是细部装饰处理。关于前一方面，前面已经就皖南民居和福建民居作了简明扼要的对比。除皖南、福建外，像浙江民居、江西民居、湖南民居等也各有其特点。例如浙江民居，其马头墙的轮廓和形式颇近似于皖南民居，但却比皖南民居活泼而有变化。江西、湖南民居的马头墙虽然也多呈跌落的形式，但其脊背却因两端的起翘而略呈曲线的形式。关于细部及装饰处理，各地民居建筑的马头墙也不尽一样。例如皖南民居的马头墙，其细部、装饰以及色彩处理一般均较简单、轻巧、朴素、淡雅。而湖南、江西一带民居的马头墙却比较厚重，其细部及装饰处理也较丰富，色彩则较为富丽。

2 湘西吉首地区某村镇，沿河的民居建筑每每借助其富丽的马头墙而获得某种韵律感。

4 湘西吉首老街的景观示意，纵横交错的马头墙对于丰富建筑群的整体外轮廓线起着重要的作用。

1 湘西一带的民居建筑，通常也喜欢用马头墙来防止火灾的蔓延。马头墙一般均呈跌落的台阶形式，但脊背较厚重，装饰较富丽，并略有起翘。

3 湘西吉首峒河对岸的民居建筑群，带有马头墙的民居建筑，往往由于其独特的外轮廓线变化而在群体中显得格外突出。

5 湘西吉首峒河沿岸的民居建筑群，在四坡顶的屋面前檐所设置的马头墙已完全失去了它的防火功能，从而成为纯粹的装饰品。

6 在极富变化的屋顶中，最突出的形象莫过于马头墙，它不仅富有装饰性，而且外轮廓线的变化既丰富又具有韵律感。

○层次·环境·意境（1）

村镇的整体景观，在很大程度上还取决于它所处的自然环境。特别是地处山区的村镇或背山临水的村镇，自然环境对于村镇景观的影响尤甚。某些村镇，当从远处去看它的整体时，便仅仅剩下了一个外轮廓线的剪影，这条外轮廓线有时因为高低错落而充满起伏和变化，有时也不免流于单调。但即使具有高低错落的变化，而没有必要的背景作为衬托，也依然会使人感到单薄。例如一般平原地区的村镇，便时常会产生这种单薄的感觉。山区的村镇则不然，借助于山势的衬托，便可以获得丰富的空间层次变化。某些村镇虽然本身的景观变化并不丰富，但是作为背景的山势，或因起伏变化而具有优美的轮廓线，或因远近分明而具有丰富的层次感，都可以弥补村镇景观的不足，从而在整体景观上获得良好的效果。

1 村镇借山势的衬托而获得丰富的层次变化。

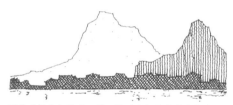

近景（村镇）平淡，借远景（山）的层次和轮廓线变化而获得良好的景观效果。

近景（村镇）的轮廓线富有变化，在远景（山）的衬托下更富有层次感。

远、近景互为衬托，相得益彰。

2 湘西某山村，村落的景观和轮廓线均平淡无奇，但作为远景的山不仅层次分明而且轮廓线又极富变化，两相叠合，其整体景观效果极佳。

4 湘西某山村，依山而建，建筑物参差错落，形成一条优美的外轮廓线，在远山的衬托下，层次变化十分丰富。

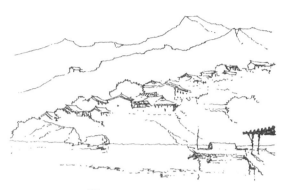

3 湘西某山村，近有田畴，远有群山，远、中、近景层次分明，整体环境十分优美。

5 湘西某村镇，村镇的轮廓线极富变化，借远山的衬托，又增添了层次感。

6 福建某村镇，呈马鞍形的外轮廓线借远山的衬托，从而使远近层次分明。

○层次·环境·意境（2）

就整体效果来讲，由建筑物组成的村镇，通常扮演着近景的角色，其特点是比较实，尽管内部的虚实凹凸关系已经因为距离的推远而有所淡化，但仍然依稀可以分辨，加之又是人工所建造，无论在轮廓线的转折或色彩、凹凸以及光影的变化上都比较凝重。作为背景的山则通常扮演中景或远景的角色，作为远景的山十分朦胧、淡薄，有时仅仅剩下一条轻淡的外轮廓，但是这条轮廓线的起伏变化却起着不容忽视的作用。例如山水甲天下的桂林，在其通往阳朔的漓江两岸，便因山势的起伏变化而十分优美。坐落于两岸的村镇如新屏、阳朔等，都借助远山近水的衬托而异趣横生。介于村镇与远山之间的中景层次则虚实参半，起着过渡和丰富层次变化的作用，不仅轮廓线的变化会影响到整体景观效果，而且山势的起伏峥嵘以及光影变化也都在某种程度上会对村镇的整体景观产生积极的影响。中景层次如果有建筑物出现，那么其层次的变化将更为丰富。

中景层次部分由山、部分由建筑物组成。

近景层次由组成村镇的民居建筑物组成。

1 中景层次部分由建筑物组成，当与由村镇组成的近景相叠合时，其层次变化将格外丰富。

2 浙江临海城关镇，中景部分由建筑物及三座塔组成，轮廓线极富变化，与近景相叠合，层次分明。

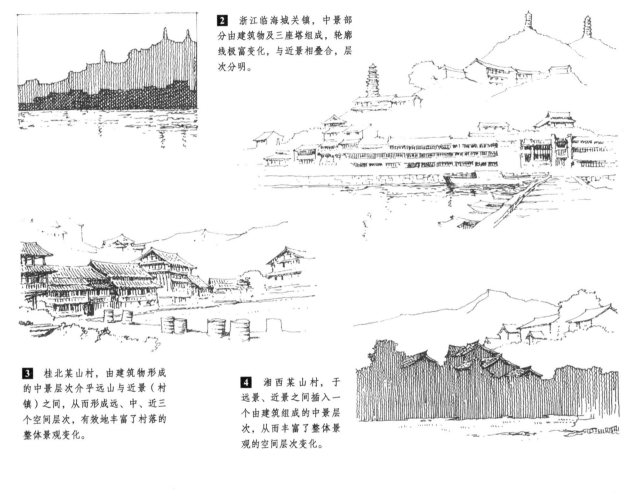

3 桂北某山村，由建筑物形成的中景层次介乎远山与近景（村镇）之间，从而形成远、中、近三个空间层次，有效地丰富了村落的整体景观变化。

4 湘西某山村，于远景、近景之间插入一个由建筑组成的中景层次，从而丰富了整体景观的空间层次变化。

5 福建永定地区某村落，近处保留下来的一片断墙残垣，突兀屹立于大地之上，从而形成近景，村落构成中景，远处的山和另一村落为远景，并起衬托中、近景的作用。

○层次·环境·意境（3）

这种富有层次的景观变化，实际上是人工建筑与自然环境的叠合，而自然环境是客观存在的，人们只能选择而无法加以改变，甚至在建村时根本就没有意识到它的存在与影响，因而效果的取得全凭偶然。然而还是有少数村镇，尽管在建造的过程中带有很大的自发性，但是有时也不免会或多或少地掺入一些人为的意图，例如借助某些体量高大的公共建筑或塔一类的高耸建筑物以形成所谓的制高点，它们或处于村镇之中以强调近景的外轮廓线变化，或点缀于远山之巅以形成既优美又比较含蓄的天际线，这些都有助于打破单调而使村镇景观变得更加优美。此外，这样的村镇如果背山临水的话，还可以在水下形成一个十分有趣的倒影，而于倒影之中也同样呈现出丰富的层次和富有特色的外轮廓线。

1 通过有意识地安排某些形体高大的塔或公共建筑以形成"制高点"，从而打破单调以求得变化。

远、近两个层次的轮廓线均平淡无奇。

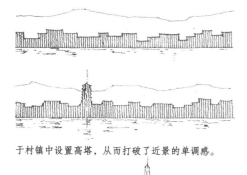

于村镇中设置高塔，从而打破了近景的单调感。

于远山之上设置高塔，从而打破远景的单调感。

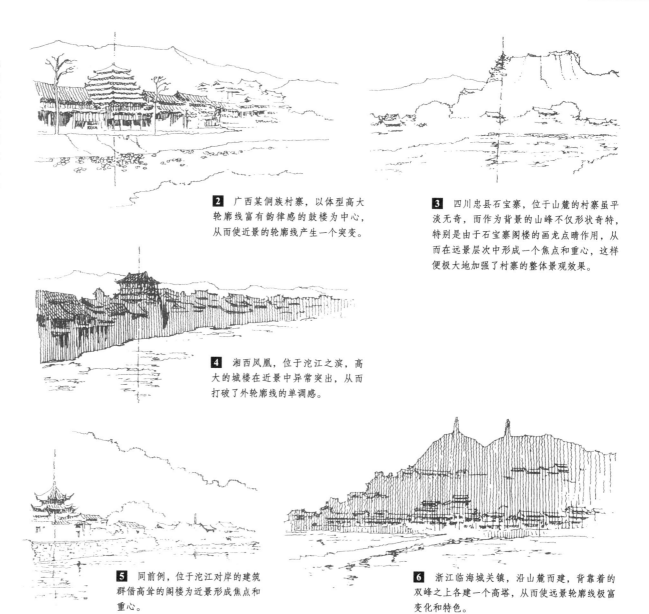

2 广西某侗族村寨，以体型高大轮廓线富有韵律感的鼓楼为中心，从而使近景的轮廓线产生一个突变。

3 四川忠县石宝寨，位于山麓的村寨虽平淡无奇，而作为背景的山峰不仅形状奇特，特别是由于石宝寨阁楼的画龙点睛作用，从而在远景层次中形成一个焦点和重心，这样便极大地加强了村寨的整体景观效果。

4 湘西凤凰，位于沱江之滨，高大的城楼在近景中异常突出，从而打破了外轮廓线的单调感。

5 同前例，位于沱江对岸的建筑群借高耸的阁楼为近景形成焦点和重心。

6 浙江临海城关镇，沿山麓而建，背靠着的双峰之上各建一个高塔，从而使远景轮廓线极富变化和特色。

○层次·环境·意境（4）

从整体上来看，自然环境的景观价值有时并不亚于人工建筑，它不仅具有人的视觉所能直接捕捉到的形式美，而且随着春夏秋冬的时令变化或雨、雪、雾、晴、阴的气候变化，乃至在晨光曦微或暮色苍茫等时间变化的情况下来观赏，都可以获得各不相同的诗情画意一般的意境美。王勃在《滕王阁序》一文中有"潦水尽而寒潭清，烟光凝而暮山紫"的佳句，所描绘的就是在特定时间条件下远山所呈现的色彩变化。宋代山水画名家郭熙在《林泉高致》一书中曾对山景作过这样的描绘："春山艳冶而如笑，夏山苍翠而如滴，秋山明净而如妆，冬山惨淡而如睡。"同是山，春夏秋冬却各有其姿色和风韵。再如黄山，在朗朗晴空和雨雾迷蒙的天气下来观赏，也必将大异其趣。由此可见，坐落于山区的村镇，特别是四面环山的村镇，其自然景色之变幻，往往可以赋予村镇整体环境以意境美。

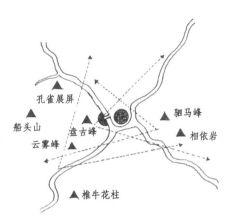

2 德夯村整体环境平面示意，村落坐落于四条小河的交汇处，沿小河两岸均为怪石奇峰，从而形成许多峡谷。其中尤以盘古峰、椎牛花柱、船头山、驷马峰等处景色最为优美。

3 从村东的远方看德夯村，组成村落的建筑物十分低矮，在整体环境中所起的作用甚微，但四周的群山却高耸如屏。在晨光曦微中，朝霞映红了山峰，而村落尚笼罩在淡紫色的晨雾之中。

1 湘西吉首地区德夯村，四面环山，且山形极其奇特优美，于是便形成了一个独特的自然空间环境，坐落于山坳之中的德夯村由于经历过一次火灾，人工建筑已不比当年，但环境景观却依然充满了诗情画意。

4 自村西越过屋顶看远处的山峰，由村落组成的近景栉比鳞次，由峰峦组成的远景则充满了自然情趣，两相衬托，便情不自禁地感受到一种盎然的诗意。

○仰视·天际线

天际线通常是指一个城市的立体轮廓线，因为以天穹为背景，看起来像是建筑物与天宇之间的一条分界线，故名为"天际线"。处于地形突兀的高地上的村镇，当人们从低处来看它的仰视角度时，天际线的效果便显异常突出。这是因为：其一，处于仰视的情况下，作为背景的山或者全部消失，或者部分消失，这样，以建筑物所形成的村镇外轮廓线便显得格外突出；其二，在平视情况下，如果建筑物的高度大体相同，那么它的整体外轮廓线便不会有明显的起伏变化，但是在仰视的情况下，即使高度相同的建筑物，还会因为所处的地位的凸出或凹入，而使其透视的外轮廓线发生起伏或错落的变化，并且这种变化还随着仰视角度的增大而逐渐加剧；其三，在平视情况下，屋顶形式的变化通常对于外轮廓线的影响不甚显著，而主要表现为内轮廓线的变化，但是在仰视的情况下，屋顶形式的变化将由内轮廓线的变化而转化为外轮廓线的变化。加之以天宇作为衬托，借助于明暗对比，将使这条天际线变得更加突出。

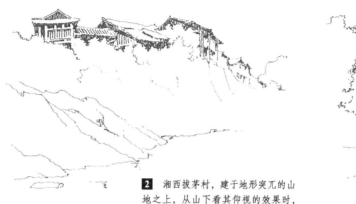

2 湘西拔茅村，建于地形突兀的山地之上，从山下看其仰视的效果时，其天际线极富起伏错落的变化。

3 同前例，从另一角度观赏，外轮廓线和层次的变化均极丰富，尽管由于远山的阻隔，致使部分外轮廓线失去天宇的衬托而在明暗对比上不够突出，但依然能使人感受到只有在仰视的情况下才能获得的起伏错落的外轮廓线的变化。

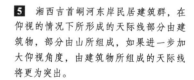

5 湘西吉首峒河东岸民居建筑群，在仰视的情况下所形成的天际线部分由建筑物，部分由山所组成，如果进一步加大仰视角度，由建筑物所组成的天际线将更为突出。

4 福建某村落，在仰视的情况下，屋顶部分的立体轮廓线变化十分丰富，但由于仰视的角度不够，远山依然把建筑物与天宇隔开，从而不能成为真正意义上的天际线。

1 位于地势突兀山地上的村落，当由低处看它的仰视角度时，其天际线的起伏变化及明暗对比都异常强烈。

233

○地方材料·构造做法（1）

最原始、也最易取得的建筑材料便是生土。它被广泛地运用于各地的民居建筑。特别是我国的西北地区，由于干旱少雨而土质又特别优良，除门窗外，其他部分几乎全部由生土所建成。从新疆吐鲁番所留下的高昌和交河两座古城的遗址中可以看出，尽管经历了许多个世纪，作为完整的建筑已不复存在，但从那高达十几米的断墙残垣中仍可依稀地想象出当年市井的旧貌。从那时到现在，还有相当多的民居建筑基本上还是由生土所建成，真不愧是名副其实地"土生土长"。从这一点看，可以说与环境的和谐已经达到了登峰造极的地步。这种以土筑就的建筑开窗很小，也无过多装饰，色彩、质感均极单一。由于土质松软，砌筑时不可能作到见棱见角，所以其轮廓线和转折多难以保持横平竖直，因而从外观看多呈圆浑的形状。还有一种更为彻底地利用生土"建"成的民居便是窑洞，它甚至不具备一般建筑所必然具有的外部体形。所以由窑洞组成的村镇无论在整体环境、外部空间以及其他方面的景观，都迥然不同于一般的村镇。总之，这种以单一材料建造的住房、窑洞、乃至整个村镇，无疑会使人感到单调，但却异常质朴而粗犷，处处散发出泥土的芳香。不管人们对它的评价是好是坏，但有一点却是公认的：即具有极为鲜明的地域和乡土特色。

2 甘肃甘南地区某民居建筑，以生土所建成，由于生土性松软，其外轮廓及凹凸转折多成圆浑的形状。

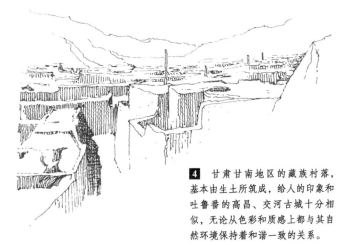

4 甘肃甘南地区的藏族村落，基本由生土所筑成，给人的印象和吐鲁番的高昌、交河古城十分相似，无论从色彩和质感上都与其自然环境保持着和谐一致的关系。

3 西安峰火大队某小学校，呈多层的窑洞形式。由于当地气候干旱少雨，且土质优良，可以充分利用山形以开凿窑洞，不仅可以当作住宅，而且也可以当作学校等公共建筑。

1 新疆吐鲁番高昌古城遗址，全部以生土所筑成，历经千余年，仍巍然屹立至今。

5 新疆喀什某少数民族居住建筑群，以生土筑成的建筑和院落，富有浓郁的地域乡土特色。

○地方材料·构造做法（2）

　　除新疆、西北地区外，其他如福建、江西、安徽、湖南、云南各省也有不少民居建筑其主体部分是由生土所筑成，其中比较著名的有福建的土楼。但所不同的是上述各省年平均雨量均显著高于新疆及西北地区各省，而生土的防水性能较差，因而仅适合用来砌筑墙体。至于屋顶，则必须选择具有防水性能的青瓦来覆盖屋面。此外，为了保护墙体防止雨水侵蚀，不仅屋顶具有一定的坡度，同时还要求出檐深远。某些地区为防止雨水侵蚀墙体，还选择天然石块来砌筑墙基。由于选用了坡屋顶，为与之相适应，其内部结构多选用穿斗式的木构架，这样就必然要涉及生土、瓦、木材、石材等多种材料。其中有的纯属天然材料，有的则需要经过一定的加工和制作。例如瓦，虽然也出自生土，但经过焙烧之后便改变了原来的物理属性。总的来讲加工过程都比较简单，而原料又可以就地取材，严格地讲虽不属于天然材料，但依然属于地方材料的范畴。由于选用了多种材料，所以建筑物的体形、色彩的质感便出现了多样性的变化。

2 福建永定地区的土楼建筑，大面积的墙体均由生土所筑成，仅在其上开凿很小的窗洞，屋顶则出檐深远，并由青瓦覆盖屋面，借两种材料的色彩、质感对比，从而丰富景观变化。

4 湘西某民居建筑，以生土筑墙体，以青瓦覆盖屋面。以乱石铺地面，以稻草作为护墙以防雨水侵蚀墙体，加之局部地裸露木构架，全部用地方材料建造的民居建筑，既质朴又具有浓厚的乡土气息。

1 以生土砌筑墙体，再以青瓦覆盖屋面，由于使用了两种材料，便可以借两者色彩、质感不同而使民居建筑的外观获得某种变化。

3 福建某民居建筑，大面积的实墙面是由生土所筑成，屋顶由青瓦所覆盖，为防止雨水侵蚀墙体，又以乱石砌筑墙基，由于使用了三种建筑材料，便更加丰富了建筑物的色彩质感对比。

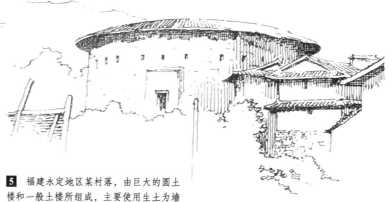

5 福建永定地区某村落，由巨大的圆土楼和一般土楼所组成，主要使用生土为墙体，以青瓦为屋面，尽管建筑物体形很不相同，但色彩和质感却统一而和谐。

○地方材料·构造做法（3）

以生土筑就的墙体通常称为"夹版墙"，福建永定地区的土楼所采用的就是这种类型的墙体。但是这种墙对土质的黏性要求较高，如果当地的土质不具备这样的条件，便只能先把生土加工成土坯，然后在堆叠成为墙体。由于对土质的要求不高，而且加工又十分方便，因而这种方法就相当普遍地流行于我国广大地区。与夹版墙相比，这种墙由于存在着许多缝隙，显然不如前者密实，为弥补这一缺陷尚需在内、外檐各抹上一层罩面，以防止风或雨的侵袭。特别是寒冷的北方地区，如果没有这种措施将难以达到防寒的要求。至于温暖的南方地区则仅在室内作一层罩面，而外檐可裸露出缝隙。某些次要房间如厨房、谷仓、牛栏、猪圈、院墙等，内外檐均不抹灰而任其裸露缝隙。同是以生土做成的墙面，仅因加工方法不同从外观上看却显出不同的肌理：夹版墙较光滑、密实；而土坯墙则显得斑驳，并因带有缝隙而构成某种独特的质感和纹理。

2 湘西某民居建筑，以土坯砌筑的墙体质感较粗糙，与小青瓦屋顶相配合，构成湘西民居独特的意趣与风格。

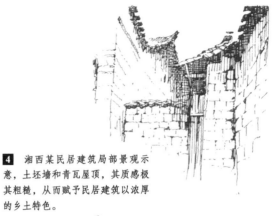

4 湘西某民居建筑局部景观示意，土坯墙和青瓦屋顶，其质感极其粗糙，从而赋予民居建筑以浓厚的乡土特色。

1 以土坯墙和小青瓦两种材料建造的民居建筑，两者均以其粗糙的质感和独特色彩而构成一种质朴粗犷的风格。

3 湘西某民居建筑，以块石铺砌地面和院墙，与土坯墙及青瓦屋顶等材料无论在色彩和质感上都十分谐调。

5 甘肃庆阳某民居建筑，以土坯砌筑的墙体，由于表层的剥落而裸露出缝隙，加之砌筑的方法较独特，从而形成一种极其粗糙的肌理和质感。

○地方材料·构造做法（4）

生土虽然易于取得，但质地却有优劣之分。含有沙性的土壤，由于黏着力很低，不仅无法直接筑造成墙体，甚至也不能加工成土坯。加之生土的防水性能较差，如果经常处于潮湿状态，将会自行坍塌。所以在土质不好而又多雨潮湿的地区，便只好放弃生土而选择其他天然材料来构筑民居建筑，例如天然石块，在某些盛产石料而又潮湿的地区，便被看成是理想的建筑材料。贵州省素有"地无三尺平，天无三日晴"之说，前一句表明境内多山、盛产石料，后一句表明多雨而潮湿，所以当地民居便以天然石料为主要建筑材料。特别是镇宁一带竟然出现从屋顶到门窗、墙体全部都由石料做成的"石头寨"。更有甚者，这些以天然石料做成的墙体，竟不用灰泥砌筑，而只是一层层地堆叠，而石块本身形状又很不规则，为避免出现过大的缝隙，必须依据形状来选择每一块石料，并巧妙地加以嵌合，这样，其表面肌理便会出现十分独特的质感效果。此外，以天然石料堆叠的石头寨依偎于岩山石谷之中，不言而喻，必将与自然环境保持着高度和谐的关系。

2 湘西某村落小景，用巨大的天然石块砌筑的门洞，虽不免简陋、粗糙、但却质朴而粗犷。

4 湘西某村落，墙体部分以天然石料所砌筑，屋顶则用小青瓦覆盖屋面，此外，还局部使用了土坯来砌筑山墙，所有这些都是比较原始和简陋的地方材料，但经过组合后却能取得良好的景观效果。

1 贵州省某石头寨，墙体、台阶、地面等全部用天然石块所砌筑，具有独特的肌理。

3 贵州省某少数民族村寨，包括屋顶在内，全部由天然石料所砌筑，与所在的自然环境十分谐调并融合为一体。

5 湘西某村落，以乱石砌筑的墙面和巨大天然石块铺砌的路面，给人留下的印象极深。

○地方材料·构造做法（5）

生土与石块，尽管可以直接取之于自然，但是还是有许多不尽如人意的地方：前者经受不住雨水的浸泡，后者的砌筑则比较麻烦，而且也不易保持平整。总之，这两者给人的印象都相当原始、粗糙。所以经济比较富庶的地区或门第较高的大户人家，便不满足于直接使用上述两种天然材料，而砖墙、青瓦顶便被普遍认为是一种既讲求又延年的民居建筑，砖的色彩、形式、规格比较统一。除尺寸略有出入外，各地民居建筑所使用的砖多呈青灰色的一种类型（福建晋江地区例外）。但制作的粗细和砌筑的方法则因地区不同而有很大差别。从砌筑方法上讲，南北方就有所不同，北方多采用实砌的方法，既坚固又厚重，南方则常采用"空斗"的砌筑方法，这样做可以节省用材，同时也能满足当地的保温或隔热要求。从外观看，空斗砖墙比较轻巧，特别是用石灰勾缝，不仅色彩清新朴素，同时也可以获得独特的质感效果。

1 图示为空斗砖墙的构造做法，以立砖和平砖交替铺砌，从而形成朴实中空的墙体。

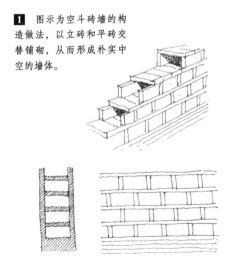

上图示空斗砖墙的透视，下图分别示其立面和剖面。

2 湘西某民居建筑，墙体部分采用空斗砖墙，屋顶以小青瓦覆盖屋面，可以认为是一种比较讲究的民居建筑。

3 湘西某村镇的巷道景观，由建筑物山墙所限定的侧界面全部为空斗砖墙，既平整又具有独特的纹理。

4 湘西某村镇，由灰砖青瓦组成的整体景观，虽统一和谐却不免流于单调。

5 福建某村落，虽然也是由灰砖青瓦所建成，但在马头墙和入口门罩的重点部位加作了一些彩饰，从而破除了色彩的单调感。

6 湘西某民居的入口大门，从近处看由青瓦和空斗砖墙组成的某些细部，尚可借肌理的变化给人留下良好的印象。

○地方材料·构造做法（6）

木材，作为天然材料之一，在中国建筑，特别是民居中占有特殊的地位。《韩非子·五蠹》，"上古之世，人民少而禽兽众，人民不胜禽兽虫蛇。有圣人作，构木为巢，以避群害"。可见，由木结构为主体的中国建筑，不仅历史悠久，而且最初还是出自民居建筑。除少数干旱、沙漠地区由于寸草不生之外，我国广大地区的民居建筑其主体结构几乎都是用木材来建造的。不过由于各地区的气候差别以及其他各种因素的影响，某些地区的民居建筑虽然以木构架作为基本支撑体系，可是由于借助其他材料作为围护结构，致使从外观看便不能充分反映出木结构建筑的特点。而另外一些地区则使木构架部分或全部裸露，从而使木结构的特点得以表现或充分表现，这两种情况不仅影响到单体建筑的处理，而且也间接地影响到村镇的整体面貌。

2 湖南民居，一般均以木构架作为基本支撑体系，由于气候较温暖，多以轻、薄的木板作为围护结构，致使木结构得以裸露，并能给人以轻巧空灵的感觉。

3 湘西某村落，木构架从透空的山墙一侧表现得最为充分，图示的一组民居建筑由于全部采用了木构架，从村落的整体景观看，也具有一种轻巧的感觉。

1 以木构架作为基本支撑体系，以轻、薄的材料分隔内部空间并作为围护结构，将可以从外观上体现出木结构建筑所特有的轻巧、空灵、通透的特点。

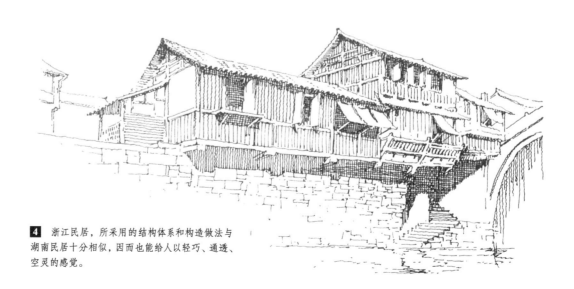

4 浙江民居，所采用的结构体系和构造做法与湖南民居十分相似，因而也能给人以轻巧、通透、空灵的感觉。

○地方材料·构造做法（7）

就单体建筑而言，裸露木结构的建筑一般多具有空灵、轻巧、通透的感觉，并且裸露得越彻底，这种感觉则越强烈。反之，如果用厚重的材料如泥土或砖石之类的材料把木结构加以围护、覆盖或包裹，则必然使人产生封闭、笨重的感觉。前者如已经作了介绍的湖南民居、浙江民居等，后者比较典型的例子则是福建永定地区的土楼民居建筑。虽然两者都以木构架作为基本支撑体系，但由于围护的方法不同，从外观上看则有很大的差异。前面主要是从单体建筑的角度加以分析，再就群体而言，以单体建筑组成的村镇整体，只会更加强化这两种感觉上的差异。此外，裸露木构架的民居建筑，由于围护结构比较通透，内、外空间便会有更多的机会相互贯穿渗透。这从一方面看家庭生活的私密性可能会受到某种程度的削弱，从另一方面看却可以使家庭生活更接近自然，或者使家庭生活有可能与公众活动相互联系并参与到公众活动中去。最典型的例子如桂北民居，不仅开窗大，而且有的部分甚至不加围护，致使内外空间相互连通而融为一体。这样，就为接近自然或接近公众活动创造了有利的条件。对比之下，福建的土楼或贵州的石头寨便显得壁垒森严，甚至神圣不可侵犯了。

2 桂北民居，以木构架作为建筑物的主体结构，并于主体建筑之外又悬挑出木格架，加之某些部分不予围护，从而给人以极其轻巧、空灵、通透的感觉。

4 桂北某村落的公共活动中心，右侧为戏台，中央为鼓楼，左侧为民居建筑，由于处理得十分通透，将有助于家庭生活更加接近公众活动。

1 桂北某村的入口部分，以木构架支撑的建筑物全部透空，从而给人以玲珑剔透的感觉，若非采用木结构，便不可能获得这样的效果。

3 桂北某民居建筑，由于十分通透从而使内外空间可以相互贯穿、渗透，居住于这样的建筑物中无疑将可以接近大自然。

5 桂北民居，建筑物支撑于高低不同的基地之上，给人的感觉极为通透。

○地方材料·构造做法（8）

竹篱茅舍，也是民居建筑所特有的一种形式，在人们的心目中它可能被视为最低级简陋的一种类型，但是较贫困的地区便只能因陋就简，以最低廉、甚至仅需花费少量的劳力便可以获得的材料——稻草、茅草、海带草等来覆盖屋顶，以起到避风雨、御寒暑的作用。与瓦相比，以草为顶的民居建筑自然不够经久延年，但是它也并非一无所长，至少在保温隔热方面比瓦屋顶更为优越。由于热惰性大，便有助于保持冬暖夏凉。竹篱茅舍虽然简陋，但却颇富诗意。唐代两位大诗人杜甫和白居易分别在成都和庐山建有"草"堂，以草而冠其堂，究竟是真的清寒抑或附庸风雅，尚难以定论。但是以草、竹等天然材料做成的竹篱茅舍虽不免简陋，但确实可以获得以朴素、淡雅、恬静为特点的、浓郁的田园风光和乡土气息。

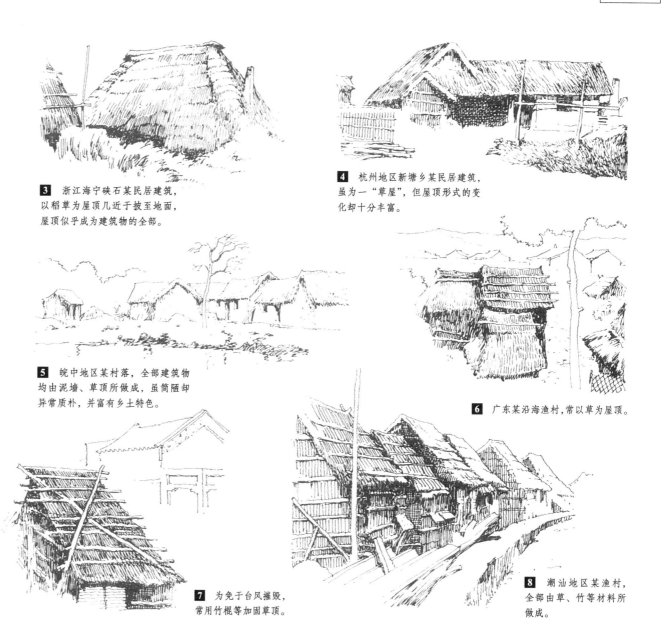

3 浙江海宁硖石某民居建筑，以稻草为屋顶几近于披至地面，屋顶似乎成为建筑物的全部。

4 杭州地区新塘乡某民居建筑，虽为一"草屋"，但屋顶形式的变化却十分丰富。

5 皖中地区某村落，全部建筑物均由泥墙、草顶所做成，虽简陋却异常质朴，并富有乡土特色。

6 广东某沿海渔村，常以草为屋顶。

1 以稻草为屋顶的民居建筑。

2 以海带草为屋顶的渔民民居建筑。

7 为免于台风摧毁，常用竹棍等加固草顶。

8 潮汕地区某渔村，全部由草、竹等材料所做成。

○质感·肌理（1）

与地方材料直接相联系的是质感和肌理。对于民居建筑来说，由于各地区的自然条件不同，所能提供的天然材料自然也各不相同，加之绝大部分民居建筑又任其天然材料直接袒露，于是便产生了各自独特的质感和肌理效果。除少数地区的材料比较单一外，绝大多数民居建筑都是由若干种材料所建成的，其中一部分是属于未经加工的天然材料如土、石等；另一部分属于略经加工的天然材料如土坯、条石、木材等；自然，还有一部分则属于人工制品如砖、瓦等。这些材料在质感和肌理上都各有其特点：如土之松软、圆浑，砖、石之粗糙、坚硬，木材之细腻、光滑，瓦之隆起、皱褶等，如果把这些材料凑在一起，必然会借质感的对比和变化而获得良好的观赏效果。此外，由于某些材料的加工、砌筑方法又因地区的传统习惯而不尽相同，和以工业化制品为基本构件而建造的现代建筑相比较，必然带有极为鲜明的乡土特色。

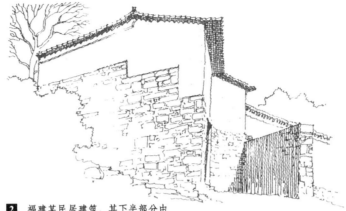

2 福建某民居建筑，其下半部分由乱石所砌筑，质地极其粗糙，上半部分则由生土所筑成，较平整、细腻，两者的对比十分强烈。

4 浙江丽水某村镇，建筑物的墙基由圆浑的卵石所砌筑，墙面为光滑、平整的白粉墙，两者的质感对比极强烈。加之地面又由条石和卵石所铺陈，其质感、肌理变化也是十分丰富的。

小青瓦的质感、肌理特点。

各种天然石料的质感、肌理特点。

3 福建某民居建筑，围墙部分呈冰纹状的虎皮石墙面，远处的山墙为生土所筑就，加之还有木构架和小青瓦屋顶，其质感和肌理的对比和变化十分丰富。

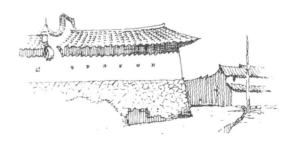

5 福建某民居建筑，墙基是冰纹状的虎皮石面，屋顶为隆起、皱褶的小青瓦屋面，夹于两者之间的是平整、光滑的墙面，三者之间具有极其强烈的对比关系。

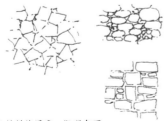

1 不同地方材料的质感、肌理各不相同，借相互对比可获得良好效果。

○质感·肌理（2）

美国著名建筑师赖特对于天然材料曾表现出很大的兴趣。在他看来建筑师只有充分地了解材料的特性才能设计好房子，他还主张要直率地表现材料而不加任何掩饰。在他设计的许多建筑，特别是"草原式"住宅中，对于砖、石、木、瓦等都经过巧妙地组合并充分表现其独特的质感和肌理，从而获得了极为良好的视觉效果。他所倡导的"有机建筑论"，就包含充分了解自然并再现自然的意思。民居建筑的匠师们当然不可能有什么理论作指导，但是在长期的实践中必然会积累极其丰富的经验，并熟知各种材料的性能，从而最恰当地给它们安排用场。从大量的实例中可以看出，不同地区的民居建筑，都因合理地使用当地所盛产的天然材料和经过简单加工的砖和瓦，从而赋予民居建筑以独特的肌理和质感效果。以上所讨论的虽属于单体建筑的外观，要是从村镇的整体景观看，如果各单体建筑都具有相同或近似的质感和肌理，那么整体的统一和谐便会得到充分地保证。

2 湘西某民宅的入口处理，以条石砌筑台阶，以块石砌筑墙体，以木材做门扉及装修，以青瓦覆顶，几种材料各得其所，从而获得极好的肌理、质感对比。

3 某藏族民居，以块石砌筑的墙体，质地粗糙而坚实、厚重，与木结构的门窗、挑台相组合，便可获得强烈的对比。

4 某福建民居，为防止雨水侵蚀，墙身的下半部分用乱石砌筑，接近檐下的部分为生土所筑成，屋顶部分则由青瓦覆面，各种材料均充分发挥各自的性能，组合成为整体后必然可以获得丰富的质感、肌理变化。

1 民居建筑的匠师们，熟知材料的性能，并合理地安排用场，使其各得其所，从而获得良好的质感效果。

5 以砖石砌筑的拱桥，也会以其粗犷的质地而与木结构的建筑物构成极其强烈的对比。

○虚与实（1）

　　和地方材料相联系的另一个问题是虚与实的对比关系。一般来讲，凡是以砖、石、生土等材料作为围护结构的，其开窗面积都比较小，从建筑物外观上看均敦实而厚重。除材料外，气候条件也会产生重要影响，例如日温差变化悬殊的地区，为使室内外温度保持正常的变化幅度，都力求尽量减少开窗面积并加大墙的厚度，以避免外界气温变化所造成的不利影响，致使建筑物显得异常封闭而厚重。闽、粤一带的民居建筑，按结构、材料和气候条件本应开敞而通透，但是某些民居如客家的土楼，由于历史原因他们的祖先由中原地区迁徙至此，为防止当地居民的侵袭，出于安全防卫的需要，其外墙也极少开窗，致使外观显得十分封闭。虚实变化不仅影响到单体民居建筑的外观，而且对村镇聚落的整体环境的气氛也会产生十分重要的影响。例如新疆的喀什或吐鲁番地区少数民族聚居的村镇，由于界定外部空间的主要界面均为实的墙面，空间的范围和领域感比较明确，从这一空间走向另一空间时，其节律的变化便易于被人们所感知。特别是由于室内外空间泾渭分明，每当人们从内部空间走至外部空间时，人们在心理感受方面便经历由凉爽至酷热，由暗淡至光亮，由封闭至开敞等强烈的对比。

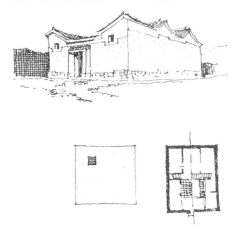

1　云南一颗印民居建筑，四面由实墙所围护，仅在正面开一个门及两个很小的窗孔，虚实对比异常强烈。

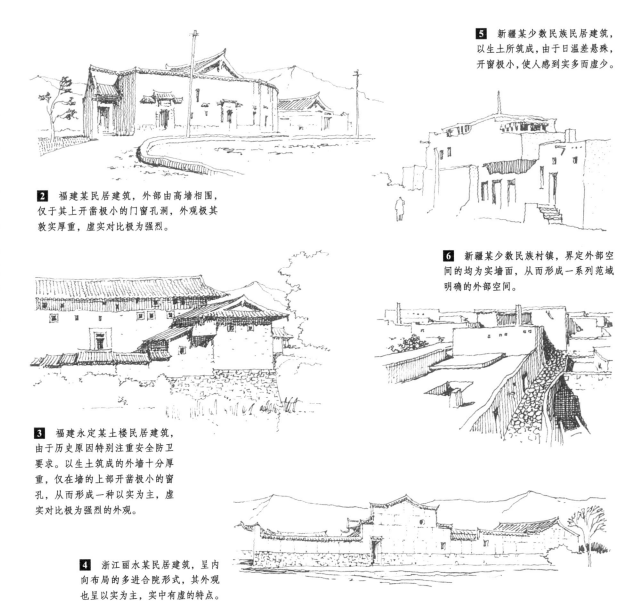

2　福建某民居建筑，外部由高墙相围，仅于其上开凿极小的门窗孔洞，外观极其敦实厚重，虚实对比极为强烈。

3　福建永定某土楼民居建筑，由于历史原因特别注重安全防卫要求。以生土筑成的外墙十分厚重，仅在墙的上部开凿极小的窗孔，从而形成一种以实为主，虚实对比极为强烈的外观。

4　浙江丽水某民居建筑，呈内向布局的多进合院形式，其外观也呈以实为主，实中有虚的特点。

5　新疆某少数民族民居建筑，以生土所筑成，由于日温差悬殊，开窗极小，使人感到实多而虚少。

6　新疆某少数民族村镇，界定外部空间的均为实墙面，从而形成一系列范域明确的外部空间。

○虚与实（2）

要是走进桂北侗族人民聚居的村镇，那么气氛便全然不同了。这里的民居建筑几乎全部由木材所建成，不单主体结构采用木构架，就连围护结构也一律使用木材。加之冬季温暖而夏季炎热，致使围护结构失去了它应有的价值和意义。反映在建筑物的外观上便呈现出罕见的空灵和通透。这样的建筑，要是论虚，似乎已经达到了至极的程度。生活在这样的村镇中，由于内、外空间的互相穿插渗透，其相互之间的范域和界线似乎也变得模糊不清了。新疆民居和桂北民居可以说分别代表了以实为主和以虚为主的两种典型。其他地区的民居建筑有的接近于前者，如福建的土楼，即以实为主，实中有虚；有的接近于后者，如云南西南部的干阑式民居建筑，即以虚为主，虚中有实。但是就大部分地区来讲一般均属于虚实参半，不过虽说是虚实参半，但却不意味着平分秋色而各占半斤八两。具体到每一幢民居建筑，在围与透的处理上都必然有自己的特点，这反映在建筑物的外观上，必然呈现出千变万化的虚实对比和变化。

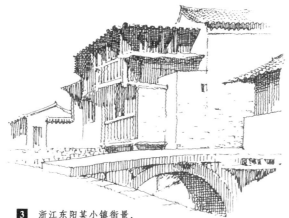

3 浙江东阳某小镇街景，就整体看也可说是虚实参半，但就单体看却有的以虚为主，有的则以实为主。

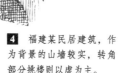

4 福建某民居建筑，作为背景的山墙较实，转角部分挑楼则以虚为主。

5 浙江某民居建筑，其虚实对比主要表现在上、下两部分之间，上半部分以虚为主，虚中有实；下半部分以实为主，实中有虚。

1 就每一幢民居建筑而言，其虚实关系都各有特点。上图所示的民居建筑可以说是虚实参半：其左上部分以虚为主，虚中有实；其右下部分则以实为主，实中有虚。

2 根据上图所示的民居，并把它抽象成为黑白图案，以黑表示虚，以白表示实。

6 云南丽江民居，下半部分极为敦实，上部却集中地开了许多窗户，从而形成上虚下实的对比。

7 浙江嵊州市某村镇，前沿的建筑以实为主，唯转角处高出的楼房以虚为主；后面的建筑则以虚为主，虚中有实。

○虚与实（3）

在民居建筑中所呈现的虚实对比和变化，并非出于人们的主观愿望，而是与各方面的条件制约有某种内在的联系。具体到各个民居建筑，由于各自的功能使用要求不同，所处地区的气候条件不同，方位和朝向不同，结构构造做法不同，乃至风土人情和生活习惯不同，在围与透的处理上必然各有其特点。由此，反映在建筑物的外观上必然呈现出各不相同的虚实对比与变化。这里特别值得强调的是民居建筑不同于官殿、寺庙、衙署等建筑，后者由于受到法式的限制较多，较严格，通常都比较程式化。虽然也有某种程度的虚实对比与变化，但其范围和部位都有一定之规，因而变化不多以至大同小异流于千篇一律。民居建筑则不然，它的围护方法全凭实际需要由居住者自行决定，于是便呈现出异常丰富多彩的变化。例如浙江、福建、四川以及皖南、湘西等地的民居建筑，由于墙面和户牖之间的相互搭配并巧妙地加以组合，常常使建筑物的外观充满生气、活力和变化。

1 在围与透的关系处理中，组合、搭配十分巧妙，致使虚实相生相长，你中有我，我中有你。

除虚、实外，尚有半虚半实的要素介于两者之间，如棂花窗之类即是。

虚实相生相长，虚中有实，实中有虚。

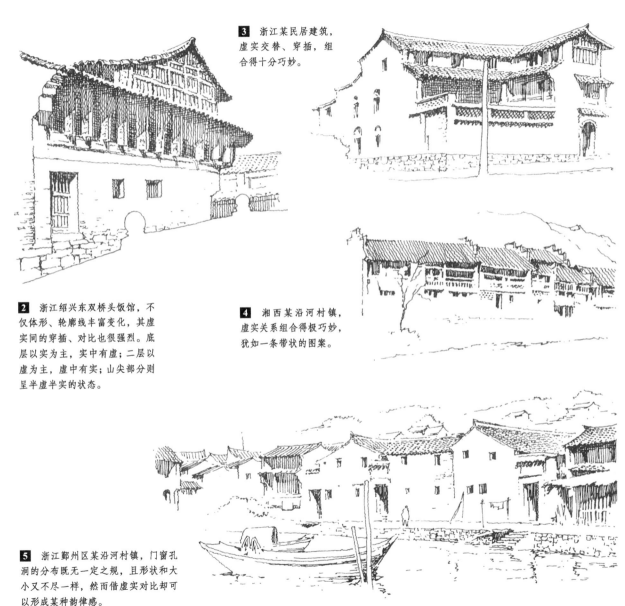

3 浙江某民居建筑，虚实交替、穿插，组合得十分巧妙。

2 浙江绍兴东双桥头饭馆，不仅体形、轮廓线丰富变化，其虚实间的穿插、对比也很强烈。底层以实为主，实中有虚；二层以虚为主，虚中有实；山尖部分则呈半虚半实的状态。

4 湘西某沿河村镇，虚实关系组合得极巧妙，犹如一条带状的图案。

5 浙江鄞州区某沿河村镇，门窗孔洞的分布既无一定之规，且形状和大小又不尽一样，然而借虚实对比却可以形成某种韵律感。

○色彩（1）

色彩也和地方材料保持着直接和紧密的联系。民居建筑不同于其他类型的建筑，譬如官殿、寺庙等，往往可以通过修饰而获得极其富丽的色彩效果。民居建筑虽然因地区文化传统不同，也可以借助油漆、彩画来粉饰建筑，但绝大多数地区均由于财力、物力、人力所限，没有条件来修饰自己的住房，而任原材料裸露于外，这就意味着用什么样的材料来建造民居建筑，其外观便呈现什么样的颜色。例如新疆和西北地区，绝大部分民居建筑由生土所筑成，加之地区干旱少雨，植被的覆盖率极为有限，除罕见的几处绿洲外，几乎全然是一片黄土高原，在这样的环境中，无论是民居建筑本身以及村镇的整体环境，乃至烘托它们的环境背景，大地山川，全部笼罩在赭黄色的基调之中，从而形成了极其鲜明的地域特色。此外，在分析环境色彩时不仅要看到山川、大地、屋宇，也不应当忘却天穹的那一部分。西北地区既然干旱少雨，多数时间必然是朗朗晴空，湛蓝色的天穹烘托着暖黄色的大地、山川、屋宇，从色彩的角度看必然构成极其强烈的对比。

1 新疆、西北地区的民居建筑，多由生土所砌筑，其色彩呈赭黄色，虽不免单调，却能与环境保持统一和谐。

建筑物本身是由生土所筑成，呈土黄色基调，门窗孔洞很小，可与之形成色彩对比。

由于干旱少雨，经常为晴朗天气，湛蓝色的天穹恰与建筑物构成强烈对比。

自然环境一般为沙漠或黄土高原，与建筑物呈同一色调。

2 新疆吐鲁番交河古城遗址，保留下来的断墙残垣由生土所筑成，呈土黄色，与淡紫色远山及天穹形成强烈对比。

3 山西平陆某窑洞民居，依山开凿的窑洞与自然环境融合为一体，并以其暖黄的色彩与湛蓝色天空形成对比。

4 某下沉式窑洞民居，完全融合于黄土高原的金黄色大地之中，色彩虽一致却不免流于单调。

5 甘肃省南部某藏族民居，建筑物、大地及环境均呈赭黄色，唯门窗、远山、天空呈紫、蓝色，借此可形成对比。

6 甘肃省甘南某藏族民居，大面积的窗户、远山、少许绿树在这里均可起到丰富色彩变化的作用。

○色彩（2）

新疆、西北地区的村镇环境，其色彩基调虽然特色鲜明，但是由于色彩过分单一，总不免有枯燥、单调的感觉。如果在这种基调的基础之上掺进其他色彩，地域特色虽不免有所削弱，但枯燥、单调的感觉也将随之而得到某种程度的改善。例如福建的土楼和云南一颗印民居建筑，其主体墙面虽然由赭黄色的生土所筑成，但是屋顶部分却由深灰色的小青瓦所覆盖，单就建筑物本身来看，由于增添了一种色彩，便不显得过分单调。加之这些地区的气候条件比较优越，特别是福建一带温暖而湿润，有利于多种植物的繁衍与生长，致使植被覆盖面积大，林木枝叶繁茂，这些自然条件都极大地丰富了环境的色彩变化。从村镇的整体看，远有青山，近有绿水作为建筑物的衬托，其色彩变化便远远胜过了西北地区。

2 福建永定地区的土楼建筑，墙体由生土所筑成，呈暖黄色，屋顶由青瓦所覆盖，呈青灰色，在青山、绿水、绿树的衬托下，色彩变化较为丰富。

4 福建某村落景观示意，背山而临田畴，建筑物的墙面由生土所筑成，呈浅黄色，屋面为青瓦，呈深灰色，在远山、田畴的衬托下，其色彩既调和又富有变化。

1 福建民居的色彩分析：由生土筑成的墙体呈土黄色，由青瓦覆盖的屋面呈深灰色，木装修部分施以油漆，一般呈栗皮色。由于福建省气候潮湿温暖，极有利于植物的生长，因而环境色彩十分丰富，加之有远山的衬托，其色彩层次丰富变化。

3 福建某民居建筑，由土坯砌筑的墙体其罩面已经剥落，但均呈土黄色，由青瓦覆盖的屋面呈深灰色，在环境色彩的衬托下，建筑物的色彩能给人以朴素淡雅的感觉。

5 福建永定地区的土楼民居建筑，黄墙黛瓦掩映于青山绿水之间，十分典型地表现出该地区的环境及村镇色彩特点。

6 福建永定地区的民居建筑，在一片青瓦的覆盖下微露出土黄色墙面，能给人以清新淡雅的感觉。

○色彩（3）

江南一带的民居建筑其色彩特征主要表现在粉墙黛瓦的强烈对比之间。黑（深灰）与白虽然可以被摒除在"色彩"的范畴之外，但明、暗对比却异常强烈。此外，在自然环境中又很少见到这两种颜色，因而便显得格外突出。粉墙，严格地讲是属于一种修饰，而并非乡土材料的直接裸露，可能是由于江南一带多雨，筑土的墙体容易被雨水所侵蚀，而用石灰加以粉饰后便可以起到保护的作用。此外，洁白的墙面与青灰色的屋顶相互衬托对比，又能给人以清新淡雅的感觉，以致用青砖砌筑的空斗墙即使没有防水的要求，也每每用石灰罩上一层洁白的外衣。这样，每当杏花春雨的季节，霏霏细雨溅湿了的屋顶格外深沉，黑白相间的民居建筑掩映于鹅黄嫩绿的枝叶丛中，特别有一番江南水乡所独具的诗情画意。

1 典型江南民居建筑的色彩配置分析：墙面以石灰罩面，呈洁白的"颜色"，屋顶以小青瓦覆盖，呈深灰色，窗棂等木装修一般油漆成栗皮色，几者相配合既统一和谐，又有强烈的明暗对比。

深灰色的青瓦屋顶

栗皮色的木装修
洁白的墙面

2 苏南某小镇街景片断，以粉墙黛瓦两种基本色调相互组合搭配，色彩清新淡雅。

3 皖南某民居建筑，大面积的墙面为洁白的粉墙，仅在檐口饰以青瓦，黑白之间的对比很强烈。

4 苏南某小镇巷道景观示意，粉墙、黛瓦、卵石地面分别呈白、深灰、淡赭等色调，色彩明快、淡雅、清新。

5 皖南黟县宏村，粉墙、黛瓦的民居建筑在青山、绿水、绿树的衬托下，其整体环境的色彩既富有变化，又能给人以清新、高雅的感觉。

○色彩（4）

　　湘、桂、黔一带的民居建筑，通常以木材作为主要围护结构，台基部分多由石块所砌筑，屋顶部分则仍由青瓦所覆盖，建筑物的主要色彩分别反映这三种材料的本色：屋顶为深灰色，墙身部分为褐色，台基部分视石料质地不同呈暖灰或冷灰色，这三种颜色都不同程度地包含有灰的因素，三者组合在一起既有色彩和明度上的变化，又沉着稳定，十分协调。由这些基本色调构成的村镇整体，极易融合在大自然界的色彩环境中，并能给人以亲切的感觉。特别是新春佳节之际，家家户户都在自己的门外贴上春联、门神之类的吉祥饰物，这些饰物由于色彩单纯而鲜艳，在灰褐底色的衬托下十分醒目，常常可以形成欢乐喜庆的气氛。以青砖灰瓦两种材料建造的民居建筑，其色彩最为单调。例如北方的四合院民居建筑就属于这种类型，如果说它在色彩上也可能产生某种变化的话，那么也只能集中在入口部位的处理上。例如门扇可以油漆成朱赤的颜色，门头上的额枋、门簪等装饰间或可以有一点彩画作点缀。这种方法其作用犹如前面所说过的以春联、门神等来丰富色彩变化。

1 湘、桂、黔一带民居建筑的色彩分析：

屋顶部分以青瓦覆盖屋面，其色彩呈深灰的颜色。

以木材作围护结构和门、窗呈褐色，也包含有灰的成分。

以石块砌筑的台基，视石料的不同，有的呈暖灰的色调，有的则呈冷灰的色调。

2 广西桂林以北一带的侗族民居建筑，多以深灰、褐等色作为基本色调，极易与自然环境相调和。

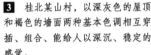

3 桂北某山村，以深灰色的屋顶和褐色的墙面两种基本色调相互穿插、组合、能给人以深沉、稳定的感觉。

4 桂北某山村，由于建筑物主要由灰、褐等色调所组成，而远山、近景中也包含有很多灰的成分，这样便可以形成色彩调和的画面。

5 桂北某山村，沿山坡而建，建筑物与远山、大地、树木等在色彩关系上既调和又富有变化。

○新沙岛《农家乐》民俗旅游村规划

　　新沙岛位于杭州西南富阳市境内，是富春江上一个景色秀丽的小岛。现住有百余户农家，主要以传统种植业和副业为经济来源，除农田外还辟有桑林、果林和菜园。此外，还很好地保持了江南地区具有传统特色的手工业生产技术，如土法造纸、养蚕缫丝、手工编织等。山青水秀的自然风景和具有江南特色的风土人情，为建造"农家乐"民俗旅游区创造了十分有利的条件。规划设计的总体构思为：结合现有的自然风貌、村舍和生产、生活情况，把江南地区传统的生活环境、风土人情、耕作及手工业生产技术以及伦理道德观念融合为一体，典型化地再现江南地区传统的农家生活状况。新规划的主要景点有四处：即稻香村、作坊村、渔火村及桃源村，除作坊村外，其他三处均与旅游旅馆相结合，即采用分散的方法，按农舍的形式来设计旅馆。除此之外还设有渡口、新沙古道、送清书院、芳踪野径、放牧草甸、桑榆茶社、武陵渡、磨坊、帐篷旅馆、江边浴场、春江花月亭等景点二十多处。

SCALE

HORTH

新沙岛"农家乐"民俗旅游区总平面示意

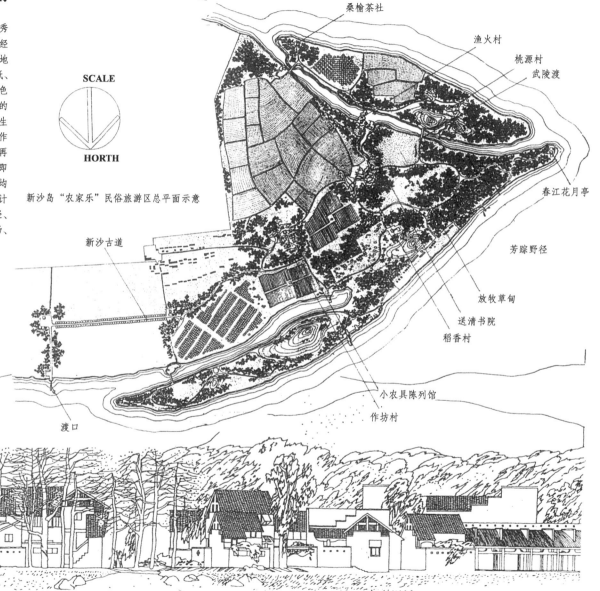

桑榆茶社
渔火村
桃源村
武陵渡
春江花月亭
芳踪野径
放牧草甸
送清书院
稻香村
小农具陈列馆
作坊村
新沙古道
渡口

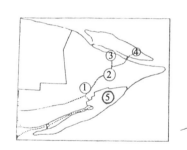

1. 作坊村　　4. 桃源村
2. 稻香村　　5. 江上公园
3. 渔火村

稻香村立面示意图

○稻香村（1）

稻香村位于新沙岛规划范围的中心部位，是整个旅游区的核心。经由它南可至渔火村、桃源村；西可至放牧草甸和春江花月亭。该村主要是为游人提供居住、饮食及娱乐活动的场所。设计以江南村落为原型，通过要素与关系的整合，运用场所的概念，从空间感受和联想多方面入手，对于传统村落环境进行再创造。村落可分为三部分，中央部分以"祠堂"为中心，环绕着"月塘"分别设置服务中心和观稻长廊；东部为娱乐活动中心；西部及南部则是农舍形式的旅游村，这一部分采用自然村落的布局形式，以单栋的"民居"为单元，并借"街"、巷、院落为脉络从而组合成为整体。为了增添生活情趣，还自月塘的西侧引出一条小溪，称为"浣纱溪"，可供村民汲水、洗衣、淘米之用，也可喂养鹅、鸭等家禽。右图所示为稻香村的总平面图；下图所示则为村中心部分的空间及建筑体形、细部处理。从图示中可以看出既吸取了传统村镇布局的某些特点，同时又作了许多创新。

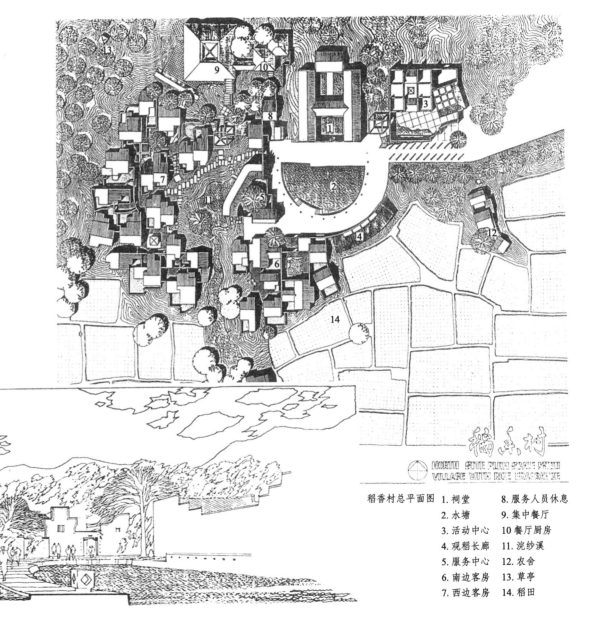

稻香村中心剖面透视示意

稻香村总平面图

1. 祠堂
2. 水塘
3. 活动中心
4. 观稻长廊
5. 服务中心
6. 南边客房
7. 西边客房
8. 服务人员休息
9. 集中餐厅
10. 餐厅厨房
11. 浣纱溪
12. 农舍
13. 草亭
14. 稻田

○稻香村（2）

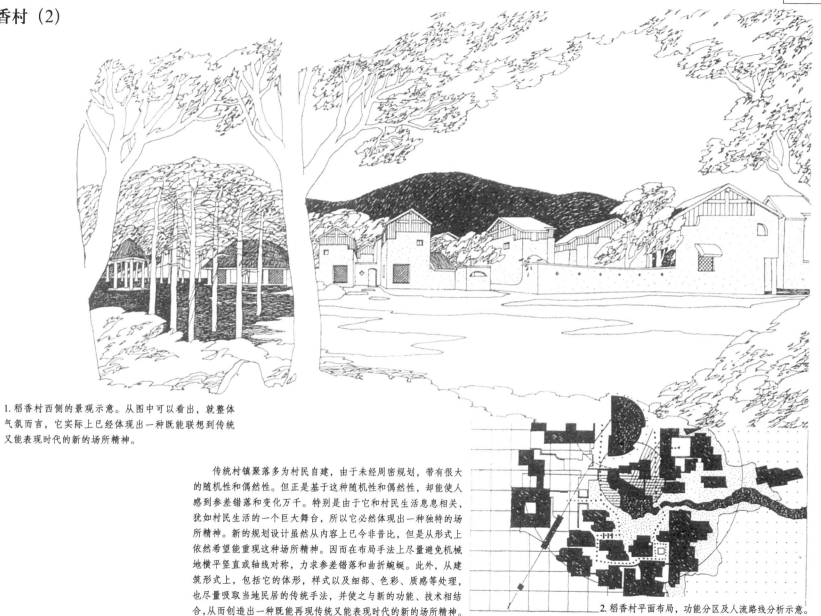

1. 稻香村西侧的景观示意。从图中可以看出，就整体
气氛而言，它实际上已经体现出一种既能联想到传统
又能表现时代的新的场所精神。

  传统村镇聚落多为村民自建，由于未经周密规划，带有很大
的随机性和偶然性。但正是基于这种随机性和偶然性，却能使人
感到参差错落和变化万千。特别是由于它和村民生活息息相关，
犹如村民生活的一个巨大舞台，所以它必然体现出一种独特的场
所精神。新的规划设计虽然从内容上已今非昔比，但是从形式上
依然希望能重现这种场所精神。因而在布局手法上尽量避免机械
地横平竖直或轴线对称，力求参差错落和曲折蜿蜒。此外，从建
筑形式上，包括它的体形，样式以及细部、色彩、质感等处理，
也尽量吸取当地民居的传统手法，并使之与新的功能、技术相结
合，从而创造出一种既能再现传统又能表现时代的新的场所精神。

2. 稻香村平面布局，功能分区及人流路线分析示意。

○稻香村（3）

稻香村西部的农舍式旅游村，采用以单元组合的方法拼合而成为整体，每一单元的主体部分——起居室——基本相同，但是次要部分如卫生间、入口门厅等则可以有多种形式的变化。考虑到旅游对象可能由不同层次或不同人员组成，在进行组合时可随意增减其卧室，这样可以形成多种多样的"住户"。中国传统民居多与庭院相结合，在进行组合的时候也按照这一原则使每一独立"住户"都带有一个小院。这种小院不同于四合院的内天井，而是依附于建筑物的一侧，这样在形状上便可以有自由灵活的变化，正是利用这种变化，从而给群体组合创造了极其多样的可能性。村西部分的"农舍"多为两层的楼层建筑，视不同情况，楼上下可以供独家使用，也可供两家分别使用。由于群体组合充满了变化，反映在整体立面及外轮廓线上必然是高低错落。

稻香村西部农舍式旅游村总平面示意　　　　稻香村西部农舍式旅游村整体立面示意

Z

稻香村　旅舍

○稻香村（4）

在规划设计中，不仅要处理好各单体建筑的内部空间及外部体形，同时还要处理好外部空间。对于自然村镇来讲，其外部空间几乎全是偶然形成的，这是因为谁家在盖房子时所关注的都是房屋本身，房子以外的部分便听其自然，致使外部空间变得异常曲折并残缺不全。这种情况本不足为道，但却真实地体现出自然村镇的特点。鉴于此，在旅游规划设计中，为再现传统村镇独特的场所精神也极力使外部空间呈不规则的形式。但是这种不规则却是经过精心地推敲研究，所以从层次上讲却不能与传统的自然村落同日而语。在新规划设计的方案中，其外部空间不仅尺度小巧亲切，而且充满了大小、形状、宽窄、开敞与封闭等对比和变化。除此之外，还将形成完整的空间序列，当人们穿越这一序列时，处处都可以摄取到优美的画面。本图所示，即为稻香村西部空间序列分析。

稻香村西部客舍外部空间轴侧透视图

稻香村局部平面

稻香村西边客房区巷道景观示意

1. 小巷入口
2. 窄巷
3. 拱门
4. 结点 1
5. 主巷口
6. 巷道接头处理
7. 主巷
8. 结点 2
9. 井亭
10. 曲墙
11. 拱门
12. 小巷

西部客舍轴侧透视图

○稻香村（5）

　　村南部分的客舍规模较小，并多为平房。这里也是借相同单元而组合成为整体的。基本单元由起居室兼卧室所组成，个别单元外加一个卧室。群体组合以一个正方形的水院为中心，其四周环绕着独立式的单元或两相毗连的单元。紧邻于水院的部分布局较严整，水院西侧的部分则比较自然而曲折，这样，从整体上看便可以借严整与自然的对比而获得气氛上的变化。方形水院自然会使人联想到中国传统的四合院，但所不同的是四合院仅服务于一家一户，而这里的方形水院则联系着许多户的人家，所以实际上起着交通枢纽的作用，通过它可以把人流直接或间接地分散到各家各户。再从形式上看，四合院全部由建筑物所围合而形成空间院落，其形式十分呆板，而这里的水院有相当一部分是以院墙所围合，由于院墙的形式可以自由处理，由此界定出的空间院落自然也会产生多样性的变化。

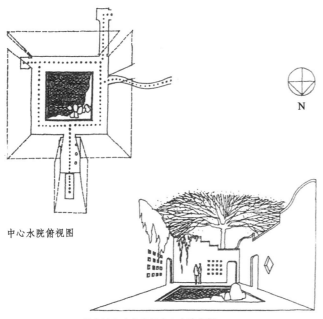

中心水院俯视图

稻香村南边客房区中心水院空间

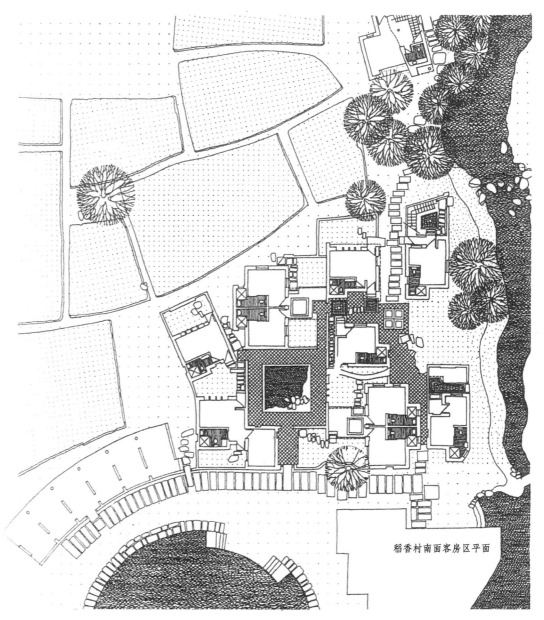

N

稻香村南面客房区平面

○作坊村 (1)

　　作坊村位于稻香村之东，是一个兼有商业和陈列性质的旅游点。其作用一方面是经营富阳一带的土特产品。另一方面是将江南地区的手工业生产、交易状况以及民间的文化娱乐活动典型化地再现出来。为此，在村中议置了造纸、竹编、刺绣、缫丝、酿酒、榨油以及手工艺品等制作作坊，故名之为作坊村。此外，还设置了茶楼、酒肆、风味小吃等饮食服务部门。作坊村的设计力图反映这一独特的功能特点。村落整体布局基本上是以两条相互垂直的"街道"为主干而进行组合的。但在处理上却力求自由曲折，而打破一般街道固有的呆板的感觉。两条街道的交会处为一中心广场，其周围均为茶楼、酒肆等服务设施，广场北侧设一戏台，每当节日便张灯结彩，鼓乐齐鸣，村民们可在此进行各种娱乐活动。村北则为各种不同的作坊，按前店后坊的原则，既出售产品又进行制作，并可供游人参观。乃至为游客参与制作提供方便条件。在规划设计中还吸取了我国传统的造园手法，并使建筑物与庭院，内部空间与外部空间相互渗透、穿插，从而形成有机统一的整体。

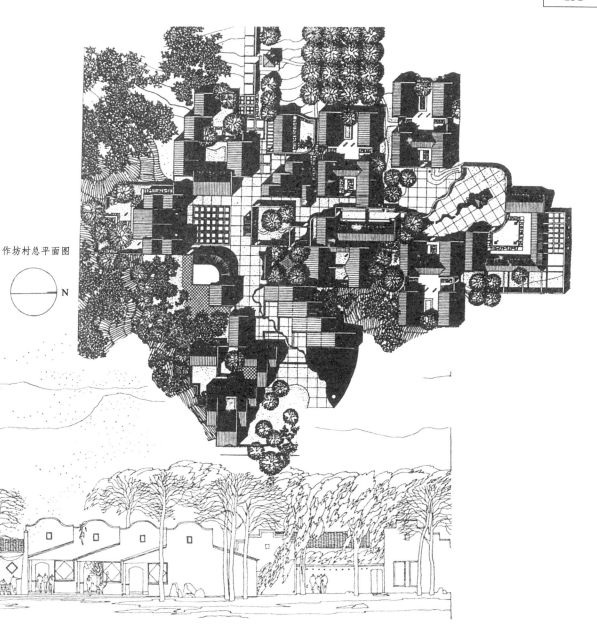

作坊村总平面图

N

作坊村东立面图

○作坊村（2）

和稻香村一样，为了再现江南一带传统村镇独特的
场所精神，作坊村也十分注重外部空间的处理。在前面
已经提到，作坊村的整体布局基本上沿着"丁"字形相
交的两条街道空间展开，但是为了破除单调以求得变化，
在这里所谓的"街"已完全不同于传统的街，由于店铺
参差错落地排列，致使街道空间忽宽忽窄，加之某些部
分又引进了一条曲折蜿蜒的小溪，不仅极大地丰富了外
部空间，而且还使之具有庭园空间所独具的盎然的诗意。
此外，在空间序列的组织上也作了精心的安排，不论你
从哪一个方向走进作坊村，处处都会引人入胜，并向人
们逐一展现一系列的优美画面。

1. 综合服务部　　11. 风味小吃
2. 铁匠铺　　　　12. 庭院
3. 榨油作坊　　　13. 竹编作坊
4. 茶肆　　　　　14. 花灯小店
5. 酒楼　　　　　15. 缫丝作坊
6. 点心作坊　　　16. 刺绣作坊
7. 小戏台　　　　17. 造酒作坊
8. 广场　　　　　18. 造纸作坊
9. 豆腐作坊　　　19. 水半亭
10. 室外小吃　　　20. 村边草亭

作坊村总平面图

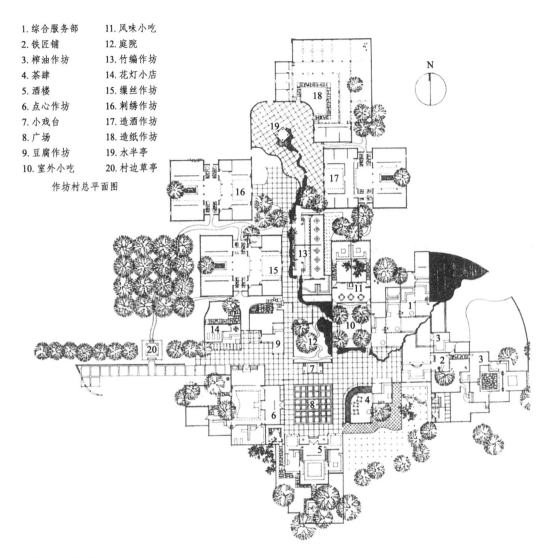

作坊村外部空间序列及景观示意图

1. 北入口　　5. 庭院　　　9. 巷口处理
2. 油坊　　　6. 茶肆　　　10. 巷内处理
3. 庭院入口　7. 酒楼　　　11. 南入口草亭
4. 照壁　　　8. 竹编　　　12. 水半亭一侧

○小农具陈列馆

小农具陈列馆位于作坊村附近，主要是用来展览传统的农业工具如犁、耙、水车、脱谷用的风车等。通过这种展出将会使人进一步了解江南一带昔日农业生产的旧貌。为了体现展出内容的特点，陈列馆从布局到形式都刻意模仿农舍的形式：即采用分散式的布局，但于分散之中又力求秩序与变化。至于建筑物本身则取半封闭、半开敞的形式。这主要是考虑昔日农家的小农具通常也不是放在正式住房之内，而是放在附属用房或披檐、敞廊之中。如果把建筑物设计得过于正规，犹如城市中常见的博物馆，便可能使展出内容与环境不相适应，以致有损展出的效果与环境气氛。在这一组建筑群中还特别使用了草屋顶，其目的也是为了增强自然、质朴和村野、田园情趣。此外，在环境处理上则尽量使之接近田园，并借围墙、篱笆、栅栏等小品的配置而使竹篱茅舍掩映于茂林修竹之间。

小农具陈列馆平面图

小农具陈列馆透视图

1-1 剖面图

○渔火村（1）

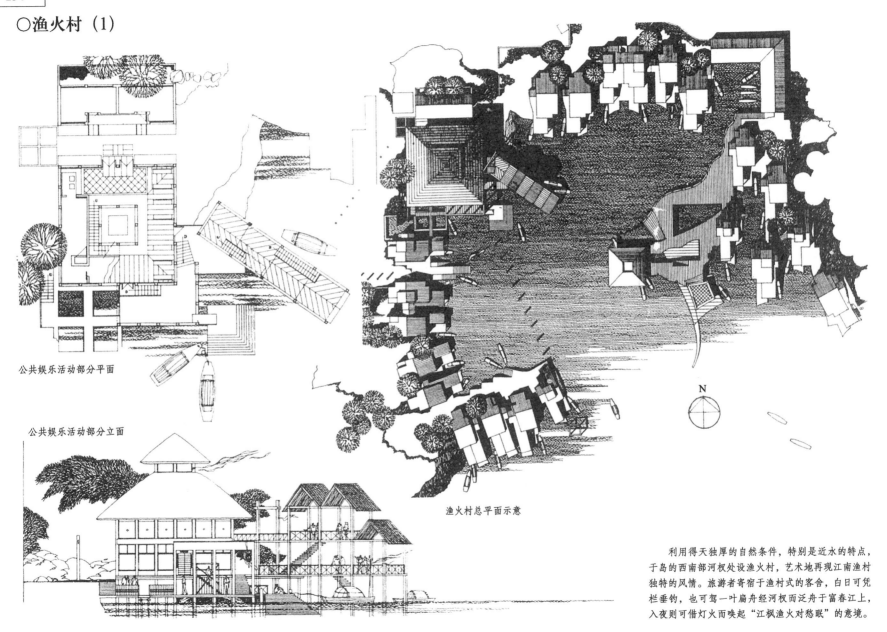

公共娱乐活动部分平面

公共娱乐活动部分立面

渔火村总平面示意

N

　　利用得天独厚的自然条件，特别是近水的特点，于岛的西南部河杈处设渔火村，艺术地再现江南渔村独特的风情。旅游者寄宿于渔村式的客舍，白日可凭栏垂钓，也可驾一叶扁舟经河杈而泛舟于富春江上，入夜则可借灯火而唤起"江枫渔火对愁眠"的意境。

○渔火村（2）

为便于下水作业，传统的渔村多临水而建，又考虑避免风浪的侵袭，渔村的选址最好处于河湾处。渔火村虽然并非渔民的村落，但为再现渔村，其选址和总平面布局仍然按照真正渔村的原则行事：即使各客舍沿着河湾的四周相互毗邻地布置，并且保证各家各户都尽量靠近水面，使人们有机会从居室的挑台乃至室内下几步台阶即可到达水边，并由此登舟出航。为此，单体建筑的平面布局常呈纵向延伸的单元式，既可以独立，又可以两两毗连。建筑物一般为两层楼房，底层为起居室，前面设有宽敞的平台，可在此凭栏眺望水景，也可从这里下到水边。楼上则为卧室，可自起居室经由开敞式的楼梯上到这里，由于比较安静，所以更加适合休息。除此之外还在屋顶层设有小小的阁楼，由于它比较高，在这里便可以远眺湖光山色。临水的建筑其外观应力求轻巧、空灵、通透，为此，渔火村的建筑应选择框架形式的结构，或为木，或为钢筋混凝土，或使两者相结合。

渔火村客舍单元平面图

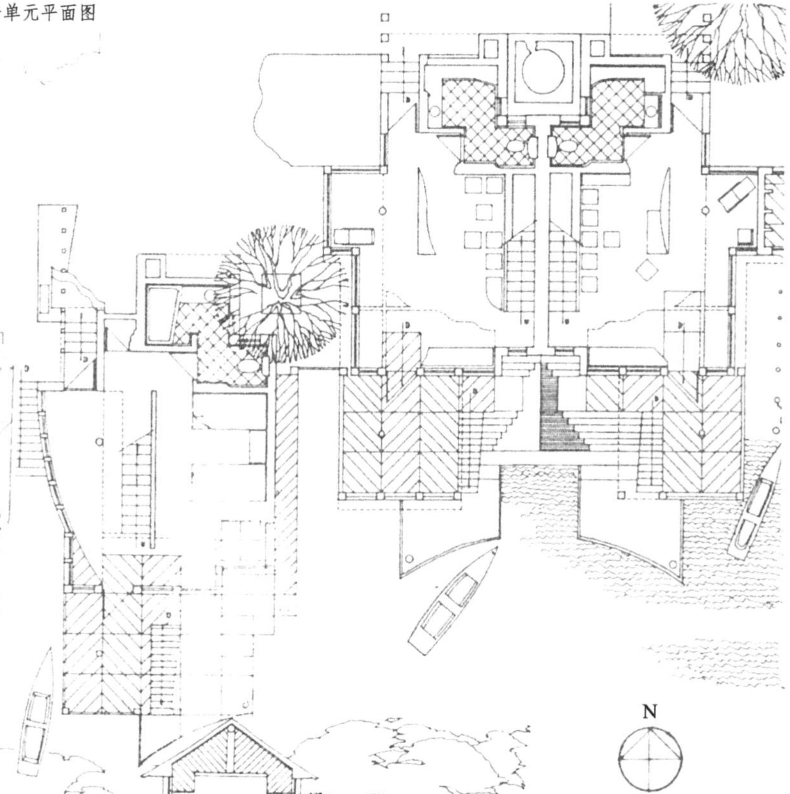

渔火村客舍单元轴侧透视图

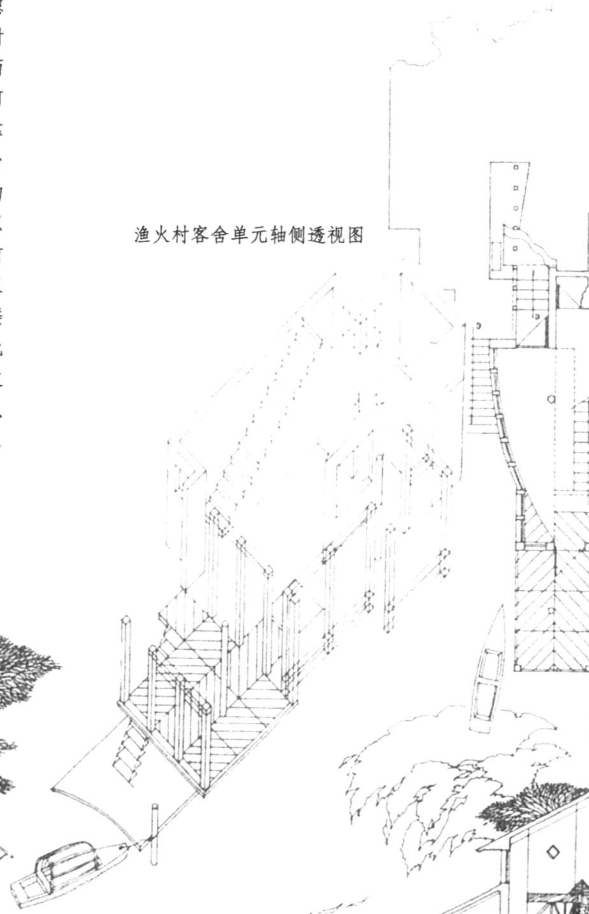

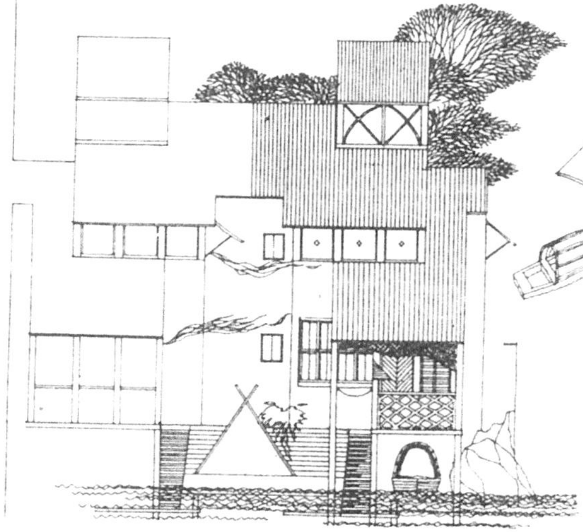

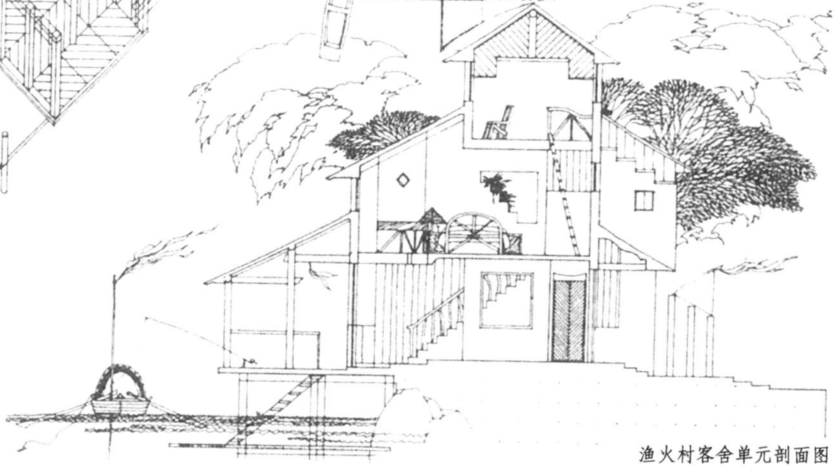

N

渔火村客舍单元剖面图

○渔火村（3）

在渔火村的整体布局中，除单元式的客舍外，还有两处属于公共性质的用房：一处位于西北角，规模较大，主要用作文化娱乐活动；另一处为一两层的"草亭"，位置较适中，主要供休憩、观景之用。于"草亭"的东面还有一个更小的河权，分别由六幢客舍所组成。单元的平面布局依然与前面介绍的大同小异，所不同的是临水的周界更长，其中有的是侧面临水，有的则几乎全部或大部分延伸到水面之中。由于和水的关系更加亲和，位于其中宛如置身于船上，因而将更能体现渔村的特点。

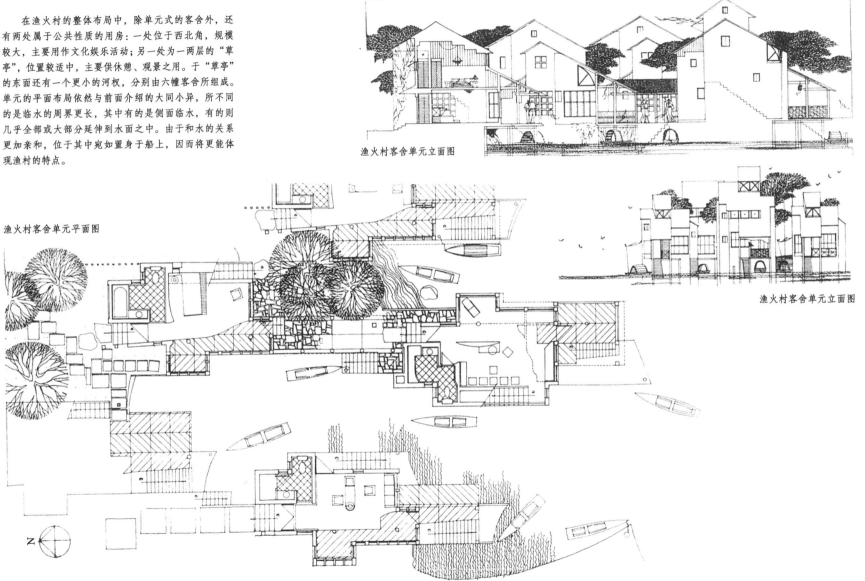

渔火村客舍单元立面图

渔火村客舍单元平面图

渔火村客舍单元立面图

○德夯村规划（1）

德夯村位于湘西首府吉首市近郊，是德夯风景区的中心地带。1972年该村毁于大火，现存民居简陋，不宜使用。德夯村的改造属景区的建设项目之一。在规划设计中作了详细的调查，并征询了村民意见。按调查结果确定了以下一些改建原则：改善居住条件，增添公共设施，并借此形成具有凝聚力的日常活动中心；在原宅居地内建房，完善街区和组团，增加整体的秩序感；尊重当地民俗，创造各级村民活动中心，保留场寨，使之成为德夯景区的中心场所，并成为已经形成的三条旅游线的交通枢纽；寨场设戏台一处，并与农贸小街相连。总之，在改建规划中必须既考虑吸收传统苗族民居中的积极因素，充分体现苗族建筑文化特点，同时又能满足现代生活的要求。德夯村以一条溪流为界，分成东西两部分，以东部为主，本页所示即为村的东半部分。

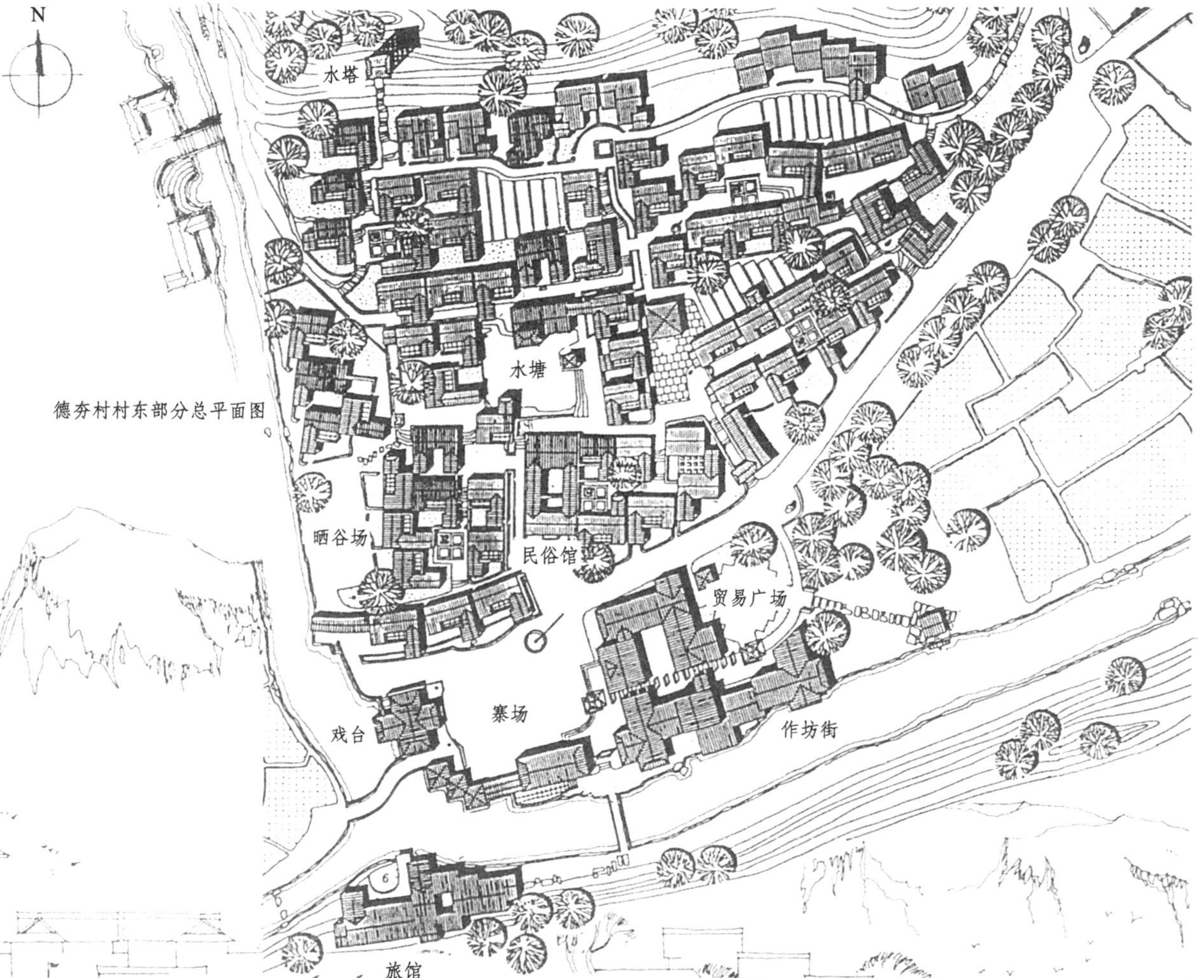

德夯村村东部分总平面图

水塔

水塘

晒谷场

民俗馆

贸易广场

戏台

寨场

作坊街

旅馆

德夯村村东部分立面图

○德夯村规划（2）

德夯村的西部住有近20户的居民。与东部相比，规模虽然比较小，但却可以把它看成是一个相对独立的组团。村西有两大特点：其一是比较宁静。由于有一条溪流把它与东部隔开，加之人口较少，公共设施比较简单，从而具有适合于人们居住的宁静的环境气氛；其二是比较紧凑。近20户人家依山傍水，紧紧地抱成一团，相互之间仅留有很小的空隙。根据这两个特点，新的规划仅作了少许的调整。即结合地形在原宅基的范围内使单体住宅尽量定型化，但为避免单调又使这种定型化的住宅分别呈几种类型。此外，即使采用同一定型的住宅，其附属部分也力求有所变化，以使与特定的地形、地貌能够取得有机的联系。从整体布局看还分别在桥头、右侧及后部留出三处较大的户外活动空间以满足各种公共活动的要求。

德夯村村西部分平面图

德夯村村西部分立面图

○德夯村规划（3）

　　德夯村的公共活动部分位于村的东部之南，主要内容是一个广场，广场的西端设一戏台，南侧为一组由三个亭子呈交错形式组合的"亭廊"。广场的东部为一条小街，平面布局较曲折，村民可在这里进行农副产品的交易。此外，为适应旅游事业发展的需要，还设有餐馆之类的饮食服务行业。广场的北面则为苗族的住宅。苗族是一个有着悠久历史的古老民族，其传统的文化艺术如神话、传说、乐器、舞蹈、工艺等均富有特色。苗族还有许多丰富多彩的节日如"四月八""六月六""三月三"等，加之苗族人民能歌善舞，每逢节日，不分男女老少，或歌、或舞、或吹、或打，甚是热闹非常。德夯村的中心部分所设置的广场、戏台正是为了适应当地民俗的需要，为村民日常的文化娱乐活动，特别是喜庆节日时的公共活动提供方便条件。小街的设置除了满足村民自身的交易需要外，还考虑到适应外地和外籍游客的需要。为了充分地展现出苗族人民的乡土风情，在小街中还设置手工艺品的作坊，使游客不仅可以看到手工艺品（如织编、刺绣、蜡染等）的生产制作过程，甚至可以亲手操作，以体验苗族人民的生活，并感受其浓郁的习俗和风土人情。

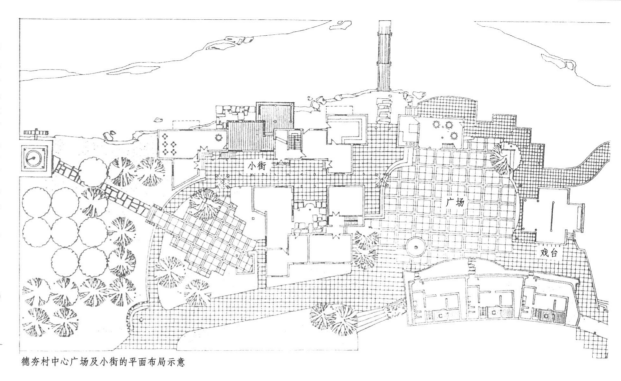

德夯村中心广场及小街的平面布局示意

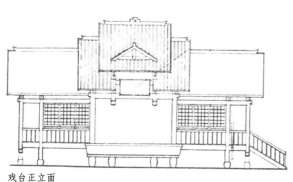

戏台正立面

戏台北侧面

○德夯旅游风景点规划（1）

德夯村的自然风景十分优美，境内以三条小溪分成三条主要风景线，是一个以瀑布、峭壁、溪流而见长的风景旅游地。在规划中，为充分发掘自然风景中美的潜质并力图使游人在最短的时间内观赏到最多的风景点，因此必须合理地组织游览路线，结合自然地形巧妙地于山顶、溪边、路旁、池畔安排景点，既可借以观赏自然风景，又可为游人提供休憩、饮食等方便条件。本图所示即为一个休息、小吃供应点，名为"流沙茶室"，位于德夯村的西北部，为该风景线的终端，背靠群山前临潭水，从这里可以看到高近百米的瀑布。建筑物的布局巧妙地结合地形，使在这里饮茶、进餐的游人可以尽情地观赏远山近水，特别是可以把十分壮观的大瀑布收进眼底。

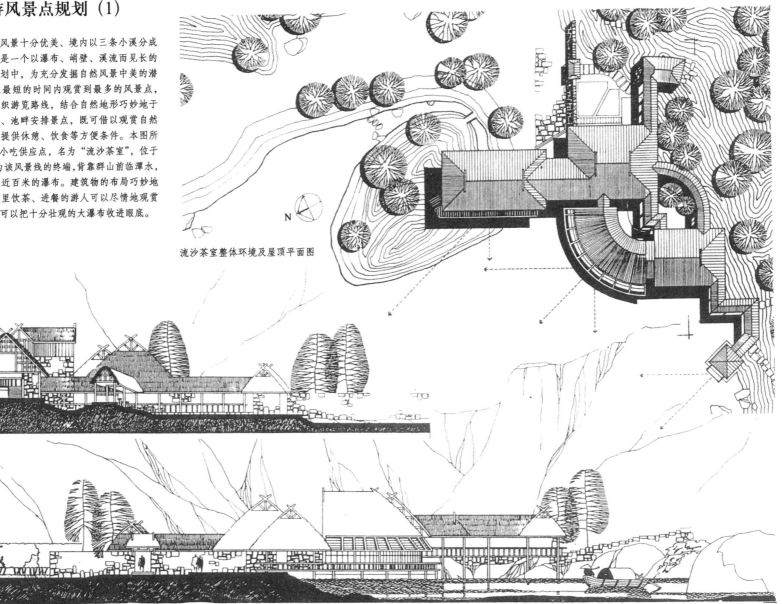

流沙茶室整体环境及屋顶平面图

剖面图

东北立面图

○德夯旅游风景点规划（2）

流沙茶室包括一个扇形的餐厅，一个开敞式的茶室，一个位于中心部分的酒吧，其他则为厨房、管理等附属房间。为与地形相结合并获得良好的观景条件，平面布局采用分散的形式。例如餐厅部分所采用的扇形平面既可自成一体，又以其展开的扇面正对着远方的瀑布，于就餐的同时便可以观景。茶室部分则跨越溪流与小岛之上，呈三面开敞的形式，这样就为观赏周围的自然景色提供了极其有利的条件。特别是将溪水引入建筑物之内，既可活跃空间气氛又可使建筑物与自然因素相互穿插渗透，从而使建筑物融合于自然山水的整体环境之中。此外，还借曲廊、挑台等要素来丰富内外空间的变化，并使立面造型具有强烈的虚实对比或良好的过渡。为降低造价，按就地取材的原则建筑物全部采用木构架，并以茅草覆盖屋顶，以期获得质朴粗犷和山林野趣的独特效果。

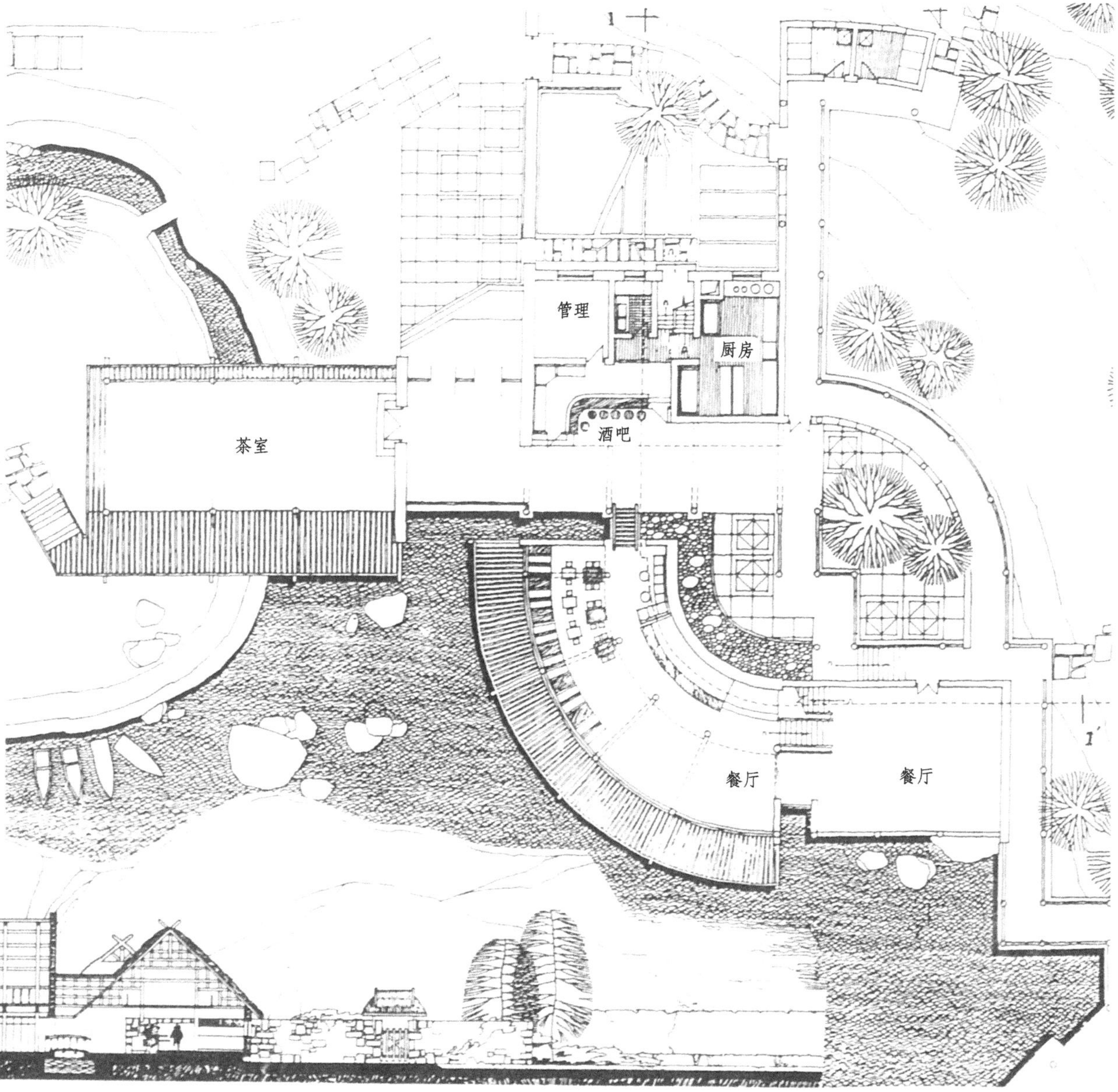

流沙茶社平面图

1-1 剖面图

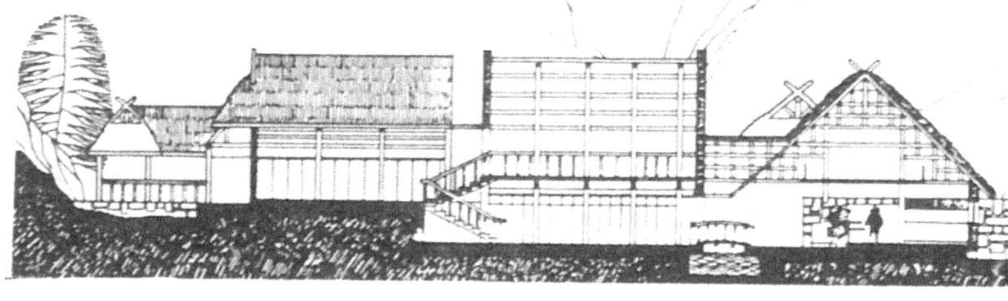

茶室

管理

厨房

酒吧

餐厅

餐厅

N

○德夯旅游风景点规划（3）

　　水车茶室与流沙茶室均位于德夯村西北部的同一条风景线上,但前者较远,处于风景线的终端,后者则较近,处于风景线的中段,可供游人作途中停歇、休憩的中间站。水车茶社紧临溪流之滨,背靠高山,自然景观十分优美。水车在湘西一带十分普遍,它是一种利用水力推动的简单机械,在农耕社会中可以用作无偿的动力来进行碾米、灌溉等劳作。其形象也十分高大、空灵、优美,并具有动势感。此外,在运转的时候还不断地发出"嘎吱嘎吱"很富韵律节奏感的声响,总之,它是一种颇具象征意义的形象。为此,我们在茶室临溪的一侧设置了四座大小不同的水车,借它的形象和声响来渲染气氛,使在这里用茶的游人得以领略湘西一带农耕社会的独特风情。

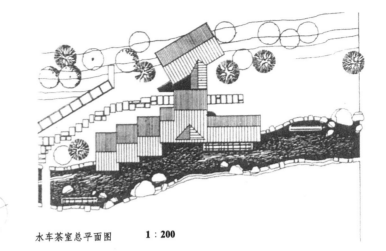

水车茶室总平面图　　　**1：200**

1：100

○德夯旅游风景点规划（4）

　　水车茶室位于溪流的对岸，游人必须经过一座轻巧的木桥方可达到彼岸的茶室。茶室呈开敞的空间形式，其平面随河岸而曲折蜿蜒，于茶室的中央部分局部地设置了两层阁楼，游人可借此登高望远，一览溪流两岸的远山近水。在茶室背后的台地上还设有一处酒吧间，由于失去了临溪的机会，故特将溪流中的水引入建筑之内。此外，在桥头附近还设置了一个方亭，并在其后连接着一条斜廊，既可以借它来强调入口，又可起人流引导的作用。为求得轻巧、空灵、通透，全部采用当地传统的木构架，并以青瓦覆盖屋顶，以期与当地民居建筑保持统一和谐的关系。

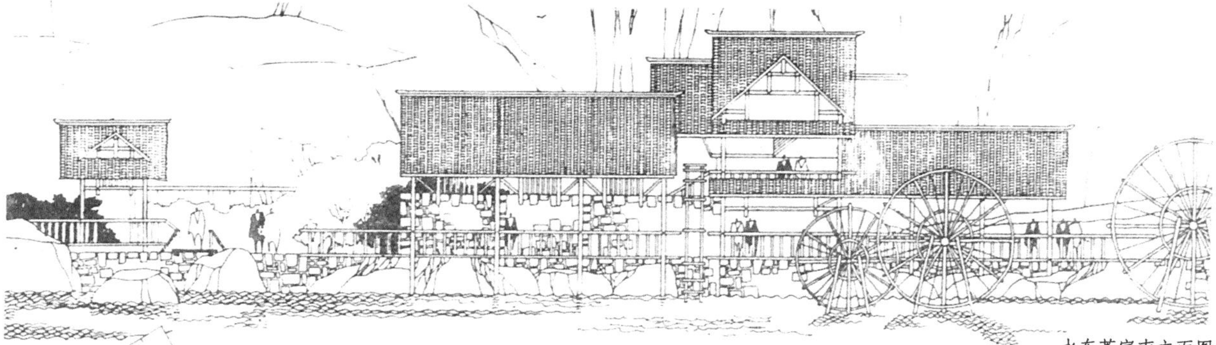

水车茶室南立面图

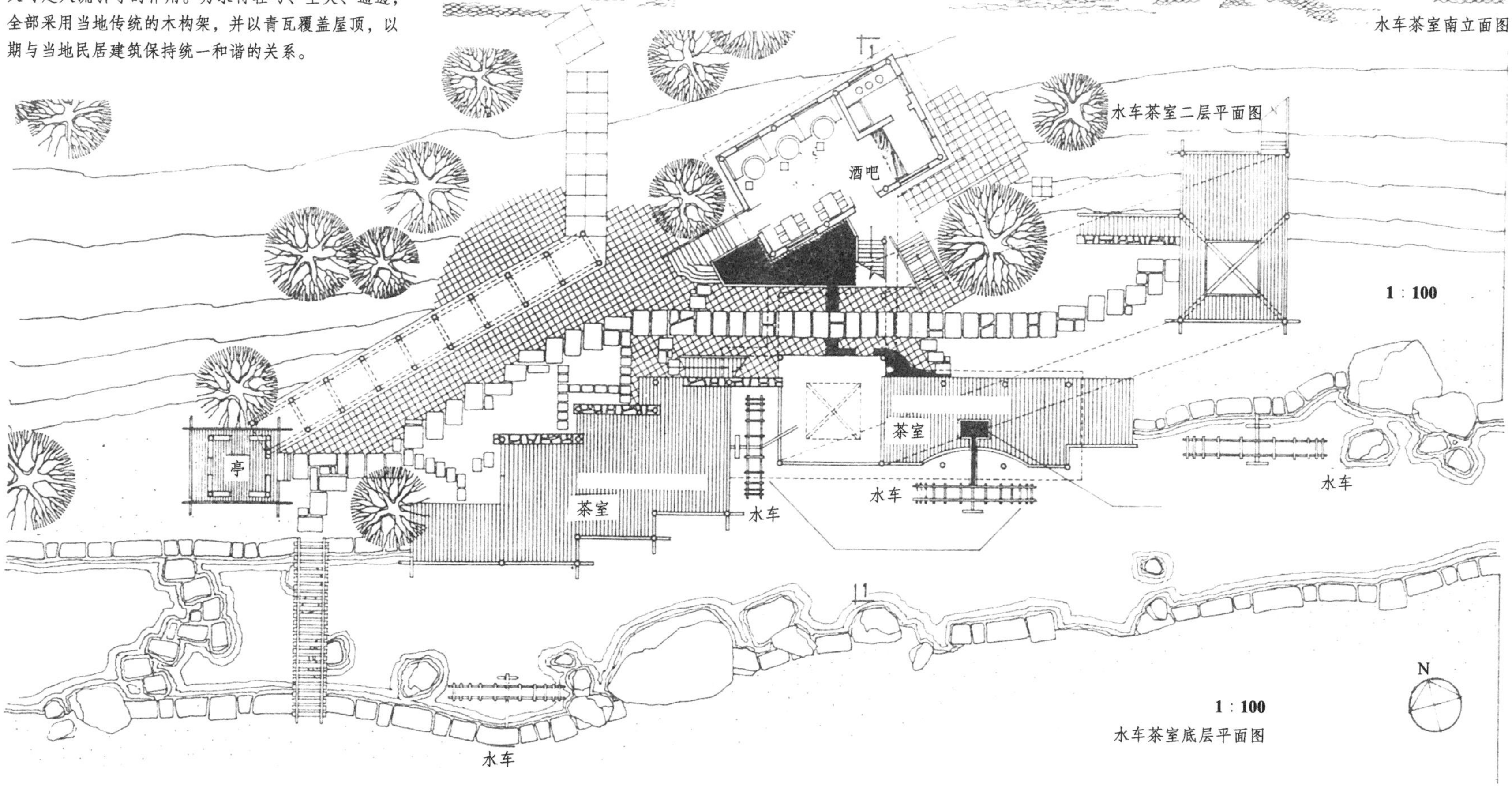

水车茶室二层平面图

1：100

酒吧

亭

茶室

水车

茶室

水车

水车

1：100

水车茶室底层平面图

水车

N

○德夯旅游风景点规划（5）

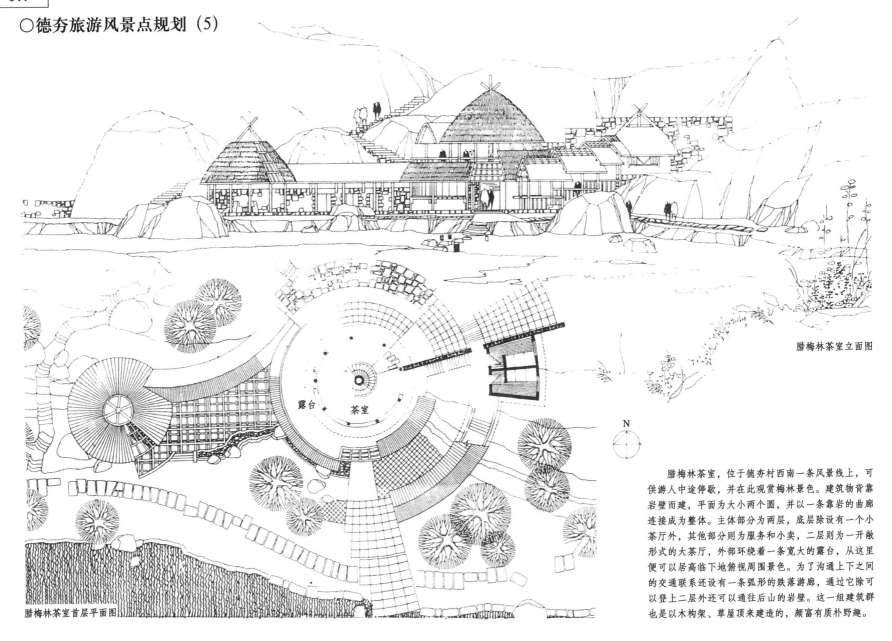

腊梅林茶室立面图

露台　茶室

N

腊梅林茶室首层平面图

　　腊梅林茶室，位于德夯村西南一条风景线上，可供游人中途停歇，并在此观赏梅林景色。建筑物背靠岩壁而建，平面为大小两个圆，并以一条靠岩的曲廊连接成为整体。主体部分为两层，底层除设有一个小茶厅外，其他部分则为服务和小卖，二层则为一开敞形式的大茶厅，外部环绕着一条宽大的露台，从这里便可以居高临下地俯视周围景色。为了沟通上下之间的交通联系还设有一条弧形的跌落游廊，通过它除可以登上二层外还可以通往后山的岩壁。这一组建筑群也是以木构架、草屋顶来建造的，颇富有质朴野趣。

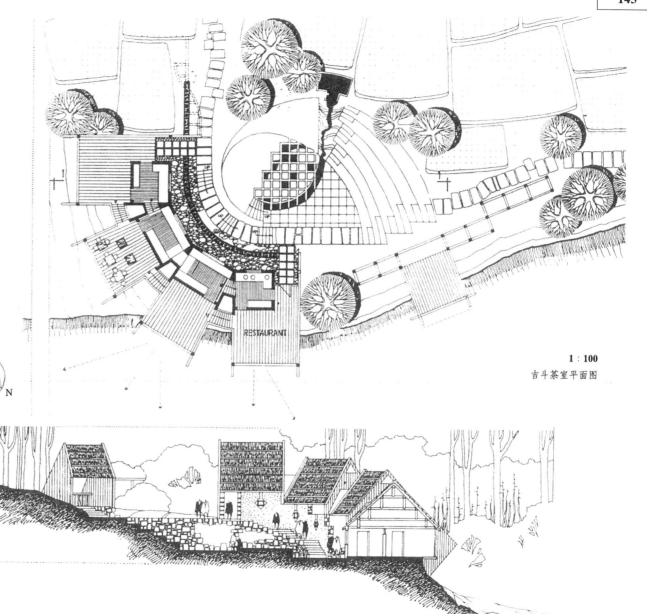

○德夯旅游风景点规划（6）

通过腊梅林茶室继续向前，直到这条风景线的终点便是吉斗寨，这个苗村前临田畴，后为一高达数十米的峭壁，山势极为陡峻。自峭壁之上可以俯瞰方圆十几里的高山深谷。吉斗茶室即选址于这一险峻的峭壁边缘。茶室共分四个单元，呈辐射的形式向外悬挑，游人在此饮茶，便可借此独特的地形远眺自然景色。茶室的内侧环绕着一个露天的歌坪，每逢节日苗族青年便可在此进行对歌之类的文娱活动，平时则可与游人联欢或表演民族歌舞。除茶室之外还设置一所观景亭，其位置正处于最佳的观景角度，地形也最为险峻。这一组建筑群采用前虚后实的处理方法，这样，既有利于观景，又可以借以界定歌坪一侧的内部空间。由于当地盛产片石，其内侧部分均以片石砌筑墙体，外侧的悬挑部分则仍然采用木构架。

N

RESTAURANT

1：100

吉斗茶室平面图

1：100

1-1 剖面图